本书由国家级特色专业建设项目、国家级精品课程项目、江苏高校优势学科建设工程资助项目(PAPD)、2015 年江苏省高等教育教改研究立项课题(2015JSJG032)、江苏高校品牌专业建设工程资助项目(TAPP)及南京信息工程大学教材建设基金项目资助出版。

天气学分析

（第三版）

寿绍文　主编

寿绍文　励申申　王善华
徐海明　于玉斌　赵远东　编著

U0232082

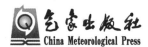
气象出版社
China Meteorological Press

内 容 简 介

"天气学分析"课程包括课堂教学、课内练习及课外作业三个基本环节,本书为这三方面提供了基本教材和具体安排。全书共分13章,主要介绍天气学分析的基本方法和温带气旋、寒潮、大型降水、对流性天气、台风等中国重要天气系统与天气过程的分析方法,以及 MICAPS 系统、NCAR 绘图软件包的更新版——Windows 中文平台下的 NCAR 绘图软件包的使用方法和 GrADS 数据分析显示系统简介。

本书可作为气象院校"天气学分析"课程的基本教材和气象及相关专业的科研、业务工作者的参考书或工具书。

图书在版编目(CIP)数据

天气学分析 / 寿绍文等编著. -- 3 版. -- 北京:
气象出版社,2016.9(2019.9重印)
ISBN 978-7-5029-6419-1

Ⅰ.①天… Ⅱ.①寿… Ⅲ.①天气分析 Ⅳ.
①P458

中国版本图书馆 CIP 数据核字(2016)第 210426 号

出版发行	气象出版社		
地　　址	北京市海淀区中关村南大街 46 号	邮政编码:	100081
电　　话	010-68407112(总编室)　010-68408042(发行部)		
网　　址	http://www.qxcbs.com	E-mail:	qxcbs@cma.gov.cn
责任编辑	蔺学东	终　审	吴晓鹏
责任校对	王丽梅	责任技编	赵相宁
封面设计	八　度		
印　　刷	三河市君旺印务有限公司		
开　　本	710 mm×1000 mm　1/16	印　张	22.5
字　　数	445 千字		
版　　次	2016 年 9 月第 3 版	印　次	2019 年 9 月第 8 次印刷
定　　价	58.00 元		

本书如存在文字不清、漏印以及缺页、倒页、脱页等,请与本社发行部联系调换

第三版前言

　　本书第一版和第二版出版以来,受到广大读者的普遍关注和好评。曾荣获江苏省高等教育成果奖一等奖,并获评为普通高等教育"十一五"国家级规划教材,此次又获得了修订再版的机会。借此机会我们根据读者的宝贵意见,对书中的部分内容做了必要的修订、补充和更新。值此《天气学分析》(第三版)出版之际,作者谨向一直给予我们大力帮助的领导、同事、朋友和气象出版社的领导和同志们致以衷心的感谢!

作者
2016 年 3 月

再版前言

    本书于 2002 年出版以来受到广大读者的普遍关注和好评，并获得了 2004 年度江苏省高等教育教学成果奖一等奖等奖励。由于近年来天气学分析的方法和技术不断发展，教材也必须适时地进行更新和修订。根据读者提出的宝贵意见和建议，我们利用这次再版的机会对教材部分内容作了必要的补充和修订，其中包括把 MICAPS 第一版更换成第二版，以及增加了第十三章等新内容。值此《天气学分析》(第二版)出版之际，作者谨向给予我们大力帮助的所有同事和朋友们致以衷心的谢意！

作者

2006 年 5 月

前　言

　　《天气学分析》是气象学专业的主要课程之一。其目的是通过本课程使学生掌握天气图分析的基本知识和基本方法，巩固和加深对天气学原理的理解，学会应用所学知识及技能解决和处理实际问题，初步建立以天气图方法为主的天气预报思路，以及提高对主要天气过程演变规律的独立分析和总结能力。

　　本书是《天气学分析》课程的基本教材。全书共分十二章，其中一至五章主要介绍天气学分析的基本方法；六至十章主要介绍温带气旋、寒潮、大型降水、对流性天气以及台风等中国重要天气系统和天气过程的分析方法。本书最后两章分别介绍了 MICAPS 系统和NCAR 绘图软件包的更新版——Windows 中文平台下的 NCAR 绘图软件包。随着计算机科学和技术的迅速发展，天气图表的制作和分析经常通过计算机信息处理系统和绘图软件来进行。因此，学会使用计算机进行天气图制作和分析是十分必要的。

　　《天气学分析》是一门实践性很强的课程，因此每章均安排了必要的实习。课堂教学要求贯彻理论紧密联系实际的原则，精讲多练。

　　本书是在南京气象学院大气科学系历年的天气学分析教材的基础上修订而成的。全书由寿绍文教授主编；励申申、王善华、徐海明副教授参与 1～10 章的编写；于玉斌和赵远东副教授分别参与第 11 章和第 12 章的编写。本书编写过程中，院系领导及教研室的全体老师始终不渝地给予了大力支持和帮助，在此表示衷心感谢。最后，敬请读者对书中的错误或不足给予批评指正。

编著者

2002 年 6 月于南京

目　　录

第 1 章　天气图基本分析方法

　　天气图是填有各地同一时间气象观测记录的特种地图,它描述了某一瞬间某一区域的天气情况。对天气图的连续分析和研究,就可获得天气过程发展的规律,从而做出天气预报。因此,天气图是制作天气预报的基本工具之一。

　　因为天气现象是发生在三度空间里的,所以单凭一张平面天气图来分析天气,显然是不够的。为了详细观察三度空间的实况,在日常业务工作中,除绘制地面天气图(简称地面图)外,还绘制等压面图(简称高空图),以及剖面图、单站高空风分析图、温度-对数压力图等辅助图表。

　　在进行天气分析时,依据天气图上的气象观测资料,运用天气学原理,分析各种天气现象和天气系统的演变过程,从而掌握它的发展规律。只有对天气形势做出正确的分析后,才有可能做出正确的天气预报。

§1.1　天气图底图

　　天气图底图是用来填写各地气象站观测记录的特种空白地图。天气图底图上标绘有经纬度、海陆分布、地形等,以便分析时考虑下垫面对天气的影响。底图上还标有气象站的区号、站号和主要城市名称,供填图和预报时使用。底图上的范围和比例尺的大小主要根据天气分析内容、预报时效、季节和地区等而定。本节将简单地介绍天气图底图投影的有关知识。

1.1.1　地图的投影

　　地球是一个椭球体,长轴半径长 6378.2 km,短轴半径长 6356.9 km,相差 0.3%,可以近似地看作是圆球体。把具有球形的地球表面情况表现在平面上,必须要有专门的投影技术。我们将地球上的经、纬线及海岸线在平面上表示出来的方法叫作地图投影。地图投影的方法有多种,在天气分析和预报工作中,选择地图投影方法时,主要考虑以下几点。

　　①正形:即在每一点上,经圈及纬圈的缩尺一样,地球上两交线间的交角也保持不变,这样可保持地区的形状。

　　②等面积:即各区域的缩尺一样,因而在底图上的任一区域的面积都与实际地球表面该区域的面积有一定的比例关系,但形状和方向有差异。

③正向:即保持方向准确,各区域经纬线都正交。

以上几点之中,在天气分析上主要考虑正向和正形,因为这样可以保证图上风向的准确以及气压系统的形状和移动方向与实际相同。

常用的天气图底图有三种。

1.1.1.1 兰勃特(Lambert)正形圆锥投影

这种投影法也称双标准纬线圆锥投影法,是将平面图纸卷成圆锥形,与地球仪的30°和60°纬圈相割,并把光源置于地球中心(图1.1中的O点),将经纬线及地形投影到圆锥形的图纸上,然后将图纸展开成扇形,再加适当订正,即得兰勃特投影图(图1.2)。在这种投影图上,经线呈放射形直线,纬线呈同心圆弧,相割的两纬圈(30°和60°)的长度与地球仪上对应处的实际长度相符,称为标准纬线。在两标准纬线之内各纬圈的长度相应地缩小了,而在两标准纬线之外各纬圈的长度则相应地放大了。这种图的中纬度部分基本满足正向和正形的要求,因此,最适用于做中纬度地区的天气图。欧亚高空图和地面图一般都采用这种投影。

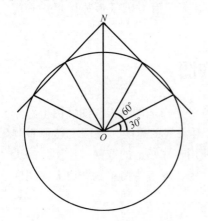

图1.1　双标准纬线圆锥投影法

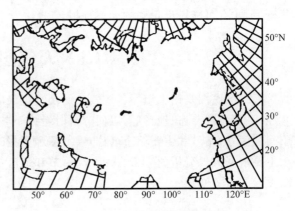

图1.2　兰勃特投影图

1.1.1.2 极射赤面投影

这种投影方法是将光源置于南极S,平面图纸MN与北纬60°相交割,把地球表面上各点投影在此平面图纸上。例如,球面上A、B、C、D四点分别投影到平面MN上A'、B'、C'、D'的位置上,用这种投影法做成的地图,其经线为一组由北极向赤道发出的放射形直线,纬线为一组围绕北极的同心圆(图1.3,图1.4)。

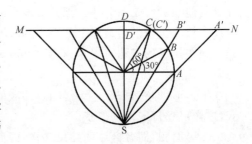

图1.3　极射赤面投影法

这种投影保持正向和正形,但放大率随纬度的不同而不同,纬度愈低,放大率愈大。这种图表现高纬度地区比较真实,一般用作北半球天气图和极地天气图。

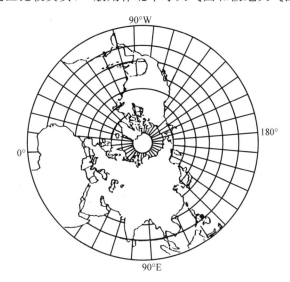

图 1.4　极射赤面投影北半球图

1.1.1.3　墨卡托(Mercator)投影

这种投影方法如图 1.5 所示,用一圆筒面与南北纬 22.5°圈相交,光源放在地球中心进行投影。把圆筒展开便做成一张地图。在这种地图上经、纬线都是以直线表示的。由于在低纬地区用这种投影与实况较为接近,而在高纬地区投影面积放大倍数太大。所以这种图主要适用于做赤道或低纬地区的天气图底图(图 1.6)。

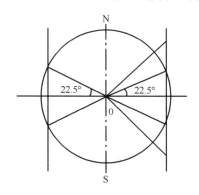

图 1.5　墨卡托投影法

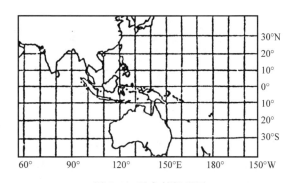

图 1.6　墨卡托投影图

在天气图上做各种物理量计算时,常要考虑地图投影法的放大率(或放大系数)。从天气学的要求考虑,希望放大系数能近于 1。为了便于参考,我们把各种投影法的放

大系数 m 值列于表 1.1 中。

表 1.1　三种投影图各纬圈放大系数

放大系数 m 投影法 纬度	兰勃特投影法	极射赤面投影法	墨卡托投影法
90°	—	0.933	∞
80°	1.293	0.939	5.318
70°	1.084	0.962	2.709
60°	1.000	1.000	1.847
50°	0.968	1.056	1.437
40°	0.970	1.136	1.206
30°	1.000	1.244	1.066
22.5°	—	—	1.000
20°	1.058	1.390	0.983
10°	1.150	1.589	0.938
0°	1.283	1.865	0.924

1.1.2　地图比例尺

地图上两点间的长度与地表上相应两点间的实际长度之比叫作比例尺,或称缩尺。其表示法主要有:

①比例式,如 1∶10 000 000 即地图上的 1 cm 相当于实际 100 km;

②图解式,如右图所示:　　　　　0　　100　　200　　300 km

③斜线图解尺或称复式图解尺,如图 1.7 所示。

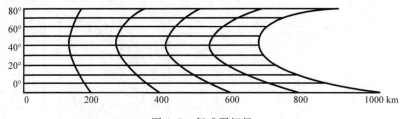

图 1.7　复式图解尺

由于兰勃特正形圆锥投影图在各纬度上的放大率是不同的,故须用复式图解尺表示其缩尺。其特点就是对不同的纬度用不同的缩尺来表示,使用时必须注意与纬度配合,才能正确表示出实际距离。

在我国常用的天气图上有时同时用①和③两种表示法标出。

天气图底图缩尺的大小与所要分析的天气客体的规模和底图范围有关。小缩尺的底图适宜于研究大规模的天气客体,大缩尺的底图只适宜于研究小规模的天气客体。对于研究大规模的天气客体来说,地图缩尺一般为千万分之一到几千万分之一。我国目前所用的东亚天气图的缩尺为 1 : 10 000 000,即图上 1 cm 相当于实际 100 km;欧亚天气图的缩尺为 1 : 20 000 000,即图上 1 cm 相当于实际 200 km;北半球天气图的缩尺为 1 : 30 000 000,即图上 1 cm 相当于实际 300 km。

关于底图范围大小的选择,主要视预报的时效和季节而定,如用作中长期天气预报的底图范围就应该大一些,甚至需要整个北半球天气图。在冬半年,高纬大气活动(如寒潮的侵袭)对我国影响较大,故底图范围应包括极地或极地的一部分;在夏半年,低纬度和太平洋上的大气活动(如台风、副热带高压)对我国影响较大,故底图上低纬度和太平洋区域应多占些面积。处于中纬度地带的我国,主要受西风带的天气系统影响和控制,因此,为了预先察觉从西边或西北边来的天气系统的侵入,底图的范围应尽量包括我国西部或西北部地区。

§1.2　地面天气图分析

地面天气图是填写气象观测项目最多的一种天气图。它填有地面各种气象要素和天气现象,如气温、湿度、风向、风速、海平面气压和雨、雪、雾等;还填有一些能反映空中气象要素的记录,如云高、云状等;既有当时的记录,又有一些能反映短期内天气演变实况及趋势的记录,如 3 h 变压、气压倾向等。因此,地面天气图在天气分析和预报中是一种很重要的工具。

地面天气图的分析项目通常包括海平面气压场、3 h 变压场、天气现象和锋等。

1.2.1　海平面气压场的分析

气压的分布称为气压场。海平面上的气压分布称为海平面气压场。气压的三度空间分布(简称空间分布,包括水平和垂直的分布)称为空间气压场。其他气象要素场的概念与此相同。

海平面气压场分析就是在地面图上绘制等压线,即把气压数值相等的各点连成线。绘制等压线后,就能够清楚地看出气压在海平面上的分布情况。

1.2.1.1　等值线分析原则

等压线是等值线的一种,具有各种等值线分析的共同规律。图 1.8 是一张海平面上的等压线分布图。从图中等压线的特点可以看出,等值线分析要遵守下述几个基本规则,掌握了这些规则,就可正确地分析各种气象要素的等值线。

①同一条等值线上要素值处处相等。这就是说,分析时必须使等值线通过同一要素值相等的测站。

②等值线一侧的数值必须高于另一侧的数值。这就是说,分析时等值线应在一个高于等值线数值的测站和一个低于等值线数值的测站之间通过。而不能在都高于(或都低于)等值线数值的两个测站之间通过。

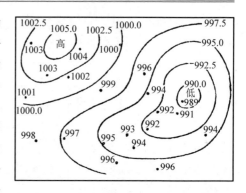

图 1.8 海平面等压线图(单位:hPa)

③等值线不能相交,不能分枝,不能在图中中断。如在图 1.9a 中,如果两根数值不等的等值线 F_1 和 F_2 相交,则交点 A 上就出现两个数值,这是不可能的。因为 A 点上只能有一个数值,其数值或者为 F_1,或者为 F_2。又如在图 1.9b 中,如果两根数值都是 F_1 的等值线相交,则甲区和乙区的数值,对一根等值线来说应大于 F_1,而对另一根等值线来说却应小于 F_1,这是不可能的。同样,在图 1.9c 中,当等值线分枝时在乙区既大于 F_1 又小于 F_1,这也是不可能的。

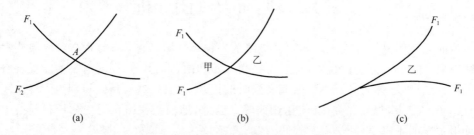

图 1.9 等压线的错误分析

④相邻两根等值线的数值必须是连续的,即其数值或者相等,或只差一个间隔。这是因为各种要素场的分布都是连续的。在高值区和低值区之间,相邻等值线的数值是顺序递减的,两者只差一个间隔。如果两条相邻等值线的差为两个间隔,则说明在这两条等值线之间还存在另一条数值在两者之间的等值线。在两个高值区域或两个低值区域之间,则必有两根相邻的等值线,其数值是相等的,并且这两条等值线的数值在两个高值区之间必须是最低值,在两个低值区之间,必须是最高值。如果两者数值不等,则必存在另一等值线,使其数值相等。如图 1.10 中的 A 区,对左边的等值线 $F + \Delta F$ 而言,A 区的数值应小于 $F + \Delta F$,因此 A 区和右边的等值线 $F + 2\Delta F$ 之间必定还有另一根数值为 $F + \Delta F$ 的等值线。

以上这四条规则是绘制等值线的基本规则,必须严格遵守,在任何时候不能违反,否则将犯原则性错误,因此必须反复练习,熟练掌握。

作为等值线的一种特殊形式的等压线,在分析的时候,除了应符合上述分析原则外,还必须遵循地转风关系,即等压线和风向平行。在北半球,观测者"背风而立,低压在左,高压在右"。但由于地面摩擦作用,风向与等压线有一定的交角,即风从等压线的高压一侧吹向低压一侧,风向和等压线的交角,在海洋上一般为 15°,在陆地平原地区约为 30°(图 1.11)。但在我国西部及西南地区大部分为山地和高原的情况下,由于地形复杂,地转风关系常常得不到满足。

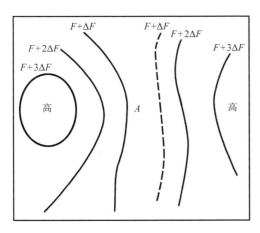

图 1.10　等值线示意图

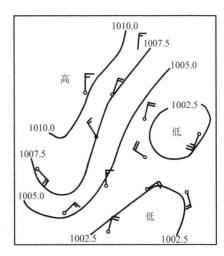

图 1.11　等压线与风的关系

1.2.1.2　绘制等压线时的注意事项

(1)等压线用黑色铅笔绘制。

(2)等压线一般应保持平滑,除非有可靠的记录外,应避免不规则的小弯曲和突然的曲折(但通过不连续线时例外)。等压线的分布从疏到密或从平直到弯曲之间的变化,必须逐渐过渡。只有在等压线很稀疏的地区(如低纬度及中纬度的夏季),并有可靠的记录作根据时,才可分析局部的小弯曲。图 1.12 是绘制等压线的实例,其中虚线绘制不正确,有很多小弯曲,等压线的曲率和疏密分布也没有规律。实线为正确绘制的等压线。

(3)相邻两站间气压变化比较均匀时,等压线的位置可用内插法确定。在风速大的地区,等压线可分析得密集一些;风速小的地区,等压线可分析得稀疏一些。

(4)根据梯度风的原则,在低压区,等压线可分析得密集一些;在高压区,可分析得稀疏一些,在高压中心附近基本上应是均压区。

(5)两条数值相等的等压线,要尽量避免互相平行并相距很近。如图 1.13 所示的情况,在没有确实可靠的记录为依据时,应尽可能绘制成实线所示的形式。其原因是一般情况下,大范围的空气运动,不可能构成很大的风切变现象。

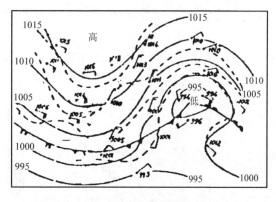

图 1.12　等压线画法

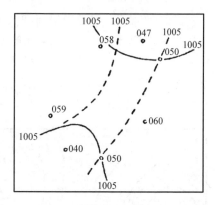

图 1.13　数值相等的等压线绘制

(6)绘制等压线时,应尽可能地参考风的记录。图 1.14b 因为没有参考风的记录,结果把鞍形场错误地分析成一个低压区。其正确的分析应如图 1.14a 所示。

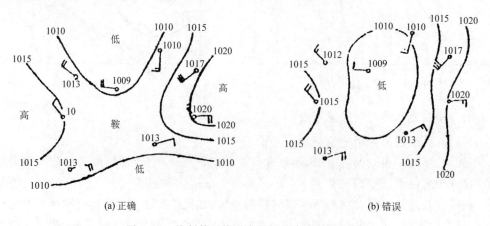

　　　　(a)正确　　　　　　　　　　　　　　　　(b)错误

图 1.14　绘制等压线时应尽可能参考风的记录

(7)等压线通过锋面时,必须有明显的折角,或为气旋性曲率的突然增加,而且折角指向高压一侧。初学者往往容易犯把折角指向低压一侧的错误,如图 1.15 所示,须密切注意。图 1.16 为等压线通过锋面时的几种常见形式。

1.2.1.3　绘制等压线的技术规定

在实际工作中,绘制地面图上等压线时,应遵守下列规定。

(1)在亚洲、东亚、中国区域地面天气图上,等压线每隔 2.5 hPa 画一条(在冬季气压梯度很大时,也可以每隔 5 hPa 画一条),其等压线的数值规定为:1000.0,1002.5,1005.0 hPa 等,其余依此类推。在北半球、亚欧地面天气图上,则每隔 5 hPa 画一条,规定绘制 1000,1005,1010 hPa 等等压线,其余依此类推。

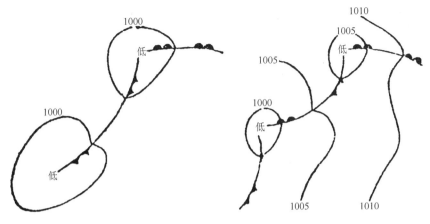

图 1.15　等压线通过锋面的错误画法

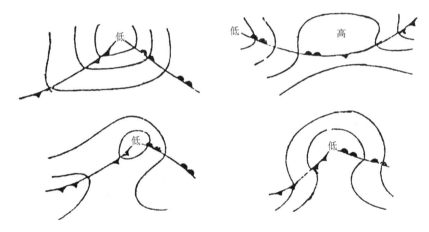

图 1.16　等压线通过锋面的正确画法

（2）在地面天气图上等压线应画到图边,否则应闭合起来。在没有记录的地区可作为例外,但应将各条并列的等压线末端排列整齐,落在一定的经线或纬线上。在非闭合的等压线两端应标注等压线的百帕数值。如等压线是闭合的,则在闭合等压线的上端开一小缺口,在缺口中间标注百帕数值,数值标注时要与纬线平行。

（3）在低压中心用红色铅笔标注"低"(或"D"),代表低压,高压中心用蓝色铅笔标注"高"(或"G"),代表高压,在台风中心用红色铅笔注"🌀",代表台风。上述符号大小应视最内一条闭合等压线的范围来决定。标注高低压中心的符号时要注意以下几点:

①高、低压中心的符号应标注在气压数值最高或最低的地方。在有风向记录时,高压中心符号应标注在气压记录数值最高的测站的右侧(背风而立时),低压中心符号应标注在气压记录数值最低的测站的左侧(背风而立时)。离开的距离看风速大小而定。

风速大,可离得远一些,风速小,则可靠得近一些。其原因是,对高压而言,在最高气压数值测站的右侧地区的气压应比该测站的气压更高。对低压而言,在最低气压数值测站的左侧地区的气压应比该测站的气压更低。

②高低压中心的符号还要标注在反气旋式或气旋式流场的中心,而不一定标注在最内一条闭合等压线的几何中心处。如果在最内一条闭合等压线的范围内,流场有两个甚至三个中心时,则应标注两个或三个中心。在相邻两站的风向相反时,可确定这两站中间有一气旋或反气旋流场的中心。如果没有相反风向的测站时,则需要有三个风向不同的测站,才能确定一个气旋或反气旋流场的中心。

③高低压中心确定后,在"高"和"低"符号的下方,应根据可靠的气压记录标明气压系统的中心数值。气压中心数值要用黑色铅笔标注百帕整数值。高压中心的数值用最高气压记录,小数进为整数。低压中心数值用最低气压记录,小数可略去。如高压最高记录为 1023.4 hPa,则高压中心标注 1024;如低压气压记录为 1011.5 hPa,则低压中心标注 1011。如果用来作为确定气压系统中心数值的气压记录不可靠时,或是气压系统中没有记录,则气压中心的百帕数值应适当地按气压梯度的分布及该系统前一时刻的中心数值来估计。

1.2.1.4　绘制等压线的步骤

第一步　在画等压线前,首先要对整个图上的气压和风做一全面观察,找出高压和低压区域的大致范围。在风向记录呈气旋式环流的地区一定是低压区,呈反气旋式环流的地区一定是高压区。

第二步　起草勾画出高压和低压的形势。其方法是,首先从记录比较多和比较可靠的地区开始分析;其次,勾画等压线时要自东向西和自北向南画,以免在勾画时图上记录被手挡住。注意在画等压线时眼睛不要只看着铅笔尖所指的地方,而要看到笔尖将要移到的较大范围的记录,以便确定线条将向何方移动,减少画时的错误和出现不必要的小弯曲,从而使线条比较光滑。此外,如遇到比较难分析的地区,可先空着,而将周围比较容易分析的地区分析好,然后将它们连成一片。

第三步　将已分析好的草图全面检查,然后描实。但要注意不要描得过粗,以醒目而清晰为度。在分析熟练后可不必起草,一次绘成。

1.2.1.5　地形等压线的绘制

在山地区域,有时由于冷空气在山的一侧堆积,造成山的两侧气压差异很大,使画出来的等压线有明显的变形或突然密集,但是在这一带并无很大的风速与此相适应。为了说明这种现象是由山脉所造成的,可将这里的等压线画成锯齿形(图 1.17),并称这样的等压线为地形等压线。

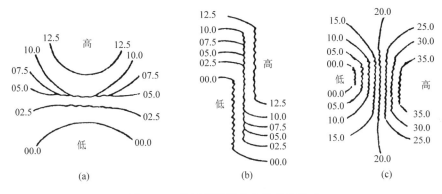

图 1.17　地形等压线的几种常见形式

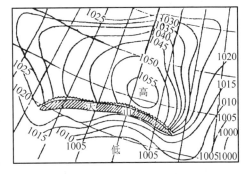

　　我国最常见的地形等压线是天山地形等压线。当冷空气从天山以北下来时,受天山阻挡大量积聚在天山以北,而不能立即到达天山以南地区,故天山南北两侧气压差别很大,在地面图上即可分析出地形等压线,如图1.18所示。我国常出现地形等压线的地区还有帕米尔、祁连山、长白山和台湾等地。

图 1.18　我国天山附近地形等压线实例

　　绘制地形等压线时,首先要注意:当山地附近等压线很拥挤时,可把几根等压线用锯齿状线连接起来,但数根等压线不能相交于一点,而且要进出有序,两侧条数相等(图1.17b)。其次,地形等压线要画在山的迎风面或冷空气一侧。此外,还要注意地形的特点和冷空气的活动情况。地形等压线要与山脉的走向平行,不能横穿山脉。

1.2.1.6　气压场的基本型式

　　等压线分析所显示出来的气压场有五种基本型式,如图1.19所示。任一张天气图都是由这五种基本型式构成的。

　　(1)低压　由闭合等压线构成的低气压区,气压从中心向外增大,其附近空间等压面类似下凹的盆地。

　　(2)高压　由闭合等压线构成的高气压区,气压从中心向外减少,其附近空间等压面类似上凸的山丘。

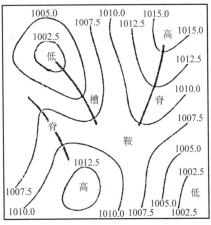

图 1.19　海平面气压场的基本型式

（3）低压槽　从低压区中延伸出来的狭长区域叫作低压槽，简称为槽。槽中的气压值较两侧的气压要低，槽附近的空间等压面类似于地形中的山谷。常见的低压槽一般从北向南伸展，从南伸向北的槽称为倒槽，从东伸向西的槽称为横槽。槽中各条等压线弯曲最大处的连线称为槽线，但地面图上一般不分析槽线。

（4）高压脊　从高压区中延伸出来的狭长区域叫作高压脊，简称为脊。脊中的气压值较两侧的气压要高。脊附近的空间等压面类似地形中的山脊。脊中各条等压线弯曲最大处的连线称为脊线，但地面图上一般不分析脊线。

（5）鞍形气压场　两个高气压和两个低气压交错相对的中间区域称为鞍形气压场，简称为鞍形场或鞍形区。其附近的空间等压面的形状类似马鞍形状。

1.2.2　等三小时变压线的绘制

三小时变压是过去三小时内气压产生的变量，它包含了气压在三小时内的日变化和气压系统的移动及强度变化、冷暖平流和局地天气的影响等。三小时内的气压变化 ΔP_3 反映了气压场最近改变状况，使我们能从动态中观察气压系统；它是确定锋的位置、分析和判断气压系统及锋面未来变化的重要根据。因此，在地面图上分析等三小时变压线具有重要意义。

绘制等三小时变压线同样要遵循绘制等值线的基本原则，绘制时可参考绘制等压线的方法和步骤。除此之外，还须遵守下述技术规定：①等三小时变压线用黑色铅笔以细虚线绘制。②等三小时变压线以零为标准，每隔 1 hPa 绘一条。但在某些很强烈的变压中心的周围，等变压线很密集时，可每隔 2 hPa 绘一条。在气压变化不大（小于 1 hPa）时，可只画零值变压线。③每条线的两端要注明该线的百帕数和正负号。④在正变压中心（负变压中心），用蓝（红）色铅笔注"＋"（"－"），并在其右侧注明该范围内的最大变压值的实际数值，包括第一位小数在内（图 1.20）。

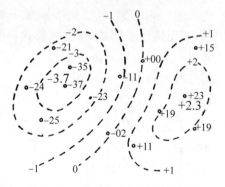

图 1.20　等三小时变压线的绘制

在绘制等三小时变压线时，往往会遇到与整个情况相矛盾的个别记录，有的可能是地方性影响所引起的，有的可能是错误的，对于这些个别没有重大意义的记录一般可不用考虑。

1.2.3　地面天气图的分析项目和步骤

地面天气图的分析项目和步骤并无完全一致的规定。已有的各种规定也经常根据分析技术的发展和当时具体情况在逐步修改。预报员可以根据在当时预报时的着重点

（如预报区域及发布预报的具体要求），以及自己认为合适的程序灵活掌握。对于一个初学者来说以及为了进行课堂教学，采用以下程序比较适合。

（1）绘制 ΔP_3 线及勾画规范所规定的天气区（天气区的标注方法见表 1.2）。在实际工作中，为了争取时间及时地发布预报，这一步骤可以简化。例如，ΔP_3 线只选画那些数值较大和零值线区域，云和降水也可尽先勾画出认为和预报区域有关的范围，其他边远区域可暂时不勾，等预报发出后再补绘。

表 1.2　主要天气区的表示方法

	成片的	零星的	说明
连续性降水	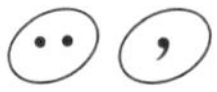		绿色
间歇性降水	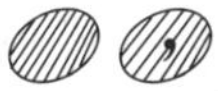		绿色
阵性降水			绿色
雷暴			绿色
浓雾		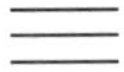	黄色
沙（尘）暴			棕色
吹雪	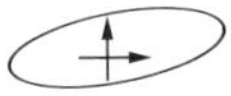		绿色
大风			棕色

（2）描绘锋和高低压中心的过去位置，并注明时间和强度（锋的表示方法见表 1.3）。

（3）从最近几张连续的地面与高空图了解最近天气过程中的一般形势及发展趋向，并和本张图上云和降水的符号及区域相对照，再对当时所关心的区域范围内气象要素与天气现象的分布做一般的观察，从而掌握大致的演变情况。

表 1.3　锋的符号

锋的种类	分析图上的符号	单色印刷图上的符号
暖锋	 红色	
地面暖锋	 红色	
冷锋	 蓝色	
地面冷锋	蓝色	
准静止锋	蓝色 红色	
暖性锢囚锋	紫色	
冷性锢囚锋	紫色	
锢囚锋（性质未定）	紫色	

（4）初步确定锋的位置，了解本张图上不同性质气团占据的大致区域，以及它们最近的移动和变性概况。

（5）轻描等压线。

（6）将初步绘制出的气压场及天气分布情况用来与初步确定的锋区相校正，将等压线和锋的位置适当地加以修改，最后确定锋的位置和类型。在这一步骤中可以考察一下有无锋的新生和原有锋的消失。

（7）完成绘图工作，包括等压线描实及其他属于规范规定的符号。

§1.3　等压面图分析

为了全面认识和掌握天气的变化规律，除了分析地面天气图之外，还要分析高空天气图，即填有某一等压面上气象记录的等压面图。

1.3.1　等压面图的概念

空间气压相等的各点组成的面称为等压面，由于同一高度上各地的气压不可能都相同，所以等压面不是一个水平面，而是一个像地形一样的起伏不平的面。用来表示等压面的起伏形势的图称为等压面形势图，等压面相对于海平面的形势称为绝对形势图（AT）。

等压面的起伏形势可采用绘制等高线的方法表示出来。具体地说，将各站上空某一等压面所在的位势高度值填在图上，然后连接高度相等的各点绘出等高线，从等高线的分析即可看出等压面的起伏形势。

如图 1.21 所示，P 为等压面，H_1，H_2，…，H_5 为厚度间隔相等的若干水平面，它们分别和等压面相截（截线以虚线表示），因每条截线都在等压面 P 上，故所有截线上各点的气压均等于 P，将这些截线投影到水平面上，便得出 P 等压面上距海平面分别为 H_1，H_2，…，H_5 的许多等高线，其分布情况如图的下半部分所示。

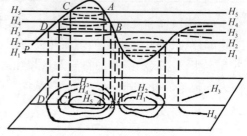

图 1.21　等压面和等高线的关系

从图中可以看出，和等压面凸起部位相应的是一组闭合等高线构成的高值区，高度值由中心向外递减；和等压面下凹部位相应的是一组闭合等高线构成的低值区，高度值由中心向外递增。

从图中还可以看出，等高线的疏密同等压面的陡缓相应。等压面陡峭的地方，如图 1.21 中 AB 处，相应的 $A'B'$ 处等高线密集；等压面平缓的地方，如图 1.21 中 CD 处，相应的 $C'D'$ 处等高线就比较稀疏。

分析等压面形势图的目的是要了解空间气压场的情况。因为等压面的起伏不平现象实际上反映了等压面附近的水平面上气压分布的高低。例如,在图 1.22 中有一组气压值为 P_1,P_0,P_{-1} 的等压面和高度为 H 的水平面。因为气压总是随高度而降低的,所以气压值小的等压面总是在上面:P_{-1} 等压面在最上面,而 P_1 等压面在

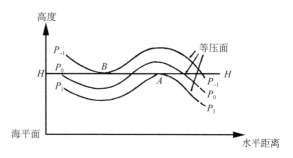

图 1.22　等压面的起伏与等高面上气压分布的关系

最下面。而在高度为 H 的水平面上,A 点处的气压最高(为 P_1),而 B 点处的气压最低(为 P_{-1}),所以 P_0 等压面在 A 点上空是凸起的,而在 B 点处是下凹的。由此可知,同高度上气压比四周高的地方,等压面的高度也较四周为高,表现为向上凸起,而气压高的越多,等压面凸起得也越厉害(如 A 点处);同高度上气压比四周低的地方,等压面高度也较四周的低,表现为向下凹陷,而且气压越低,等压面凹陷得也越厉害(如 B 点处)。因此,通过等压面图上的等高线的分布,就可以知道等压面附近空间气压场的情况。位势值高的地方气压高,位势值低的地方气压低,等高线密集的地方表示气压水平梯度大。

既然等高面上的气压分布与等压面上的高度分布相当,那么为什么不像地面图那样,用各个等高面的气压分布图来反映空间气压场的情况呢?这是因为,在天气分析中,用等压面图比用等高面图更优越。

我们日常分析的等压面绝对形势图(常用 AT 图表示)有以下几种:

①850 hPa 等压面图(AT_{850} 图),其位势高度通常为 1500 gpm 左右;

②700 hPa 等压面图(AT_{700} 图),其位势高度通常为 3000 gpm 左右;

③500 hPa 等压面图(AT_{500} 图),其位势高度通常为 5500 gpm 左右;

④300 hPa 等压面图(AT_{300} 图),其位势高度通常为 9000 gpm 左右;

⑤200 hPa 等压面图(AT_{200} 图),其位势高度通常为 12000 gpm 左右;

⑥100 hPa 等压面图(AT_{100} 图),其位势高度通常为 16000 gpm 左右。

1.3.2　相对形势图

除了等压面绝对形势图外,还有表示两等压面间相对距离的分布形势图,称为两等压面间的相对形势图。如图 1.23 所示,相对形势图也就是两层等压面间的厚度图(以 OT 图表示),图上的等值线就称为等厚度线。日常工作中主要绘制 1000~500 hPa 等压面间的厚度图,即 OT_{1000}^{500} 图。

相对形势图(厚度图)实际上反映了给定的两等压面间气层平均温度的分布状况。

将静力方程 $\mathrm{d}p = -\rho g \mathrm{d}z$ 或 $\mathrm{d}p = -9.8\rho \mathrm{d}H$ 积分,即得 P_1 与 P 之间的厚度为:

$$H_{P1}^{P} = H_P - H_{P1} = \frac{RT_m}{9.8}\ln\frac{P_1}{P} \tag{1.1}$$

式中: H_{P1}^{P} 也称相对位势。此式表明,当 P_1 和 P 给定时(如分别给定为 1000 hPa 和 500 hPa), H_{P1}^{P} 仅为该气层的平均温度 T_m 的函数。如气层平均温度愈高,则 H_{P1}^{P} 愈大;如气层平均温度愈低,则 H_{P1}^{P} 愈小。事实上,气温高的地方,空气密度小,单位气压的高度差大,因而两等压面间的厚度也大。反之,气温低的地方,空气密度大,单位气压的高度差小,因而等压面之间的厚度就小。因此,相对形势图上的等厚度线同时也是气层的平均等温线,两者仅在数值上不同而已。那

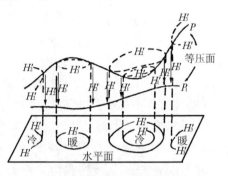

图 1.23　相对形势图

么,我们就可以用厚度图来判断冷暖空气分布情况。在 OT 图上相对位势的低值区域相当于冷区,相对位势的高值区就相当于暖区。等相对位势线分布密集的区域就是冷暖气团之间温度对比较大的地区。

1.3.3　等压面图的分析

1.3.3.1　等高线的分析

因为等压面的形势可以反映出等压面的附近气压场的形势,而等高线的高(低)值区对应于高(低)压区,因此,等压面上风与等高线的关系和等高面上风与等压线的关系一样,适合地转风关系。由此可知,分析等高线时,同样需要遵循下述规则:①等高线的走向和风向平行,在北半球,背风而立,高值区(高压)在右,低值区(低压)在左;②等高线的疏密(即等压面的坡度)和风速的大小成正比。

因为高空空气的运动,受地面摩擦的影响很小,因此等高线和风的关系与地转风关系非常接近,等高线基本上和高空气流的流线一致。因此,在进行等高线分析时要特别重视流场的情况,除非测站的风向记录是明显不正确之外,等高线的疏密分布都必须和风速大小成比例。但是由于地转偏向力在高纬比在低纬大,因此在等压面上同样的高度梯度(即同样的坡度)下,极区和高纬区的风速比中纬度地区要小一些,而在低纬地区风速要比中纬度地区要大一些。

1.3.3.2　等温线的分析

绘制等温线时,除主要依据等压面上的温度记录进行分析以外,还可参考等高线的形势进行分析。这是因为空气温度越高,则空气的密度越小,气压随高度的降低也越

慢,等压面的高度就越高,因此越到高空,如 700 hPa 或
500 hPa 以上的等压面,高温区往往是等压面高度较高
的区域。反之,低温区往往是等压面高度较低的区域。
因此,在高压脊附近温度场往往有暖脊存在,而在低压槽
附近往往有冷槽存在(图 1.24)。

图 1.24　高空等压面图

(实线为等高线、虚线为等温线)

　　经过等温线分析后,可以看到等压面图上的温度场
中有冷、暖中心和冷槽、暖脊,这些与气压场中有高、低压
中心和槽、脊相类似。等温线的密集带是冷、暖空气温度对比较大的地带。在分析等温
线时,除了要符合等值线的分析原则外,还必须把这些系统清晰地表达出来。

1.3.3.3　湿度场的分析

　　湿度场的分析和温度场的分析相同,分析等比湿线或等露点线或等温度-露点差线。
湿度场中有干湿中心和湿舌、干舌,这些与温度场中的冷暖中心和暖脊、冷槽相对应。

1.3.3.4　槽线和切变线的分析

　　槽线是低压槽区内等高线曲率最大点的连线。而切变线则是风的不连续线,在这条
线的两侧风向或风速有较强的切变。槽线和切变线是分别从气压场和流场来定义的不同
的天气系统,但因为风场与气压场相互适应,所以槽线两侧风向必定也有明显的转变;同
样,风有气旋性改变的地方一般也是槽线所在处,两者又有着不可分割的联系(图 1.25,
图 1.26)。习惯上往往在风向气旋性切变特别明显的两个高压之间的狭长低压带内和非
常尖锐而狭长的槽内分析切变线,而在气压梯度比较明显的低压槽中分析槽线。

　　分析槽线和切变线时要注意下列几点:

　　①为了要分析槽线和切变线,一般在分析等高线之前,先根据槽线和切变线的过去
位置和移动速度,从图上风的切变定出它们的位置。然后绘制等高线,使槽线附近等高
线的气旋性曲率最大,最后确定槽线和切变线的位置。

　　②不要把两个槽的槽线连成一个,如图 1.27 中的实线是错误的画法。

　　③切变线上可以有辐合中心,两条切变线可以连接在一起。

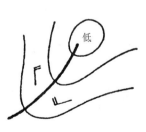

图 1.25　槽线

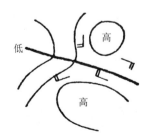

图 1.26　切变线

图 1.27　槽线的错误画法

1.3.3.5　温度平流和湿度平流

由于冷暖空气的水平运动而引起的某些地区增暖和变冷的现象,称为温度的平流变化,简称温度平流。同理,湿度平流是指干、湿空气的水平运动而引起的某些地区湿度改变的现象。某一要素 A(如温度或湿度或者其他)的平流大小及正负取决于水平风速 $\vec{V}$ 和要素的水平梯度 $-\nabla A$,因此此要素 A 的平流是 $-\vec{V} \cdot \nabla A$。

掌握判断温度平流的方法,不仅可以用来直接判断温度的变化,而且还可以进一步根据温度的变化来推断气压场的变化。

由于 AT 图上等高线的分析决定了空气的流向,所以根据等高线和等温线的配置情况就能够判断温度平流的正负和大小。

如图 1.28 所示,等高线与等温线呈一交角,气流由低值等温线方面(冷区)吹向高值等温线方面(暖区),这时就有冷平流。显然,在此情况下,空气所经之处,温度将下降。图 1.28b 的情况恰好与图 1.28a 相反,气流由高值等温线方面(暖区)吹向低值等温线方面(冷区),因而有暖平流。在此情况下,空气所经之处,温度将上升。图 1.28c 中 AA′线所在区域等温线和等高线平行,由于此时 $-\vec{V} \cdot \nabla A = 0$,所以,显然此区内既无冷平流,又无暖平流,即温度平流为零。但 AA′线两侧的区域温度平流不等于零,其东侧为暖平流,西侧为冷平流。AA′正好是冷平流和暖平流的分界线,因此我们把 AA′线称为平流零线。

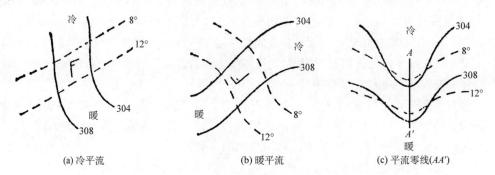

(a) 冷平流　　　　　(b) 暖平流　　　　　(c) 平流零线(AA′)

图 1.28　根据等高线和等温线判断温度平流

除了判断温度平流的符号外,还要判断平流的强度,即单位时间内因温度平流而引起的温度变化的数量大小。温度平流的强度可以从以下三个方面来判断:

①等高线的疏密程度,如其他条件相同,等高线越密,则风速越大,平流强度也越大;

②等温线的疏密程度,如其他条件相同,等温线越密,则温度梯度越大,平流强度也越大;

③等高线与等温线交角的大小,如其他条件相同,等高线与等温线的交角越接近90°,平流强度也越大。

同理,将湿度场和气压场结合起来分析,也就可以看出湿度平流的情况了。

1.3.4　绘制等压面图的技术规定

1.3.4.1　等高线

（1）等高线用黑色铅笔以平滑实线绘制。在比例尺为二千万分之一的亚欧图上，各等压面上的等高线均每隔 40 gpm 画一条。在每条线的两端均须标明位势米的千位、百位和十位数，并规定：

在 AT_{850} 图上画等高线……，144,148,152,……；

在 AT_{700} 图上画等高线……，296,300,304,……；

在 AT_{500} 图上画等高线……，496,500,504,……，在冬半年（10月至翌年 3 月）每隔 80 gpm 画一根，如 496,504,512 等。

当等高线过于稀疏时，可用黑色断线加画规定数值以外的等高线。

（2）在 AT 图上，高位势区中心以蓝色铅笔标注"G"（或"高"）字，低位势中心以红色铅笔标注"D"（或"低"）字。"G""D"字的标注位置与海平面气压场图上确定高、低压中心位置的原则相同。

（3）在 AT_{700} 和 AT_{500} 图上分别用带箭头的蓝、红色铅笔实线表示过去 12 h 或 24 h 高、低压中心移动路径，并标出高、低压中心的强度（标至 10 位数）。

1.3.4.2　等温线和等厚度线

（1）等温线用红色铅笔细实线绘制。以 0℃ 为基准，每隔 4℃ 画一条等温线，如 −4℃，0℃，4℃，8℃ 等。所有等温线两端须标明温度数值。夏季或必要时可每隔 2℃ 画一根等温线。

AT_{500} 图若和 OT_{1000}^{500} 图合画在一张图上，则不再绘制等温线。等厚度线用红色铅笔每隔 40 gpm 画一条。

（2）温度场的暖、冷中心分别用红铅笔标注"N"（或"暖"字）和用蓝铅笔标注"L"（或"冷"字）。厚度图上高值中心和低值中心也相应地标注"N"（或"暖"字）、"L"（或"冷"字）。

1.3.4.3　等比湿线

（1）为了表示湿度场，AT_{850} 图上应绘制等比湿线。但不必在全图范围内绘制，而只在国内和国外有关地区绘制即可。也可用等露点线来代替等比湿线（每隔 2℃ 绘一条线）。

（2）等比湿线用绿色铅笔以平滑实线绘制。规定绘制 0.5,1,2,4,6 等线（2 g/kg 以上每隔 2 g/kg 画一条），并在每条线上标明数值。

（3）在比湿最大和最小区域中心用绿色铅笔标注"Sh"（或"湿"字）和"Gn"（或"干"字）。

1.3.4.4　槽线和切变线

在 AT 图上要用棕色铅笔画出当时的槽线和切变线，用黄色铅笔描上前 12（或 24）h

的槽线和切变线。

1.3.4.5　描绘地面天气图上的气压系统中心、雨区和锋系

（1）在 AT_{500} 或 AT_{700} 图上用黑色铅笔描出与之相应的地面天气图上的主要气压系统的中心位置。反气旋中心用小圆圈表示，气旋中心用小圆点表示，并用黑色铅笔的矢线连接其过去 24 h、12 h 的中心位置。

（2）根据需要可把同时间地面图上成片的降水区用绿色铅笔描绘在 AT_{850}，AT_{700} 或 AT_{500} 图上。

（3）要把当时地面天气图上的主要锋系按表 1.3 所示的符号用黑色铅笔描绘在 AT_{850} 和 AT_{500} 图上。

实习一　地面天气图初步分析

一、目的要求

①了解地面天气图的填写格式，熟悉各种填图符号的意义，为进行天气图分析打下基础。

②了解地面天气图分析内容，基本上掌握各种等值线分析的基本原则和技术规定。初步了解气压场的基本形势、气压场和风场的配合、气压场和天气的配置。

二、实习内容

①地面天气图符号的释意。
②等值线的初步分析。
③气压场、变压场和天气区的分析与配置。

三、实习资料

①地面天气图符号释义表一张。
②等压线、等三小时变压线初步分析 1、2、3、4。

实习二　等压面图初步分析

一、目的要求

①了解高空天气图的填写格式，熟悉填图符号的意义。

②了解高空天气图分析内容,基本掌握等高线、等温线、等露点线、槽线、切变线的分析技术,初步了解高空天气图上气压场、温度场及湿度场的配置形势,学会分析温度平流及湿度平流。

二、实习内容

①等压面初步分析。

②等压面综合分析及温度平流、湿度平流的分析。

三、实习资料

①等压面初步分析 1(1974 年 4 月 21 日 08 时、850 hPa)、初步分析 2(1974 年 4 月 21 日 08 时、700 hPa)、初步分析 3(1974 年 4 月 21 日 08 时、500 hPa)。

②等压面综合分析 4(1971 年 3 月 28 日 08 时、850 hPa)、综合分析 5(1971 年 3 月 28 日 08 时、700 hPa)、综合分析 6(1971 年 3 月 28 日 08 时、500 hPa)。

第 2 章　天气图的综合分析

§ 2.1　温压场的综合分析

天气分析中常用的地面天气图和各层等压面图都是反映空间大气运动的工具。各种图上的现象都是互相联系的。只有将各种天气图配合起来进行综合分析,才能从整体上得到对大气运动的正确认识,从而为做好天气预报打下基础。

为了了解各种不同层次的天气图之间的联系,首先要了解气压系统的垂直结构。

静力学方程$\dfrac{\partial P}{\partial Z}=-\rho g$可以改写成:

$$\frac{\partial}{\partial H}\ln P=-\frac{9.8}{RT} \tag{2.1}$$

由此式可见:气压随高度的减小与温度的高低有关。温度愈高,气压随高度减小愈慢,这就是说,在暖空气中气压随高度的减小比在冷空气中慢。因此,气压系统的垂直结构与温度分布有关。下面我们就根据这个原理来讨论三种常见的高、低压系统的垂直结构。

2.1.1　深厚而对称的高压和低压

此类系统是对称的冷低压和暖高压,是温度场的冷(暖)中心与气压场的低(高)中心基本重合在一起的温压场对称系统。由于冷低压中心的温度低,所以低压中心的气压随高度而降低的程度较四周气压更加剧烈,因此,低压中心附近的气压越到高空比四周的气压降低得越多,即冷低压越到高空越强。同样,由于暖高压中心温度高,所以高压中心的气压随高度降低的较四周慢,因此暖高压越到高空也越强。冷低压和暖高压都是很深厚的系统,从地面到 500 hPa 以上的等压面图上都保持为闭合的高压和低压系统。图 2.1 是冷低压和暖高压在剖面图上的情形,从图中可以看

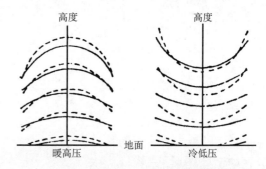

图 2.1　深厚而对称的气压系统的垂直剖面图
(实线为等压面,虚线为等温面)

到,等压面的坡度随高度是增大的,说明冷低压和暖高压在剖面图上是随高度变强的。我国东北冷涡都是一种深厚的对称冷低压;西太平洋副热带高压即是一种深厚的对称暖高压。

2.1.2　浅薄而对称的高压和低压

此类系统在低层是对称的暖低压和冷高压,其温度场的暖(冷)中心基本上和气压场的低(高)中心重合在一起。暖低压,由于其中心温度较四周高,所以气压下降较四周为慢,低压中心上空的气压,到一定高度以后,反而变得比四周还高,成为一个高压系统。图 2.2 是暖低压和冷高压在剖面图上的情形。从图中可以看到,地面的暖低压如何到高空逐渐变为高压(表示为等压面从凹陷变成凸起)。同样,冷高压由于其中心温度较四周低,到高空一定高度以后变为一个低压系统。这

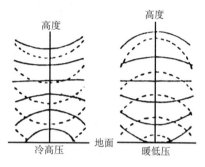

图 2.2　浅薄而对称的气压系统剖面图
（实线为等压面,虚线为等温面）

两种系统在地面图上较明显,到 500 hPa 高度以上就消失或变为一个相反的系统。我国西北高原地区经常出现浅薄的暖低压;而南下的寒潮冷高压就是一种浅薄的冷高压系统。

2.1.3　温压场不对称的系统

这类系统是指在地面图上冷暖中心和高低压中心不重合的高低压系统。图 2.3 是不对称的高、低压系统在剖面图上的情形。从图中可以看到,由于温压场的不对称,使得气压系统中心轴线(同一气压系统在各高度上的中心点连线)发生倾斜。在高压中,由于一边冷,一边暖,暖区一侧气压随高度降低比冷区一侧慢,所以高压中心越到高空越向暖中心靠近,即高压轴线向暖区倾斜。同样,在低压中,低压中心越到高空越向冷中心靠近,即低压轴线向冷区倾斜。在中纬地区,多数系统都是温压场不对称的,因而轴线都是倾斜的,如锋面气旋等即是如此。

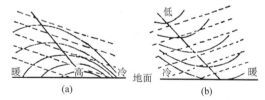

图 2.3　不对称的气压系统剖面图
（a)不对称高压；(b)不对称低压

§2.2　锋面分析

　　锋面是温度水平梯度比较大的区域,斜压性大,有利于垂直环流的发展与能量转换,因而锋面附近常有比较剧烈的天气变化和气压系统的发生和发展,所以锋区和锋线的分析在天气分析中占有非常重要的地位。在高空等压面图上只要正确掌握温度记录的分析判断,要比较正确分析高空锋区并不困难。本节将要说明在地面天气图上如何确定锋线的要点。由于地面气象要素受局地下垫面特征的影响,使得锋附近要素场特征不像理论上所说的那样明显,甚至锋面是否存在也很难辨别,这就使锋面分析成为天气分析中最困难的问题之一。下面来介绍一下在不同情况下如何灵活应用锋面附近气象要素的特征来确定锋面的位置和性质。

　　为了不盲目地在天气图上找锋面,首先可以按照历史连续性的原则,将前 6 h 或 12 h 锋面的位置描在待分析的天气图上,根据过去几张图的连续演变,结合地形条件,就可以大致确定本张图上锋面的位置。再结合分析高空锋区(在平原地区分析 850 hPa, 700 hPa 等压面,高原地区分析 500 hPa 等压面),就可判断出地面图上锋面的位置和类型。根据锋面向冷区倾斜原理,地面的锋线应位于高空等压面图上等温线相对密集区的偏暖空气一侧,而且地面锋线要与等温线大致平行,高空锋区有冷平流时所对应的是冷锋,高空锋区有暖平流时所对应的是暖锋。根据锋的连续演变,如果有冷锋赶上暖锋高空又有暖舌,则所对应的是锢囚锋,高空锋区中冷、暖平流均不明显时,所对应的是静止锋。

2.2.1　分析地面天气图上各气象要素场以确定锋面的位置

2.2.1.1　温度

　　锋面的主要特征应是锋面两侧有明显的温差及冷锋后有负变温而暖锋后有正变温,但在大气底部气团的温度因受许多因素的影响,使某一地的气温不能正确代表气团的属性,因而使锋面两侧温差并不明显,甚至冷锋过后还可能升温;而在另一些没有锋面存在的区域温差却较明显。

　　(1)造成锋面两侧温差不明显的原因

　　①锋面两侧辐射条件不同。冬半年早上或后半夜,大陆上冷锋前暖空气一侧云少风小,形成强的辐射逆温,地面温度极低(这种现象在冰雪覆盖的下垫面上很显著,而在干燥的北方也比湿润的南方要显著),而冷锋后冷气团内因为有云覆盖而阻止长波向太空辐射,没有辐射逆温,甚至将辐射逆温破坏,这时冷锋后冷空气中低层气温可能要比暖空气中的还要高些,冷锋过后气温上升可达到 5°～6℃,ΔT_{24} 也为正值。这种情况下利用温度的上升曲线就容易识别出来(图 2.4)。

夏半年白天,如果冷锋前暖空气一侧有云遮蔽,温度日变化的升温值小,而冷锋后晴空,温度日变化的升温值大,此时冷锋两侧温差就不明显,ΔT_{24} 代表性也不好。

②锋面两侧蒸发凝结条件不同。夏季白天若冷锋前有降水,因雨滴蒸发吸收了暖空气中相当多的热量,温度日变化的升温值就减少,而冷空气中没有降水,日变化的升温不变,使锋面两侧温差减小。

③锋面两侧垂直运动不同。冷锋从高原下到平原,冷锋后的冷空气下沉运动较锋前暖空气强烈得多,增暖也较暖空气中为多,使冷、暖空气间温差减小。

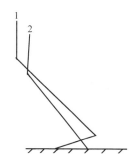

图 2.4 冷锋过境前后测站温度上升曲线的对比

(1 为冷锋过境前某测站的温度上升曲线;2 为冷锋过境后某测站的温度上升曲线)

④冬季,在我国北方或在盆地里,锋前晴而风小,近地面层辐射强烈冷却,有一层气温很低、密度较大的冷膜形成;在四周均为高山的盆地里,这种冷膜更容易形成。当锋面后的冷空气密度不如冷膜中的冷空气密度大时,则锋面在冷膜上滑行。近地面的气温不受锋面影响,地面锋线两侧没有明显的温差。

⑤夏季,冷锋自大陆移到海面上,由于海面温度比较低,有时会使冷锋后的气温反而比锋前高。

(2)非锋面造成的常定温差带

在海岸线附近,因为下垫面性质不同容易造成温差,而且有时还伴有风的差异,甚至可能把局地云和降水的记录也误认为有锋存在。所以是否有锋存在,不能只着眼于地面某些要素的特征,还要考虑历史的连续性,并配合三度空间内其他资料来确定。在高原与平原接壤处,因为测站海拔高度不同也容易造成温差,也不一定是锋面存在的表现。

2.2.1.2 露点

一般说来,暖空气来自南方比较潮湿的洋面上,气温高,水汽含量多,露点温度也较高;来到我国的冷空气一般来自欧亚大陆,温度低,水汽含量少,露点温度也低。因此锋面附近露点差异显著。在没有降水发生的条件下,露点温度比温度更为保守,能更好地表达气团的属性,对确定锋的位置很有用,但如果锋面附近任一侧有降水发生,那么锋面附近的露点差异就不能很好地反映气团属性的差异了。

2.2.1.3 气压与风

如果以温度的零级不连续面模拟锋面,则已经证明在锋面两侧的气压是连续分布的,但是气压梯度并不连续,等压线通过锋面时会有折角,而且折角尖端指向高压,锋面两侧的风有气旋式切变。如果等压线与锋线平行,则锋面两侧等压线密集程度一定不同,而两侧的风向虽没有差异但风速却不同时,这也是气旋式切变,这种等压线互相平行,但仅是梯度不同,而风场具有气旋性切变的气压场型式称为隐槽(图2.5)。

如果以温度的一级不连续面来模拟锋面,则锋面两侧的气压、气压梯度都连续,而只是气压的二阶空间微商即等压线的曲率或梯度不连续。天气图上等压线经过锋线时不一定要画折角,一般只要有明显的气旋性弯曲就可以了,只是在锋区很狭窄而锋又很明显时,亦可画折角。

图 2.5　隐槽的气压场型式

锋面位于气旋性曲率最大的地方,但是有气旋性切变处不一定有锋。另外,风也受地形影响,夏季沿海还受到海陆风的影响,日变化也较明显。因此,在利用风场来确定锋面位置时,一定要注意风的代表性及一些特殊地方锋面过境时风的演变特点。例如,位于秦岭北侧渭水河畔的西安市,冷锋从河套西侧南下而过该站时,风向就转为西南,冷锋愈强,西南风愈大。又如冷空气从天山和阿尔金山之间进入南疆盆地时,锋后均吹偏东风。一般地说,风速较大时其风向、风速能反映大范围空气运动的情况,可以作为确定锋的依据。

2.2.1.4　变压

(1)3 h变压(ΔP_3)

冷锋后常为较强的$+\Delta P_3$,冷锋前常为较弱的$+\Delta P_3$或$-\Delta P_3$;暖锋前常有较强的$-\Delta P_3$,暖锋后为较弱的$-\Delta P_3$或$+\Delta P_3$;锢囚锋后往往是$+\Delta P_3$,锋前为$-\Delta P_3$。但当两条冷锋相向而行形成锢囚锋后,则其两侧都会出现$+\Delta P_3$,如我国华北锢囚锋就是这样。

锋面过境时,3 h变压倾向呈折角,折角处就表示锋面过境的时间。

以上特征都可作为确定锋面位置或时间的依据。但要注意气压的日变化和气压系统本身的加强或减弱的影响。例如,08时地面图上,以$+\Delta P_3$居多,因而冷锋两侧都为$+\Delta P_3$;到14时地面图上,以$-\Delta P_3$居多,因而弱冷锋两侧可能都为负值,只是冷锋后的负值比冷锋前要小。

(2)24 h变压和变温(ΔP_{24}和ΔT_{24})

因为ΔP_{24}和ΔT_{24}可以消除日变化的影响,在地形较复杂的地区能较好地反映出冷、暖空气活动的情况。冷锋后一般有大的正24 h变压和负24 h变温,冷锋前可有小的负24 h变压和正24 h变温。应该指出,气温受天空状况的影响较大,有时会失去代表性,但24 h变压却比较好。

2.2.1.5　云和降水

一般在云和降水较明显的地区常有锋面存在,但各地锋面活动造成的云和降水有很大差别,所以应按地方性特点来具体分析和考虑。

2.2.2 应用卫星云图分析锋面

2.2.2.1 锋面云系

在卫星云图上,锋面往往表现为带状云系,称为锋面云带。这种云带一般长达数千千米;宽度则各处差异很大,窄的只有 2~3 个纬距,宽的达 8 个纬距左右,平均为 4~5 个纬距。锋面云带常是多层云系,最上面的一层是卷状云,下面是中云或低云。锋可以分为两类:一类是暖空气主动地沿锋面上升,此类锋的云带较宽,我们把具有完整云带的锋称为"活跃的锋",它一般都出现在强斜压性区域内。另一类是冷空气主动下沉,迫使其前面的暖空气抬升,云图上表现为云带窄,甚至断裂,也可能没有云带,我们把云带不明显的锋称为"不活跃的锋"。

图 2.6 是洋面上锋面云带模型,它反映的锋面云系有以下一些特点。

(1)冷锋云系

在云图上,冷锋分为活跃冷锋和不活跃冷锋两种。

图 2.6 中,在 500 hPa 槽线(细虚线)以东的冷锋是活跃冷锋,它有一条连续的完整云带,其平均宽度在 3 个纬距以上。云带的边界很清楚,尤其是靠近冷空气一侧边界最为显著。云带为多层云系,由稳定性云和不稳定性云所组成。活跃的冷锋与强的斜压区相联系。在强的斜压区内一般有明显的温度平流(冷平流)和强的风速垂直切变。高空风大体上与活跃冷锋相平行,这同强的斜压性条件配合起来,就造成了一条完整的云带。

在 500 hPa 槽线后面的冷锋段为不活跃冷锋,锋面云带与活跃冷锋有明显的不同,常出现狭窄而不完整且破碎(断裂)的云带。不活跃冷锋斜压性比较弱,因而冷平流和风的垂直切变甚小,高空风大体上与锋相垂直,所以云带断裂,这种云带主要由低层的积状云和层状云所组成,而中、高云很少。有时也可出现一些卷云。在陆地上,不活跃的冷锋上可以无云或云量很少。

当活跃的冷锋移动甚缓或变成准静止锋时,从锋面云带南部边界伸出一条条积云线(图 2.6 中 e),这些枝状云系可用来定锋面南边副高脊线位置(图 2.6 中 f)。在活跃的准静止锋中,高空风大体上平行于锋,云图上表现为一条宽的云带。在这类准静止锋面云带上(在一定条件下)可以发展出气旋波。

不活跃的准静止锋,一般出现在较低纬度,其走向大体上是东西向的,锋区中云带断裂,趋于消失,云带中只有高云,没有中、低云。

(2)暖锋云系

活跃的暖锋云带最宽,在云图照片上常呈现一大片高空卷云覆盖区,活跃的暖锋具有强的斜压性,由于暖锋云带和暖区云系相连接,因而就不易确定地面暖锋(图 2.6 中 d)的位置。活跃暖锋云系由层状云和积状云所组成,上面还有一层卷层云。

图 2.6   洋面上锋面云带模型

关于不活跃暖锋(地面天气图上分析出来的),在很多卫星云图上没有云带。这或者由于没有什么热成风涡度平流,或者由于水汽供应不足,或者由于斜压性太弱所造成。

(3)锢囚锋云系

锢囚锋云带是指一条从暖区顶端出发按螺旋形状旋向气旋中心的云带。暖区顶端的位置定在锋面云带凸起部分即卷云区的下面。目前气象员分析锢囚锋时,只把锢囚锋画到气旋北部或西北象限中,并不把锢囚锋绕到气旋中心。

在图 2.6 中,a 点为锋面云带与急流轴(粗箭头)相交的地方,在急流轴南面,锋面云带凸起部分一片纹理光滑的云区,而在急流轴北边的云区中,却出现多起伏的积状云,这种差异可用来确定锢囚点和暖区顶端的位置。在 ac 段,锋面云带与急流云系相重合。

2.2.2.2   锋面位置

在卫星云图上活跃的冷锋锋面,若系第一类冷锋(主动上滑),要定在云带的前边界上,若系第二类冷锋(暖空气被迫抬升),要定在后边界。不活跃的冷锋,如果云带后部边界很清楚,则定在后边界上。此外,如果活跃的锋面云带后部边界不清楚或云带很宽,可以从锋的两侧云系结构的差异来确定锋的位置,锋定在云由稠密变到稀疏的分界地区。在分析云图时,有时锋面云带很不明显,而且也不容易定出其走向,这时要判断锋的存在或确定其位置,可以分析锋后冷气团内的云和锋前暖气团中云的差异。在冷气团中,尤其是在洋面上,会出现积状云,而且往往是闭合的或未闭合的细胞状云系;在暖气团中,则有积状云和层状云同时出现。

在卫星云图上确定暖锋的位置较困难。有冷、暖锋存在的气旋,云区在暖区顶端向冷区一侧凸起,暖区顶端就定在凸起部分,暖锋可定在云区凸起部分的某个地区。

在高纬地区还可以利用云区中的纹线来确定锋,事实上,锋与纹线互相平行。

对一个成熟的锢囚气旋来说,锢囚锋要定在云带后边界附近。静止锋定在云带的前边界附近。冷锋定在云带的中间部分。

2.2.2.3　锢囚锋生

在卫星云图上可看到一种在一般理论中没有提到过的现象,即有时候会发现类似于锢囚锋型式的锋面云带。这种云带是由锋生作用而不是由锢囚过程所造成的。人们把这种现象称作"锢囚锋生"或"瞬时锋生"。

前面已经讲过,逗点云系出现在对流层中上部最大正涡度平流区域,当逗点云系逼近一条锋面云带时,在锋上会产生波动。如果这时逗点云系继续加强,与逗点云系相连的气旋性环流也会增强。这就使得正涡度中心后面的冷气团中气流更加变成偏北风,而在正涡度中心前面的暖气团中气流更加变成偏南风。当这逗点云系与锋面气旋波相合并时,在云图上就看到冷气团和暖气团完全被隔开,即出现了"锢囚锋云系"结构(图 2.7),这时就会得到一个错误的印象,即气旋波没有经过发展而后达到锢囚阶段的过程,一下子就跳到成熟阶段。实际上这是由于逗点云系和锋面气旋波的合并,而使云带出现"锢囚锋云系"外貌。但从云图的前后连贯性来看,这种"锢囚锋云系"实际上是锋生的结果。这种情况一般出现在下述天气形势下,即有一高空槽与一东西向的锋面气旋波相合并,这种锋在日本附近常常可以分析出来。

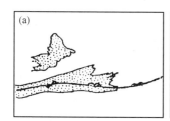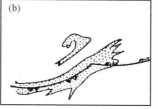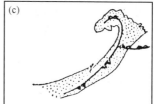

图 2.7　锢囚锋生的模型

2.2.2.4　非锋面的云带

在卫星云图上有一些长的云带,它们并不是锋面云带,但其外貌和锋面云带一样。在这些非锋面的云带中,有许多是与地面气流的汇合区相联系的,并不存在密度的不连续性。还有一些是由于潮湿空气向北平流所造成的。
当一个低压向东面的一个副热带高压逼近时,在高压
后部,偏东气流和偏西气流相汇合,会出现一条南北
向的云带(图2.8)。

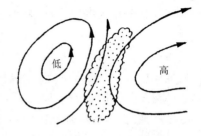

　　此外,卫星云图上,锋面云带常与急流云带,特别
是副热带急流云带相混淆。在一般情况下,锋面云带
呈气旋性弯曲,而急流云带则多呈反气旋性弯曲,有
时呈直线,我们可以根据这点来区别它们。

图2.8　高、低压之间的云带

2.2.3　应用其他资料来分析锋面

2.2.3.1　探空资料的应用

　　有锋面时,探空曲线上应有锋面逆温(或者是等温,或者是直减率很小)存在。锋面
逆温的特点是,上界湿度一般大于下界(图2.9a),因为一般来讲,暖气团比冷气团潮
湿,特别是当锋上有云时,逆温层上的相对湿度接近100%。但如锋的上下都有云,同
时还有降水,这时,逆温层下的湿度也会很大。而当暖空气很干燥,锋上无云时,逆温层
上的湿度就很小,锋面逆温与下沉逆温就很难区别。在这两种情况下应把前后两次探
空曲线描在同一张图上,如果逆温层下有明显的降温,而在其上是增温、等温或降温不
大(图2.9b),即可判断为锋面逆温。

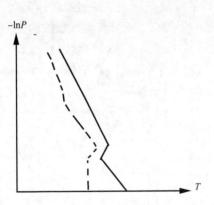

图2.9a　锋面逆温时温(实线)
湿(虚线)上升曲线

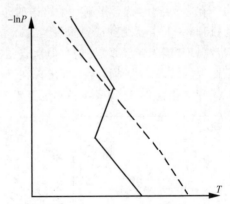

图2.9b　当日(实线)和前日(虚线)
冷锋过境前后温度上升曲线变化

2.2.3.2　高空测风资料的应用

　　我们知道,风在锋区上、下有很大的转变,热成风很大。有冷锋时风向随高度逆转;
有暖锋时,风向随高度顺转。我们可以运用这一特点来分析测风记录,确定有没有锋存

在及锋的类型。

图 2.10a 是一个测站上空有冷锋的测风记录例子。冷锋位于高度 2.0～2.5 km 气层内,因为这一层内热成风很大,并且在 2 km 以下是偏北风,2.5 km 以上是偏西南风,风向随高度逆转。

图 2.10b 是一个测站上空有暖锋的测风记录例子。暖锋位于高度 1.5～2.0 km 气层内,这层的热成风较大,在 1.5 km 以下是东南风,2 km 以上是西南风,风向随高度顺转。

图 2.10c 是一个测站上空有静止锋的测风记录例子。锋区位于高度 1.5～2.0 km,在 1.5 km 以下吹东北风,2 km 以上吹西南风,风向转变 180°,风速亦随之增加。

因为热成风和平均等温线平行,所以热成风方向能大致代表锋线的走向,如图 2.10 所示,冷锋走向为东北—西南向;暖锋近于东西向;静止锋则为东北—西南向。

此外,还可以用单站测风时间剖面图来分析锋面,如图 2.10d 所示,锋前低层是西南风,冷锋过后转成西北风,锋区位于西北风和西南风的层次内,随着时间向上抬升。

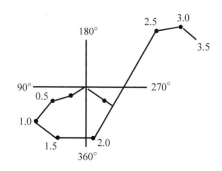

图 2.10a　测站上空有冷锋时的单站高空风

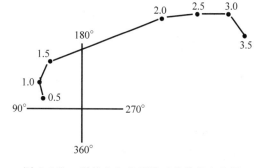

图 2.10b　测站上空有暖锋时的单站高空风

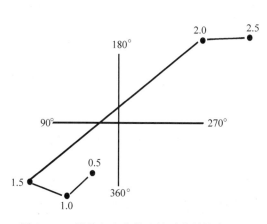

图 2.10c　测站上空有静止锋时的单站高空风

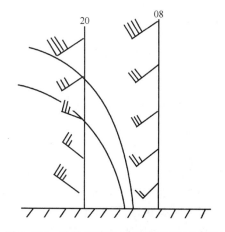

图 2.10d　冷锋过境前后的测风时间剖面图

2.2.3.3　天气实况的应用

我们还可以用天气实况来分析锋面。先将天气实况填出来（测站的排列顺序是位于北方的测站排在上，南方的排在下，或者西方的在上，东方的在下），应用与分析地面图同样的方法进行分析，就可看出各站有无锋面过境及过站的时间（图 2.11）。

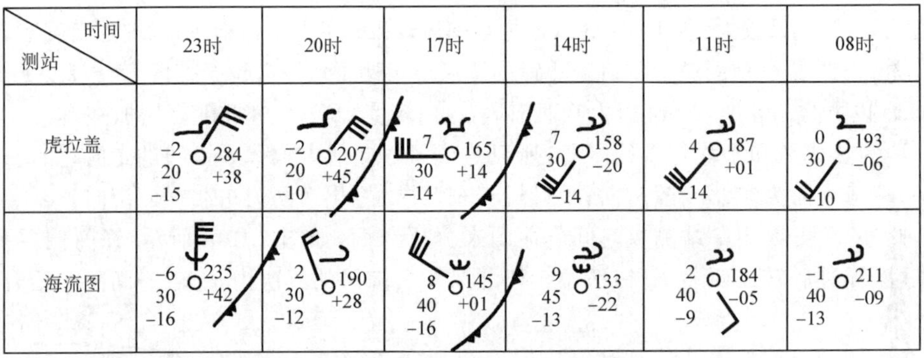

时间\测站	23时	20时	17时	14时	11时	08时
虎拉盖	-2 20 O 284 +38 -15	-2 20 O 207 +45 -10	7 30 O 165 +14 -14	7 30 O 158 -20 -14	4 O 187 +01 -14	0 30 O 193 -06 -10
海流图	-6 30 O 235 +42 -16	2 30 O 190 +28 -12	8 40 O 145 +01 -16	9 45 O 133 -22 -13	2 40 O 184 -05 -9	-1 40 O 211 -09 -13

图 2.11　天气实况演变

§2.3　天气分析基本原则

要分析好天气图，首先要有高度负责的精神来对待天气图分析工作。同时还必须在整个分析过程中努力克服主观性、片面性和表面性，正确地运用天气学原理来处理在分析天气图时所遇到的各种问题。

根据广大气象工作人员做天气图分析的实践经验归纳起来，做好天气分析要掌握以下一些原则。

2.3.1　注意正确地判断错误记录

在天气图上所填的记录中，时常会出现一些错误的记录。对于这些错误记录，必须把它们鉴别出来，不然就会导致分析上的错误。鉴别方法之一就是互相比较。把有关记录加以比较之后，我们就能够正确地判断哪些记录是正确的，哪些记录是错误的。

错误记录产生的原因通常有两种。一种是由于仪器本身不标准或测站海拔高度不准确等原因所造成的误差，称为系统性误差。这种误差比较固定，也比较容易发现，只要同附近测站的记录比较许多次，便可找出它的误差订正值来。订正后的记录仍可使用。另一种是由于观测、通讯、填图等原因造成的误差，称为偶然性误差。这种误差并不固定，但也可以通过比较来把它鉴别出来。

比较的方法大致有 4 种。

①比较同一时间不同台站的记录。如某站的某要素比周围几个台站显然偏高或偏低。若照此记录加以分析就会出现不合理现象。这样的记录就可以判断为错误记录，分析时不予考虑或在订正后才能使用。

②比较同一台站不同要素的记录。例如，某测站的能见度为 2 km，而同时其天气现象有大雾，两者是矛盾的，因此其中必有一项是错误的，这时应结合当时的天气形势，决定取用哪一个，舍弃哪一个。

③比较同一测站不同时间的记录。例如，某站的温度记录较前次观测记录显然降低很多。若照此记录分析，便会出现一个很显著的冷中心，而此冷中心在前一时刻的图上并不存在。在这种情况下，一般可判断此温度记录不可靠。

④比较同一台站不同高度的记录。在高空等压面图分析中，常常有个别测站高度或温度记录偏高或偏低的现象。如果这个测站在其他等压面上的同时记录并没有偏高或偏低的现象，那么我们可以把可疑记录用静力学关系进行订正后才可使用。

根据(1.1)式可知，当两等压面的数值 P_1 和 P 已经取定后，在 H_P、H_{P_1} 和 T_m 三个数值中，只要知道两个就可以求出另一个。在温度-对数压力图上沿 920 hPa，720 hPa，529 hPa 各等压线上有一排排的黄色圆点，旁边所标数字即分别为 1000～850 hPa，850～700 hPa，700～500 hPa 等两气层在各不同虚温下的相对位势高度(以 dagpm 为单位)。我们用两层间平均温度代替平均虚温，可粗略地进行订正。如某站 700 hPa 上的记录为 -20℃，278 dagpm；500 hPa 上的记录为 -36℃，530 dagpm。在分析中，经与周围记录比较和判断后，怀疑该站 700 hPa 位势高度 278 dagpm 可能错误，而 500 hPa 上记录和 700 hPa 上该站温度记录均是正确的。这样我们可先求出两气层间的平均温度为：

$$T_m = \frac{(-20) + (-36)}{2} = -28℃$$

然后，在温度-对数压力图上，查到 -28℃ 所对应的 700～500 hPa 间厚度(ΔH)约为 242 dagpm。那么根据 $\Delta H = H_{500} - H_{700}$，则 $\Delta H_{700} = H_{500} - \Delta H = 530 - 242 = 288(\text{dagpm})$，此值即为订正后的 700 hPa 位势高度。

其他各层的位势高度也可以用类似方法求得。

2.3.2　注意正确地应用记录

天气图上所填的许多观测记录中，就其在反映大气情况方面的特点来说，大致可以分为两类：一类是能够反映大范围大气运动的记录；另一类是反映某一局部地区大气运动特点的记录。前者称为记录有代表性，后者称为记录有地方性。在各种气象要素中，气压和云受局部影响较小，代表性较好，能反映大范围大气运动的共同特点；而温度和风等要素则容易受局地影响，代表性较差，常常不能反映大范围大气运动的共同特点，而只能反映局部地区大气运动的特殊性。例如，我们在分析天气图时，经常可以发现华北平原测站的温度比其西侧黄土高原要高好几度。初学者往往误认为有锋面存在,实际上是由于黄土高原比华北平原海拔高出 1000 m 左右所造成的。另外,地面的气温受天空状况的影响也很大,如阴天或下雨地区白天的最高温度要比晴朗无云地区低好几度,而晚上最低温度则要比晴朗无云地区高好几度。再如北京,由于受山谷风和海陆风的影响,上午吹偏北风,下午吹偏西南风,这种风向的日变化完全是由北京地区的地形特点所造成的,并不意味着大范围气压形势在发生变化。因此,在应用这些记录时,需要注意:只有内陆平原地区的风才能代表大范围空气运动;而海拔高度相近的测站温度才能相互比较。

　　地方性的记录虽然不能反映大范围大气运动的共同特点,但却反映了局部地区的客观真实情况。因此,当我们着眼于分析某一局部地区的天气演变时,就应当十分慎重地分析地方性记录的特点,而不能简单地以一般性代替特殊性。如果我们能熟悉地掌握各站的地方性规律,同样可以对天气分析有很大帮助。例如,西安在冷锋过境后经常吹西南风,这种现象虽然不符合冷锋过境后一般吹西北风的规律,但这一现象经多次分析,确认它符合实际情况后,就可以利用这种风的强烈的地方性特点作为分析该地区锋面活动的一项客观指标。由此可见,天气图上的每一个记录只要它是正确的,都是有用的,而不应轻易放过。

2.3.3　注意天气演变的历史连贯性

　　天气的生消演变有一定的历史过程,所以分析天气图时就应该注意天气演变的历史连贯性。当在图上某一地区分析出一个天气系统时,就要查看一下前一张图上的情形怎样,看看它是从哪儿移来的。根据它过去的移动速度,看看它到达现在的位置是否合理。看看它过去的中心强度,判断现在所分析的强度是否合理。另外,大气中的天气系统也经历着不断的新的系统生成、旧的系统消失的过程。当我们在图上某一区域分析出一个新生的天气系统时,就要看看这个地区过去一段时间内有没有使它新生的条件。反之,如果前一张图上的某一个天气系统在这一张图上"失踪"了,那就得找找它过去一段时间内有没有趋于消亡的迹象。

　　总之,我们不能在天气图上任意分析出一些前后矛盾的东西来。但在实际工作中,有时由于前后两张图的时间间隔较长,对于生消演变迅速的较小的天气系统,可能在图上看不出它的演变历史,而似乎有突然生成或突然消失的现象,但这不能看作是前后矛盾。

2.3.4　各种图的配合和各种气象要素之间的合理关系

　　天气发生于三度空间中,为了全面分析天气状况,在天气分析中还必须注意各种图的配合,使其符合它们之间的辩证关系。对于天气图上的每一个系统,高压、低压、槽、脊、锋等,都要严格按照气压系统的上下对应关系弄清楚它们在各层天气图上的反映,检查分析中有无遗漏。

此外,大气中各个气象要素之间都是互相联系、互相制约的。例如,自由大气中风的分布是与气压分布相适应的;水平气压场随高度的变化和气层平均温度的水平分布密切联系等。因此,在天气分析中,不论分析哪一种要素都必须与其他要素有机地联系起来考虑,使分析结果符合各要素间的合理关系,否则就不可能真正反映出它们之间的内在联系。例如,在地面图上分析锋面时必须和气压形势相配合;在高空图分析时要注意每一个系统与温压场配合,气压系统的深浅及上下层气压系统中心的重合或偏离现象必须与温度场相适应,否则在分析上一定存在问题。

2.3.5　从实际出发抓住分析重点

由于大气的运动是复杂的,是由大、中、小各种不同尺度的运动系统组成的,而尺度不同的系统,它们的运动规律和对天气的影响也不相同,因此,对于存在着许多矛盾的复杂运动的大气,不能把所有大、小系统一把抓,不分轻重,不分主次,而应当根据各地的具体天气特点和气象保障任务的要求,抓住分析中的重点系统。例如,应特别认真分析好地面图上的锋面和等压面图上的低槽和急流。因为它们是大气中各种矛盾最集中的地方,对天气影响最大。对于做 24 h 以内的短期预报,就要着重分析国内的有关地区。在预报地区附近,即使是等高线或锋面上的小弯曲也必须慎重考虑,因为这些小弯曲往往代表了一些中、小尺度的系统,它们在短时间内(6~24 h)会影响整个预报区域的天气。对于做 48 h 以上的中期预报,则不仅需要分析国内部分,而且应该分析整个东亚甚至整个欧亚地区。在分析时一般应着重分析范围为几千千米的大尺度系统,而对于一些小弯曲则应光滑掉(有发展前途的小槽除外),因为这些小弯曲只有几小时到几十小时的生命史,对中期预报没有影响。

实习三　锋面的初步分析

一、实习目的

学会根据地面气象要素的分布,确定锋面的位置及锋的性质。

二、实习内容及资料

本次实习共有 7 个例子。学生应根据这些例子所给出的要素场,通过分析比较定出锋面。这 7 个例子如下。

锋面初步分析 1:①1965 年 3 月 14 日 20 时地面图;②1963 年 11 月 21 日 14 时地面图;③1964 年 3 月 19 日 14 时地面图。

锋面初步分析 2:④1970 年 4 月 19 日 20 时地面图;⑤1970 年 4 月 10 日 08 时地面图。

锋面初步分析3：⑥1970年4月30日08时地面图；⑦1971年5月28日08时地面图。

三、要求

①绘制等压线并标注高、低压中心及强度。

②绘制等三小时变压线并标注正、负变压中心及强度。

③绘制各种降水区及特殊天气现象。

④根据要素场的分布定出锋面位置。

四、锋面分析步骤

①根据锋的定义及锋面两侧要素场的分布特点（T 场、T_d 场、ΔP_3 场、风场、P 场、天气区等），首先注意风呈气旋式切变较明显的带状区域或者气压场上的低槽区。

②也可参考历史图上标注的锋面位置，根据历史连续性原则，在历史位置的前方（指系统移动的方向）去寻找锋面的大概位置。

③沿风呈气旋式切变明显的带状区域或者低槽区，逐站对比气象要素 T、T_d、ΔP_3、风、天气区等的分布，看其是否符合锋面一侧要素场的分布特征。若符合，则在此区域内气象要素改变最明显的地方分析锋面。如果使用②中介绍的方法在找出了锋面的大概位置以后，也须逐站比较推敲，找出最合适的地方定锋。

五、注意事项

在对比要素场的分布特征时，须注意记录的代表性。

①测站海拔高度不同，对温度分布会有影响。

②测站处于不同性质的下垫面（海、陆）会对温度分布有影响。

③不同的天空状况，对温度分布会有影响。

④要注意地形对风向、风速的影响，如狭管效应、海陆风效应等。

⑤注意 ΔP_3 的日变化对正、负 ΔP_3 中心强度的影响。

⑥隐槽与显槽须同样引起注意。

⑦要学会判断错误记录。

实习四　锋面的综合分析

一、实习目的

在锋面初步分析的基础上，了解锋的空间结构，学会结合 850 hPa 图上的锋区位置，进行上下层配合定锋。

二、实习内容及资料

这一部分给出一个例子。学生应根据这个例子中给出的地面要素场和相应的 850 hPa 高空图,上下配合定出锋面位置。这个例子是:

①综合分析 1(1971 年 3 月 27 日 14 时地面图);综合分析 2(1971 年 3 月 27 日 20 时地面图)。可在教师指导下,定出该时次的地面图上的锋面。

②综合分析 3(1971 年 3 月 28 日 08 时地面图);综合分析 4(1971 年 3 月 28 日 08 时 850 hPa 图);综合分析 5(1971 年 3 月 28 日 08 时 700 hPa 图);综合分析 6(1971 年 3 月 28 日 08 时 500 hPa 图)。了解锋的空间结构并结合此时次的 850 hPa 图及前时次的地面锋面位置,定出该时次的地面锋面位置。

三、要　求

①地面图分析的要求同锋面初步分析中的前三点相同。

②高空图分析要求:

- 分析等高线并标注高低中心;
- 分析槽线和切变线;
- 分析等温线并标注冷暖中心,注意高空锋区的位置以及冷暖平流的区域。

③上下层配合,定出地面图上的锋面。

四、分析步骤

①先完成 850 hPa 图的分析。找出 850 hPa 图上高空锋区的位置,判别其各个不同部位的温度平流性质。

②在 850 hPa 图上锋区的靠暖区一侧的下方,从地面图上寻找地面锋的大概位置,在寻找出了地面锋的大概位置以后,利用"锋面的初步分析"中介绍的方法,逐站比较分析、确定出地面锋的具体位置。

③在定出地面锋面的位置以后,再根据 850 hPa 图上锋区的温度平流性质,确定地面锋的性质。一般情况是:850 hPa 上冷平流区的前方,地面上有冷锋;暖平流区的下方,地面上有暖锋;温度平流不明显的地方,对应静止锋。注意:同一条高空锋区的不同部位可以有不同的温度平流性质,所以其下方对应的地面锋面在某一段上可以是暖锋,在另一段上可以是冷锋,在有的部位还可能是静止锋,不要粗心大意来个一刀切。

第 3 章　辅助天气图分析

在做天气分析时,除了应用天气图(包括地面、高空天气图)以外,还应用很多种辅助图表,这些辅助图表统称为辅助天气图。辅助天气图的种类很多,可以根据分析、预报工作的需要而择用。常用的辅助天气图有剖面图,高空风分析图,温度—对数压力图,能量图,等熵面图,变温、变压图以及降水量图等。本章只对部分辅助天气图的制作和应用做一扼要的介绍。

§3.1　剖面图分析

地面图和等压面图都是从水平方向或准水平方向来对大气进行解剖的。为了更详细地了解大气的三度空间结构,往往还须制作空间垂直剖面图,简称剖面图。

剖面图是气象要素在垂直面上的分布图,以水平距离作横坐标,用高度或气压的对数尺度作纵坐标。

3.1.1　剖面基线的选择

剖面图所取横坐标轴的沿线称为基线。基线的选择,没有一定的规定,一般可以从以下几个方面考虑。

①为了要了解某一子午面上的温度场和风场的构造,就把基线选在这个子午面上。这样的剖面图,称为经圈剖面图。

②当研究某一天气系统或天气现象区时,可以取一个能明确表示这一天气系统或天气现象区的方向作为剖面图的基线。如要了解锋面的空间结构,那么基线最好与锋区相垂直。

③所选剖面上的测站记录不可太少,否则分析结果就不够准确。基线上的测站间的距离也不能太远,否则难以分析,其结果也不会准确。为了补救测站稀少的缺陷,在实际工作中,可以把离基线不远的测站记录沿等压面上的等温线或等高线方向投影到剖面的基线上,或者垂直投影到剖面的基线(简称剖线)上。选用的测站离开剖线的距离应在 100 km 之内,在测站稀少地区,这一距离可以适当放宽(如在 300 km 之内)。

④剖线左、右两方所表示的方向一般是统一规定的。剖线若为纬线方向(或接近纬线方向),则应把西方定在左方,东方定在右方,而若为经线方向(或接近经线方向),则应把北方定在左方,南方定在右方。

3.1.2　剖面图填写与分析的规定

填写剖面图时,先在各站位置上做垂直线,在垂直线下方注明站名或站号,根据剖线上各地的海拔高度绘出剖线上的地形线。

3.1.2.1　填写项目

在剖面图上要填写探空报告中标准层和特性层的各项记录:

TT　　　气温,以摄氏度(℃)为单位;

T_dT_d　　露点,以摄氏度(℃)为单位;

qqq　　　比湿,以 g/kg 为单位;

$\theta_{se}\theta_{se}$　　假相当位温(也可以用位温 $\theta\theta$),以绝对温度(K)表示。

此外,将各高度上的高空风向、风速记录填在相应的等压面高度上,填写方法与等压面图相同。

以上各项按填图模式(图 3.1)填写,同时将剖线上测站同一时刻的地面天气报告填写在剖线的下方。

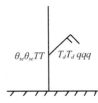

图 3.1　剖面图填图模式

3.1.2.2　分析项目与技术规定

①等温线。每隔 4℃ 用红铅笔画一条实线,各线数值应为 4 的倍数,负值应写负号。

②等假相当位温线(或等位温线)。每隔 4K 用黑铅笔画一条实线,各线数值应为 4 的倍数。

③等比湿线。用紫色铅笔分析把 0.5、1、2、4、6 g/kg 等等值线画成细实线,自 2 g/kg 以后,每隔 2 g/kg 画一条线。这一项可根据需要确定是否分析。

④锋区。按地面图上有关分析锋的规定,标出剖面上不同性质锋的上、下界,如冷锋的上、下界用蓝铅笔实线标出,而它的地面位置则用黑铅笔印刷符号在剖面图底标出。

⑤对流层顶。用蓝色铅笔实线标出其顶所在位置。

⑥其他。根据需要有时还可以在剖面图上分析涡度、散度、水平风速、地转风速、垂直速度,并标出云区、降水区、积冰层、雾层等。

3.1.3　剖面分析

3.1.3.1　等温线与等 θ 线之间的关系

由关系式:

$$\frac{\partial \theta}{\partial z} = \frac{\theta}{T}(\gamma_d - \gamma)\qquad\qquad(3.1)$$

就很容易得出下列推论:

①在剖面图上,如气层层结 $\gamma < \gamma_d$ 时,则 $\partial\theta/\partial z > 0$,位温随高度向上递增,而且如温度随高度增加,即 $\partial T/\partial z > 0$,$\gamma < 0$ 时,则 $\partial\theta/\partial z \gg 0$,即位温随高度向上递增很快。这就是说,在稳定层结中位温随高度增加要比在不稳定层结中为快。也就是在稳定层结中,等位温线较为密集。

②一般情况下,$\gamma < \gamma_d$,$\partial T/\partial z < 0$,即温度随高度递减,而 $\partial\theta/\partial z > 0$,即位温随高度向上递增。又根据 $\theta = T(1000/P)^{AR_d/C_{pd}}$,$T$ 愈高,θ 愈大,T 愈低,θ 愈小。设有两点 A 和 B,高度相同,A 的 T、θ 分别为 T_A、θ_A,B 的 T、θ 分别为 T_B、θ_B,设 $T_A > T_B$,则 $\theta_A > \theta_B$,再在 B 的垂直方向上找两点 B_1 和 B_2,令 $T_{B1} = T_A$,$\theta_{B2} = \theta_A$,则 B_1 点位于 AB 高度以下,B_2 点位于 AB 高度以上。所以在剖面图上等温线与等 θ 线两者的位相正好相反。如图3.2所示,当等温线向下凹(即为冷空气堆)时,等 θ 线便向上凸起来;相反,等温线向上凸时,等 θ 线向下凹。

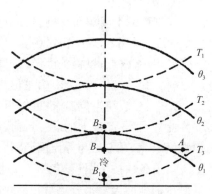

图 3.2　冷空气堆的剖面
(实线为等位温线,虚线为等温线)

③当 $\gamma = \gamma_d$ 时,$\partial\theta/\partial z = 0$,位温随高度不变。

④当 $\gamma > \gamma_d$ 时,层结不稳定,$\partial\theta/\partial z < 0$,位温随高度递减。

3.1.3.2　等 θ_{se} 线的分析

在水汽比较充足的地方,在剖面图上分析 θ_{se} 而不用 θ,其理由是:θ_{se} 对干、湿绝热过程来说都是保守的。做气团分析时 θ_{se} 比 θ 好。在锋区附近常有降水过程,θ 就失去保守性,而 θ_{se} 还是准保守的,也就是说,在凝结或蒸发的过程中 θ_{se} 是准保守的。

在剖面图上分析等 θ_{se} 线有以下两种作用:

①等 θ_{se} 线随高度的分布,能反映大气层结对流性不稳定的情况。即当 $\partial\theta_{se}/\partial z < 0$ 时,大气为对流性不稳定;当 $\partial\theta_{se}/\partial z > 0$ 时,大气是对流性稳定。

②根据等 θ_{se} 线的分布,可判断上升运动区和下沉运动区。在等 θ_{se} 线分布上,自地面向上伸展的舌状高值区($\partial\theta_{se}/\partial z < 0$)多为上升运动区;自高空指向低层的舌状高值区($\partial\theta_{se}/\partial z > 0$)多为下沉运动区。

3.1.3.3　对流层顶的分析

对流层与平流层之间的界面称为对流层顶。对流层里温度一般随高度降低。平流层下部温度随高度变化可能是逆温、等温或递减率很小三种情况中的一种。由于热带对流层顶高,寒带对流层顶低,所以平流层中冷暖水平分布与对流层往往相反。等温线通过对流层顶时有显著的转折,折角指向较暖的一方。对流层顶经过分析一般定在温度最低或递减率有显著突变处,近乎与等 θ 线平行。平流层里因为 γ 很小或为负值,而且气压较低,温度较低,因而 $\theta/T>1$,此比值较大,而且 $\gamma_d-\gamma>0$,此数值也较大,故 $\partial\theta/\partial z>0$,此数值也比较大,因此在对流层顶之上,等位温线非常密集(图 3.3)。

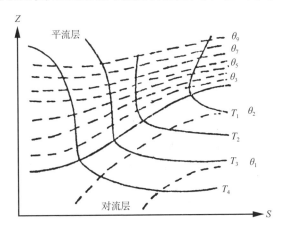

图 3.3　对流层顶的热力结构

(细实线为等温线,虚线为等位温线)

3.1.3.4　锋区分析

锋区是个倾斜的稳定层。锋区内温度水平梯度远大于气团内的温度水平梯度。等温线通过锋区边界时有曲折。等温线在锋区内垂直方向上表现为稳定层。等 θ_{se} 线与锋区接近平行,而且等 θ_{se} 线在锋区内特别密集(图 3.4)。

当极锋锋区伸展达到对流层的上层时,其附近对流层顶如何与之联系,在分析中,大致有四种不同的模式(图 3.5)。模式(a)

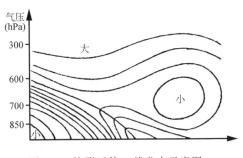

图 3.4　锋附近等 θ_{se} 线分布示意图

是将南面对流层顶和北面对流层顶连接并折叠起来,但和锋面并不相联结,不过,很少资料能证明确有这种折叠存在。模式(b)是将对流层顶附近断裂开,也不与锋面连接,这曾为一般所采用。模式(c)是将对流层锋区引申到平流层里去成为一段平流层锋区,平流层锋区的坡度和温度梯度均与对流层锋区方向相反,高低纬两对流层顶则从北、南两侧趋向锋区,并在锋区附近稍向下倾斜。这种分析方法有很大优点,因为它能清楚地把对流层中和平流层中的极地气团与中纬度气团都划分开来。也有人指出:对流层上层和平流层低层内的锋区是一个系统,经常以同一速度、同一方向移动。目前多采用这

种分析方法。模式(d)是将锋区的上界与南面的
对流层顶连接,将下界与北面对流层顶连接起来。
在东亚上空的副热带锋区的结构与模式(d)有相
类似之处,因其上界与热带对流层顶连接,但其下
界不一定与中纬度对流层顶连接。

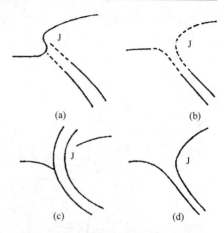

图 3.5　极锋锋区与对流层顶的联系
（J 为西风急流）

3.1.3.5　风场分析

根据需要而在剖面图上绘制实际风或地转风
的等风速线(全风速或某个方向的分量)。下面是
一些等风速线分布的一般情况。

① 在对流层里,除低纬外,以西风为主,风速
向上增加;递增速度与气层平均温度水平梯度成
比例。特别是锋区上空,风速的垂直切变很大。

② 在高层的风随着高度增加,而逐渐趋向热
成风方向。所以,大致可以认为:背风而立,低温在左,高温在右。

③ 西风带常出现风速最大中心,即高空急流区,它应与主要锋区同时出现;中心位
置在锋区之上,对流层顶之下,常在对流层顶断裂的地方。

④ 赤道附近,极地低层及平流层低层以上一般是东风带所在地。

§3.2　单站高空风图分析

单站高空风图是预报工作中另一种常用的辅助图。尤其是在缺乏等压面图时,分
析单站高空风图对于了解测站周围天气系统的分布和空间结构就更为重要。

3.2.1　单站高空风图的填绘

单站高空风图是一张将某站测得的高空风风向、风速填在极坐标上的图。由极点
O 向外呈辐散状的许多直线是等风向线,在各直线的端点标有风向的方位(以度数表
示,内圈数值表示风的来向,外圈数值表示风的去向)。以 O 点为圆心的不同半径的许
多同心圆是等风速线。

在摩擦层以上风随高度的变化遵从热成风原理。所以从摩擦层顶(高度为数百米)
开始,由下向上按测风报告填写各层风的记录。填写的方法是:根据测风报告中的某层
风向(用图上内圈读数),在图上找到相应的风向线,再根据该层的风速,沿此风向线找
到相应风速值的点,在这里点上圆点;在该点旁注明风记录的高度(以 km 为单位,填写
到一位小数)。其他各层按同法填写。图 3.6 就是一张已经填好的单站高空风图。图

中 $A,B,C,\cdots,H$ 各点是根据各高度的测风记录点的圆点。矢量 $\overrightarrow{OA},\overrightarrow{OB},\cdots,\overrightarrow{OH}$ 分别表示各高度上的风向、风速。$\overrightarrow{AB},\overrightarrow{BC},\cdots,\overrightarrow{GH}$ 分别表示两相邻高度之间的热成风方向和大小。A、B、C 到 H 点的连线称为热成风曲线。

3.2.2 单站高空风图的分析

3.2.2.1 冷、暖平流的分析

　　根据热成风原理可知,在自由大气中的某层若有冷平流时,则该层中的风随着高度升高将发生逆时针偏转;若有暖平流时,则风随高度升高将发生顺时针偏转。利用单站高空风分析图可以很清楚地判断风随高度而所偏转的方向,因而也就很容易地用它来判明测站上空冷暖平流的实际情况。如图 3.6 所示,在地面以上 1~3 km 的气层中,风随高度升高而呈逆时针偏转,因此表示该气层中有冷平流;在 3 km 以上的气层中,风随高度升高呈顺时针偏转,表示该层中有暖平流。

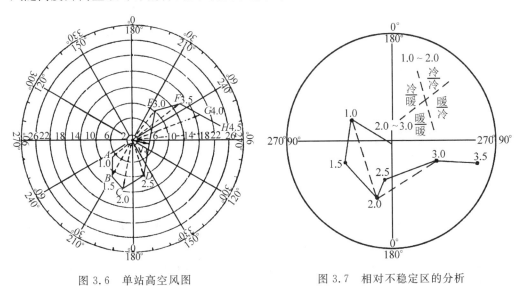

图 3.6　单站高空风图　　　　　　　图 3.7　相对不稳定区的分析

3.2.2.2 大气稳定度的分析

　　(1)相对不稳定区的分析

　　在单站高空风分析图上,根据各层的热成风方向就可以判断出各层中相对冷暖区的分布。例如,有上下相邻两个较厚的气层(通常厚度大于 1 000 m),热成风方向有明显的不同,则可将两气层的热成风平移到图上的空白处,绘成交叉的两条矢线,因而如图 3.7 所示的那样构成四个部分。交点表示本站所在地,四个部分分别表示相对于测站的部位。凡是上层为冷区、下层为暖区的那个部位,就是相对的不稳定区,如图中偏

西的区域。

(2)大气稳定度变化的判断

利用单站高空风分析图,还可以通过对各层的冷、暖平流符号以及平流强度的变化来判断大气稳定度的变化。例如,当下层有冷平流,上层有暖平流时,则气温直减率趋于减小,气层稳定度将增大。反之,当下层为暖平流,上层为冷平流时,则气温直减率趋于增大,气层稳定度将减小(或不稳定度增大)。图3.6中给出的实例是上层有暖平流、下层有冷平流,说明气层稳定度将趋于增大(或不稳定度趋于减小)。不过务必注意,不稳定度将趋于增大或减小只能表示不稳定度演变的一种趋向,而不应理解为气层已经处于不稳定或稳定的状态之下。气层实际的稳定度状况应同时应用温度-对数压力图等工具来做深入的分析。

3.2.2.3　锋面的分析

利用单站高空风分析图,还可判断锋面性质、锋区所在的位置、锋区的强度以及锋的移速和走向等。

在锋区内,因温度水平梯度很大,热成风也就很大。同时,当测风气球向上穿过冷锋时,因有较强的冷平流,所以风随高度的升高而有明显的逆时针偏转;而当气球向上穿过暖锋时,因有较强的暖平流,所以风随高度的升高而有明显的顺时针偏转。根据这些特点,我们就可根据风随高度发生怎样的偏转来判断有无锋面存在以及锋面的性质。例如,在图3.6中,$\overline{DE}$ 较长,即 $2.5\sim3.0$ km 的这一气层热成风较大,并且风随高度升高而做逆时针偏转,由此我们便可判断,在 $2.5\sim3.0$ km 的气层中可能存在冷锋。若最大热成风线段愈长,则锋区愈强。

另外,这种工具也可作为天气图定性判断锋面移速的补充方法之一。具体做法是:从极坐标原点做一垂直于锋区热成风矢线(或其延长线)的直线 V_d(图3.6),V_d 的长度就表示该层垂直于锋区风速分量的大小。如果 V_d 愈大,则垂直于锋面的风速分量愈大,而锋的移动较快;反之则锋的移动较慢。如果 V_d 很小,则可判定此锋为准静止锋。

高空锋区即等温线密集带,而等温线密集带又与最大热成风走向平行。因此,根据最大热成风的走向即可大致判断高空锋区的走向。例如,根据图3.6中的 $\overline{DE}$ 线段的走向,可以判断高空锋区的走向大致为南北向。

3.2.2.4　气压系统的分析和判断

利用单站高空风图还可判定该站处于什么气压系统之中以及在系统的哪一部位等。在没有天气图时,这就可作为判断天气系统的一种参考性的依据。在不同性质的气压系统中,风随高度的变化情况是不同的;在同一气压系统的不同部位上,风随高度的变化情况也各不相同。这是应用单站高空风分析图来判断测站附近的气压系统的性质和该站相对于系统的部位的根据。

例如,冷高压是浅薄系统,其高度一般只有 3~4 km。在冷高压的东部,近地面风向偏北,向上则转为偏南风。风向随高度升高而逆转,同时风速随高度升高而出现一风速减小层。又如冷低压,这是一种深厚系统,气旋式环流随高度升高而加强,所以在冷低压内风向随高度变化不大,而风速则随高度升高而增大。

§3.3 温度—对数压力图分析

温度—对数压力($T\text{-}\ln P$)图是我国气象台站普遍使用的一种热力学图解。它能反映探空站及其附近上空各种气象要素的垂直分布情况。因此,在天气分析和预报中有着非常广泛的应用。

3.3.1 温度—对数压力图的构造和点绘

温度—对数压力图的纵、横坐标分别表示气压的对数($\ln \dfrac{P_0}{P}$)及温度(T)。温度以摄氏度(℃)为单位,每隔 10℃ 标出度数(粗字,另列小字表示绝对温度)。气压以 hPa 为单位,在图的右部从 1050 hPa 起,自下向上递减到 200 hPa,每隔 100 hPa 标上百帕数。在图的左部,从 250 hPa 起自下向上递减至 50 hPa,每隔 50 hPa 标上百帕数,每小格表示 2.5 hPa,纵坐标上气压最低值为 50 hPa。因为当气压愈低时,1 hPa 气压差的垂直距离便愈大,由于图面大小的限制,纵坐标的气压最低值不可能设计得太低。而且因为气压 P 趋于零时,$\ln P$ 便趋于无穷大,所以图上不可能有 $P=0$ 的坐标。

图上有 5 种基本线条,除与纵、横坐标平行的等温线和等压线外,还有 3 种倾斜的曲线。它们是:①干绝热线(即等位温线,图上以黄色实线表示),表示未饱和空气在绝热升降运动中状态的变化。这种线上,每隔 10℃ 标出位温(θ)的数值(当气压低于 200 hPa 时,位温值标注在括号中)。②湿绝热线(即等 θ_{se} 线,图上以绿色虚线表示),表示饱和空气在绝热升降运动中状态的变化。在这种曲线上,每隔 10℃ 标有假相当位温(θ_{se})的数值。③等饱和比湿线(图上以绿色实线表示),是饱和空气比湿的等值线。每条线上都标有饱和比湿值。当气压值低于 200 hPa 时,等饱和比湿值标在括号中。

日常分析时,在温度—对数压力图的纵坐标上常常填写位势高度、风向、风速等记录,并在图上绘制以下三种曲线:

①温度—压力曲线(简称温压曲线或层结曲线),表示测站上空气温垂直分布状况。其做法是,将各高度上的气压、温度数据用钢笔一一点绘在图上,然后将这些点依次用线段连接起来,便是温压曲线。

②露点—压力曲线(简称露压曲线),表示测站上空水汽垂直分布的状况。其做法是,将各等压面和特性层上的气压、露点数据用钢笔一一点绘在图上,然后将这些点用

虚线依次连接起来,便是露压曲线。

③状态曲线(或称过程曲线),表示气块在绝热上升过程中温度随高度而变化的曲线。某一高度上气块若先经历了干绝热上升达到饱和后,再经历湿绝热上升的过程,则在温度—对数压力图上,要先通过该气块的温压点,平行于干绝热线而画线;同时通过该气块的露压点平行于等比湿线而画线,两线相交于一点,从交点平行于湿绝热线再画一线,这样便是状态曲线。

3.3.2　温度—对数压力图的应用

3.3.2.1　常用温、湿特征量的求法

（1）比湿（q）

定义:单位质量湿空气含有的水汽质量,

$$q = 622\ \frac{e}{p}\ (\text{g/kg}) \tag{3.2}$$

求法:通过温压点 B（见图 3.8，$T=30℃$，$P=920$ hPa）的露点 A（$T_d=21℃$）的等饱和比湿线的值就是 B 点的比湿值（在等饱和比湿线上所标数值的单位为 g/kg，$q=17$ g/kg）。

（2）饱和比湿（q_s）

定义:在同一温度下,空气达到饱和状态时的比湿。

求法:通过温压点 B（用同例、同图:$T=30℃$，$P=920$ hPa）的等饱和比湿线的数值就是 B 点的饱和比湿值（$q_s=29$ g/kg）。

（3）相对湿度（f）

定义:实际空气的湿度与在同一温度下达到饱和状态时的湿度之比值,

$$f = \frac{e}{E} \times 100\% = \frac{q}{q_e} \times 100\% \tag{3.3}$$

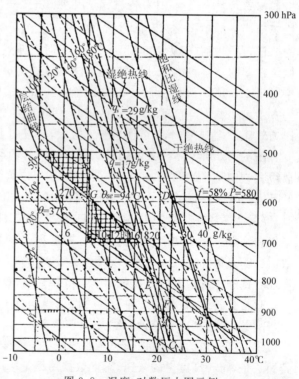

图 3.8　温度-对数压力图示例

求法有两种:①把上面(1)和(2)求得的 q 和 q_e 值代入上式而算得;②直接从温度—对

数压力图上求得。即从温压点 B(仍用同例:$T=30℃$,$P=920$ hPa)的露点 $A(T_d=21℃)$ 沿等饱和比湿线下降(或上升)到 1000 hPa 相交于 C 点,再从 C 点沿等温线上升(或下降)到与通过原温压点 B 的等饱和比湿线相交于 D 点,D 点的气压读数的十分之一除以百分数就是 B 点的相对湿度值($f=\dfrac{590}{10}\%=59\%$)。这是因为相对湿度 f 与水汽压 e 及饱和水汽压 E 有式(3.3)所示的关系。当 $E=1000$ hPa 时,e 即为 D 点的气压 $P(D)$。所以,

$$f=\frac{P(D)}{1000}$$

即
$$f=\frac{P(D)}{10}\cdot\%$$

(4)位温(θ)

定义:气块经干绝热过程到达 1000 hPa 时的温度,

$$\theta=T(\frac{1000}{P})^{\frac{AR_d}{C_{pd}}} \tag{3.4}$$

求法:通过温压点 B(仍用同例:$T=30℃$,$P=920$ hPa)的干绝热线的数值就是 B 点的位温值(在干绝热线上所标数值的单位为℃,$\theta=37℃$)。

(5)假相当位温(θ_{se})

定义:气压经湿绝热过程,将所含的水汽全部凝结放出,再沿干热过程到达 1000 hPa 时的温度。

$$\theta_{se}=\theta_d\cdot\exp[\frac{Lq}{C_tT_k}] \tag{3.5}$$

式中:θ_d 为位温,T_k 为抬升凝结高度上的温度,L 为凝结潜热,q 为比湿。

求法:通过温压点 B(仍用同例:$T=30℃$,$P=920$ hPa),沿干绝热线上升到凝结高度 E,通过 E 点的湿绝热线的数值就是 B 点的假相当位温(在湿绝热线上所标数值的单位为℃,$\theta_{se}=94℃$)。

(6)假湿球位温(θ_{sw})及假湿球温度(T_{sw})

定义及求法:气块按干绝热线上升到凝结高度后,再沿湿绝热线下降到 1000 hPa,这时它所具有的温度(即图 3.9 中 A_2 点的温度)称为假湿球位温,以 θ_{sw} 表示。如果气块不是下降至 1000 hPa,而是下降至原来的气压值处,这时它所具有的温度(即图 3.9 中 A_1 点的温度)

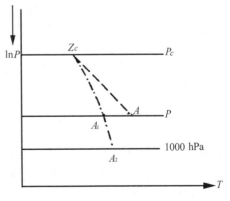

图 3.9　θ_{sw} 及 T_{sw} 的求法

称为假湿球温度，以 T_{sw} 表示。

(7)虚温(T_v)

定义：在同一压力下，使干空气的密度等于湿空气的密度时，干空气所应具有的温度。

$$T_v = T(1 + 0.378 \frac{e}{p}) \tag{3.6}$$

求法：通过温压点 B(仍用同例和图 3.8：$T=30℃$，$P=920 \text{ hPa}$)的露点 $A(T_d=21℃)$ 做平行于纵坐标的直线，使该直线与最邻近的画有短划的等压线(900 hPa)相交于 F，量出 F 点两旁两短划间的距离，用横坐标上的度数来表示，精确到一位小数(2.9℃)，然后将此数值与 B 点的温度相加，便得 B 点的虚温值，即 $T_v=30℃+2.9℃=32.9℃$。

3.3.2.2　标准等压面位势高度(H_p)

定义：用重力位势 Φ 的 1/9.8 所表示的高度，

$$H_p = Hp_0 + 67.4424T_m \lg \frac{P_e}{P} \text{(gpm)} \tag{3.7}$$

求法：先从已知的层结曲线上求出两等压面间的厚度。例如，求 700～500 hPa 等压面间的厚度，其方法是在两等压面间垂线，使该线与层结曲线 700、500 hPa 等压线相交成两个面积相等的三角形(或多边形)，垂线通过 590 hPa 等压线附近的一排小圆点(小圆点上所标数值的单位为 dagpm)，读取与垂线相交的小圆点的数值(仍用同例、同图，相交小圆点为 G，其值为 $H=274$ dagpm)，这就是 700～500 hPa 等压面间的厚度。然后将所求得的 700～500 hPa 等压面间的厚度值和 700 hPa 等压面的高度相加，就可得到 500 hPa 等压面的高度。其他标准等压面高度也可用类似的方法求得。

3.3.2.3　不稳定能量(E)的求法

定义：不稳定大气中可供气块做垂直运动的潜在能量。

$$E = -\int_{P_0}^{P} \Delta T \cdot R_d \mathrm{d}\ln P \tag{3.8}$$

求法：现在起改用图 3.10 所示的例子。根据探空报告的各层气压、温度和露点值，绘出层结曲线和露压曲线，再根据地面观测报告的气压、温度、露点值，绘出状态曲线，分析层结曲线和状态曲线之间所包围的面积，便可得到：

①正不稳定能面积，即位于状态曲线

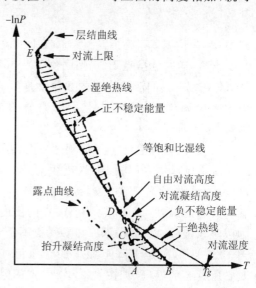

图 3.10

左方和层结曲线右方之间的面积(单位:cm²,1 cm² 面积等于 74.5 J/kg);

②负不稳定能面积,即位于状态曲线右方和层结曲线左方之间的面积;

③求出正、负不稳定能面积的代数和,这就是整个气层的不稳定能量。

3.3.2.4　一些特征高度及对流温度的求法

(1)抬升凝结高度(LCL)

定义:气块绝热上升达到饱和时的高度,

$$LCL = \frac{T - T_d}{\gamma_d - \gamma_s} = 124(T - T_d)\ (\text{m}) \tag{3.9}$$

式中:$\gamma_s = - \mathrm{d}T_d/\mathrm{d}z \approx 0.17℃/100$ m;T, T_d 为起始高度的气块温度、露点;$\gamma_d \approx 0.977℃/100$ m。

求法:仍用图 3.10 所示的例子。通过地面温压点 B 做干绝热线,通过地面露点 A 做等饱和比湿线,两线相交于 C 点,C 点所在的高度就是抬升凝结高度。

有时,由于考虑到地面温度的代表性较差,也可用 850 hPa 到地面气层内的平均温度及露点代表地面温度及露点来求 LCL。

有时,近地面有辐射逆温层,此时可用辐射逆温层顶作为起始高度来求 LCL。

(2)自由对流高度(LFC)

定义:在条件性不稳定气层中,气块受外力抬升,由稳定状态转入不稳定状态的高度。

求法:根据地面温、压、露点值做状态曲线,它与层结曲线相交之点所在的高度就是自由对流高度(如图 3.10 的 D 点)。

(3)对流上限

定义:对流所能达到的最大高度。

求法:通过自由对流高度的状态曲线继续向上延伸,并再次和层结曲线相交之点所在的高度,就是对流上限,即经验云顶(如图 3.10 的 E 点)。

(4)对流凝结高度(CCL)

定义:假如保持地面水汽不变,而由于地面加热作用使层结达到干绝热递减率,在这种情况下气块干绝热上升达到饱和时的高度。

求法:仍用前例。通过地面露点 A 做等饱和比湿线,它与层结曲线相交,交点 F 所在的高度就是对流凝结高度(图 3.10)。

当有逆温层存在时(近地面的辐射逆温层除外),对流凝结高度的求法是:通过地面露点作等饱和比湿线,与通过逆温层顶的湿绝热线相交之点所在高度即对流凝结高度。

(5)对流温度(T_s)

定义:气块自对流凝结高度干绝热下降到地面时所具有的温度。

求法:仍用前例。沿经过对流凝结高度 F 点的干绝热线下降到地面,它所对应的温度,就是对流温度(图 3.10)。

3.3.2.5　压高曲线的制法及 H_0 和 H_{-20} 的求法

　　为了在垂直方向上得到不同气压所对应的高度和比较准确地计算云高、云厚、0℃层高度(H_0)以及 -20℃层高度(H_{-20})等,可在温度-对数压力图上绘制压高曲线,其方法如下:

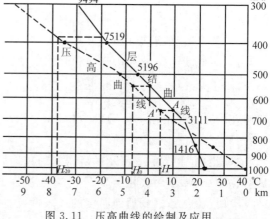

图 3.11　压高曲线的绘制及应用

　　①把横坐标的温度值改为从右向左增大的高度值,温度间隔 10℃ 改为高度间隔 1000 m。纵坐标不变;

　　②将探空报告中的气压值和高度值依次点在图上,然后连接各点,即得压高曲线。如图 3.11 所示;

　　③欲知某点 A 的高度,只要过点 A 做横轴的平行线,交于压高曲线上一点 A'。过 A' 做纵轴平行线交于横轴上一点 H,H 即为 A 的高度(在图 3.11 中为 3500 m)。同样办法,我们可以求得 H_0 及 H_{-20}(图中 $H_0 = 4750$ m,$H_{-20} = 7750$ m)。

3.3.2.6　一些常用稳定度指标的求法

　　(1)沙氏指数(SI)

$$SI = T_{500} - T_s \tag{3.10}$$

式中:T_{500} 为 500 hPa 上的实际温度;T_s 为气块从 850 hPa 开始沿干绝热线抬升到凝结高度,然后再沿湿绝热线抬升到 500 hPa 的温度。若 $SI > 0$,则表示稳定,而若 $SI < 0$,则表示不稳定(SI 也可用 850 hPa 及 500 hPa 天气图上的数据借附表 7 而查得)。

　　(2)简化的沙氏指数(SSI)

$$SSI = T_{500} - T_s \tag{3.11}$$

式中:T_{500} 为 500 hPa 上实际温度;T_s 为气块从 850 hPa 开始沿干绝热线抬升到 500 hPa 的温度。在一般情况下,$SSI \geqslant 0$,SSI 愈小,表示愈不稳定。

　　(3)抬升指标(LI)

$$LI = T_L - T_{500} \tag{3.12}$$

式中:T_L 为气块的抬升温度,即它从自由对流高度开始,沿湿绝热线抬升到 500 hPa 的温度;T_{500} 为 500 hPa 上的实际温度。若 $LI > 0$,则表示不稳定;若 $LI < 0$,则表示稳定。

　　(4)最有利抬升指标(BLI)

　　把 700 hPa 以下的大气按 50 hPa 的间隔分成许多层,并将各层中间高度(即在50/2=

25 hPa 处)上的各点,沿干绝热线抬升到凝结高度,然后沿湿绝热线抬升到 500 hPa,这样就得出各点的抬升温度 T'_L。再计算各点的 T'_L 与 T_{500} 的差值,选择其中正值最大者,就是最有利抬升指标。

$$BLI = (T'_L - T_{500})_{\max} \qquad (3.13)$$

(5)气团指标(K)

$$K = [T_{850} - T_{500}] + [T_d]_{850} - [T - T_d]_{700} \qquad (3.14)$$

式中:$[T_{850} - T_{500}]$ 为 850 hPa 与 500 hPa 的实际温度差,$[T_d]_{850}$ 为 850 hPa 的露点,$[T - T_d]_{700}$ 为 700 hPa 的温度露点差。K 值愈大,愈不稳定。

(6)斯拉维指标(ΔT)

由于夹卷作用,使云外空气进入云内,与云内空气混合,因而使实际的状态曲线比没有考虑夹卷作用的状态曲线偏于低温一侧。斯拉维指标就是实际状态曲线在 500 hPa 上的温度 T_K 和层结曲线在 500 hPa 上的温度 T_M 之差值 $\Delta T(\Delta T = T_K - T_M)$,其计算式为:

$$\Delta T = \Delta T_a - \frac{K\Delta T_a(q_s - q)}{1 + 0.2q_s} \qquad (3.15)$$

式中:K 为常数,ΔT_a 为湿绝热线在 500 hPa 上的温度与 500 hPa 上的实际温度之差值,q_s 为云内比湿,q 为云外比湿。若 $\Delta T > 0$,表示不稳定,而若 $\Delta T < 0$,则表示稳定。

如果用 700 hPa 的湿度代替云外空气的湿度,用 850 hPa 的温度代替凝结高度上的温度,那么,根据 850 hPa 和 500 hPa 的温度,700 hPa 的露点,就可从预先制好的查算图中求得斯拉维指标 ΔT。

(7)强天气威胁(SWEAT)指标

$$I = 12D + 20(T - 49) + 2f_8 + f_5 + 125(S + 0.2) \qquad (3.16)$$

(3.16)式中各项的意义已在《天气学原理和方法》一书中的对流天气过程中做过说明,这里不再重复。

(8)里查森数(R_i)

里查森(Richardson)数是一个表示湍流强度的无因次指标。

$$R_i = \frac{g}{T} \frac{(\gamma_d - \gamma)}{(\frac{\Delta V}{\Delta z})^2} = \frac{g}{\theta} \frac{\frac{\Delta \theta}{\Delta z}}{(\frac{\Delta V}{\Delta z})^2} \qquad (3.17)$$

式中:γ_d 为气温干绝热直减率,γ 为自由大气温度直减率,$\Delta V/\Delta z$ 为风速垂直切变,气温 T 可近似地假定等于 273 K,θ 为位温。

求法:$\gamma_d - \gamma$ 以 ℃/100 m 作单位,可从温度一对数压力图中直接求出,$\Delta V/\Delta z$ 也容易从测风资料中获得。故将各值代入(3.17)式中,便可求得 R_i 值。若 $0 < R_i < 1$,则表示动力湍流容易发展,若 $R_i > 1$,则表示湍流不易发展。

例：设 2000～3000 m 风速垂直切变平均为每 100 m 差 3 m/s，此气层内 $\Delta\gamma(=\gamma_d-\gamma)$ 每 100 m 差 $0.3℃$，则经过计算，得到 $R_i=0.12$。

（9）KY 指数

日本有学者提出，如果满足以下三个条件时，则在 12～24 h 内就易有大雨发生：①$SI\leqslant1.5℃$，但 6 月要 $\leqslant3℃$，5 月要 $\leqslant4℃$；②850 hPa 温度露点差为 $(T-T_d)_{850}\leqslant3℃$；③850～500 hPa 的温度平流为 $TA\geqslant2\times10^{-5}\,\mathrm{s}^{-1}℃$。这三个判别大雨的条件称为"对流三条件"。三条件可综合成一个 KY 指数：

$$KY=\begin{cases}\dfrac{TA-SI}{1+(T-T_d)_{850}} & TA>SI \text{ 时}\\[2mm] 0 & TA\leqslant SI \text{ 时}\end{cases}\qquad(3.18)$$

据日本的一些地方统计的结果，得出：

若 $KY\geqslant1$，则要注意大雨的发生；

若 $KY\geqslant2$，则大雨发生的可能性大；

若 $KY\geqslant3$，则大雨发生基本上可以肯定；

若 $KY\geqslant5$，则可能有大暴雨，准确率约为 70%。

3.3.2.7　云中最大上升速度（W_m）的计算

$$W_m\approx\sqrt{2\eta R\Delta T_m(\ln P_k-\ln P_m)}\qquad(3.19)$$

式中：$\eta=(T_k-T_{dm})/T_k$，R 为气体常数，ΔT_m 为最大的 $T'-T$ 值（上升气块与同高度环境的温度差），P_k、T_k 分别为自由对流高度的气压与温度，P_m 为最大上升速度所在高度的气压，T_{dm} 为气块由 P_k 沿干绝热线上升到 P_m 时所具有的温度（图 3.12）。

例：$P_k=620$ hPa，$P_m=330$ hPa，$T_k=279$ K，$T_m=251$ K，$\Delta T_m=7℃$，$T_{dm}=232$ K，$R=0.282\times10^7\,\mathrm{erg}/(\mathrm{g\cdot℃})$，则 $W_m=20.6$ m/s。

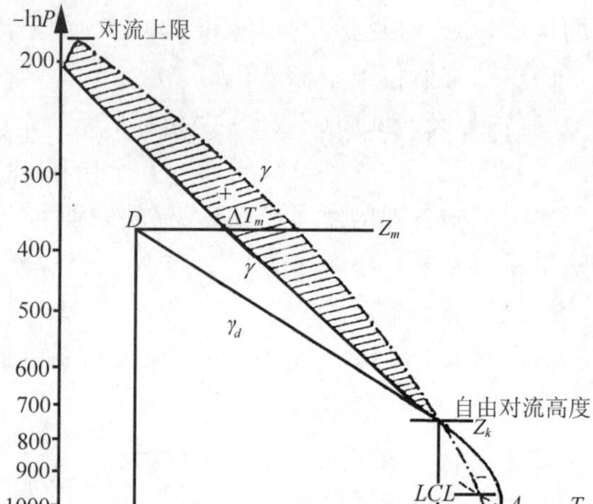

3.3.2.8　稳定层性质的判断

在 $T\text{-}\ln P$ 图上逆温层的层结曲线

图 3.12　计算最大上升速度 W_m 的 $T\text{-}\ln P$ 图

随高度向右倾斜，而等温层的层结曲线是垂直于横轴的。逆温层、等温层或递减率小的层结等三种层结都是稳定层，它们对天气的影响比较大。今以逆温层为例，分类加以说明。

（1）辐射逆温。这是由于地表面强烈辐射冷却而造成的。一般厚度不大。自地面起向上达几十米至几百米。逆温层下限与下垫面接触,湿度较大。逆温层顶上由于稳定层阻碍水汽向上输送,湿度较小（图 3.13a）。

（2）扰动逆温。摩擦层内扰动混合作用使该层的层结曲线趋于干绝热线,这样就在扰动层与无扰动层之间发生稳定层,强的可达逆温程度。它的特征是:逆温层以下至地面之间层结曲线与干绝热线平行,水汽分布比较均匀;水汽从逆温层上界开始急剧减少;逆温层高度大致与摩擦层顶相吻合,离地大约 1 km 以下（图 3.13b）。

（3）下沉逆温。这是在整层空气下沉时由于气层压缩而形成的。它的特征是在空中一定高度上,气温与露点之差值很大,而且这差值是随高度升高而增大的（图 3.13c）。

（4）锋面逆温。这是由于暖空气凌驾于冷空气之上而造成的。因为锋面是倾斜的,所以锋面逆温的高度沿锋的剖线也是倾斜的。一般暖气团中湿度比冷气团大些,所以湿度与温度同时随高度升高而增加（图 3.13d）。

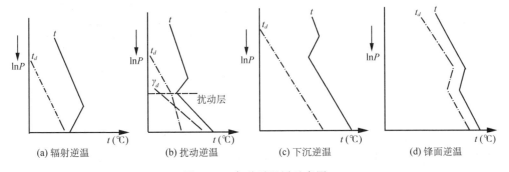

图 3.13　各种逆温层示意图

以上是各种逆温层在温度－对数压力图上表现的一般特征。实际情况有时也可能不像上面所说的那样典型。有时往往几种原因混杂在一起,使逆温层性质不易判断。在这种情况下,我们应根据逆温层出现的时间、地点和天气条件等加以具体分析,从而做出正确的判断。

3.3.2.9　云层的判断

温度－对数压力图可用于判断云层,定出云底和云顶,从而定出云的层次和厚度。下面介绍几种判断云层的主要方法。

①利用温度露点差值判断云层。首先根据地区、季节的特点统计出不同云状的云层形成时所需的温度露点差值（主要根据飞机报告和探空资料）。找出有云和无云时温度露点差的数量界限。以此作为判断有无云层的参考。然后根据实际的温度露点差资料,便可做出初步的判断。

②利用探空曲线的特点来判断云层。云底和云顶都是有云和无云的分界处,因此

当探空仪通过云底或云顶时,温度或湿度往往都有明显变化。了解其变化特点,就可用来判断云层。图3.14是武汉地区某气象台总结的不同类型云的云顶、云底反映在探空曲线上的几种型式。图3.14a为暖平流形成的云,云底露点向上剧增,云顶露点下降。图3.14b为湿平流形成的云,云底温度露点逐渐接近,云顶逐渐疏开。图3.14c为冷锋云,云底多在已饱和的逆温层底,云顶常在下沉逆温层顶。图3.14d为静止锋云,云底多在饱和的逆温层上,云顶在稳定层露点开始下降的高度上。图3.14e为降水性碎云,云底接近地面,云顶在稳定层下。以上五种温压曲线(实线)和露压曲线(虚线)基本上包括了各地常见的云底、云顶层结的特点,可作为分析云层的参考。如果把这些特点与上面所说的用温度露点差判断云层的方法结合起来分析,则判断就更为可靠。

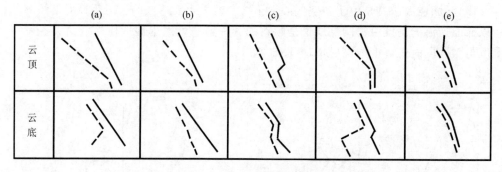

图 3.14　各类云的云顶、云底在探空曲线上表现的特点

③利用高空风在垂直方向上的变化来判断云层顶部。在温度-对数压力图上若填有测风记录,便可知道风随高度的变化。在摩擦层以上,当风向随高度先向右偏转,然后很快变为向左偏转,即由暖平流明显地转成冷平流时,在这转换的高度上就可能是云层的顶部;当风向原为明显的向右偏转,但到某一高度时突然偏转得不明显,即在暖平流随高度明显减弱的地方,也常为云的顶部。同理,当风的偏转不明显到转为明显地偏左的高度上,即原为弱的冷平流,随高度升高而到达明显地增强之处,则这一高度也常为云顶所在之处。

应用温度-对数压力图做云层判断时,还有一些注意事项:

①注意云层随时间的变化。根据温度-对数压力图定出的云层分布仅仅反映探测时测站上空的云层分布。它在天气系统变化不大、云层比较稳定时,可以代表探测时刻前后一个短时间内的云层情况。但当天气系统变化较快,云层变化较大时,则应充分估计到探测时刻以后云层随时间发生的变化。

②考虑湿度探测记录的误差。在低温时误差较大,因此用湿度记录判断高云的准确性较差,而且判断云顶高度比判断云底高度的准确性更要差一些。

§3.4　等熵面分析

3.4.1　熵的概念

自然界中的任一孤立系统,无论经过任何变化,其中的总能量不变。这一规律叫作热力学第一定律。热力学第一定律只告诉我们在一孤立系统内的能量关系,但并不能决定自然界各种变化进行的方向。在自然界发生的包含有热量的过程都是不可逆的。也就是说,这些过程都是只能在一定的方向中进行的,而且须遵守决定过程进行方向的热力学第二定律。热力学第二定律的数学表示叫作"熵增加原理",这个原理给出决定过程进行的判据。

熵增加原理:对某一任意处于平衡态的热力系统,都有一个叫作"熵"的态函数 S 和一个叫作绝对温度的温度正函数 T 存在,它们满足以下的关系:

$$TdS = dU + \delta W \tag{3.20}$$

式中:δW 是系统在无限小可逆过程中所做的功,U 是物体的内能。使此系统经过绝热变化由一个状态变至另一个状态的充要条件是起始状态的熵不大于最后状态的熵。

由此可知,"熵"是一个态函数,它由方程(3.20)决定,也可用下式表示:

$$S - S_0 = \int_{(P_0)}^{(P)} \frac{dU + \delta W}{T} \tag{3.21}$$

式中:P_0 与 P 代表线积分的起点、终点,而 S_0 为一任意常数,等于 S 在 P_0 点的值。(3.21)式中的积分路线代表可逆过程。从一个状态到另一个状态的熵的改变只取决于这两个状态的状态参数,而与这两个状态过渡时所经的路径无关。

熵的量纲是能量除以温度,它的单位可用"erg/℃"或"J/℃"或"cal/℃"表示。

令

$$dU + \delta W = \delta Q \tag{3.22}$$

式中:δQ 即热力系统的热流入量。由上式可知,当 $\delta Q = 0$ 时,$S = S_0$,也就是说,在一个可逆绝热过程中,熵的数值是不变的,这是熵函数的最重要的特性。

3.4.2　熵和位温的关系

由于 1 g 干空气的热流入量为:

$$\delta Q = C_{pd} dT - AR_d T \frac{dP}{P} \tag{3.23}$$

故 1 g 干空气的熵为:

$$S_d = C_{pd} \ln T - AR_d \ln P + 常数 = C_{pd} \ln\theta + 常数 \tag{3.24}$$

式中:C_{pd}为干空气比定压热容,θ为位温,而$\theta = T(1000/P)^{AR_d/C_{pd}}$。

3.4.3　等熵面图

等熵面即S(熵)值为常数的面。由于熵和位温之间具有(3.24)式所示的关系,因而等熵面也就是等位温面。在等熵面图上,气压P或高度Z是变数。为了要表示等熵面在空间的分布,要在等熵面上分析等压线或等高线。由位温、P、T的关系(根据位温的定义)及状态方程可知,等熵面上的等压线,也就是等温线、等密度线、等饱和比湿线。如果在等熵面上再分析一组实际比湿线,则通过等压线和等比湿线的分析,便可把大气的基本状态描述出来。因此在等熵面上只需分析两组等值线(等压线和等比湿线)就行了。

一个气块,在未饱和时,其基本属性可由θ及q(比湿)这两个保守量来决定。所以等熵面图上,等q线直接决定出气团的性质。等q线同等露点线和等熵凝结气压(P_c)线具有同一意义。所谓等熵凝结气压(P_c),也叫作等熵凝结高度,它的意义即空气绝热冷却没有水汽增减而达到凝结饱和状态的高度。在绝热过程下,达到饱和状态的凝结高度是由气块的位温和比湿决定的,所以在一定的等熵面上只由比湿就能决定等熵凝结高度,因而等熵凝结高度同比湿、混合比具有同一意义。所以我们既可用等q线,也可用等露点线和等熵凝结气压(P_c)线来表示空气的湿度分布。在实际应用上,等熵凝结气压(P_c)线比等q线更方便,因为它与等压线相对比,直接表示出饱和程度,所以通常用等熵凝结气压(P_c)代替比湿。同时,由等熵面上某地的气压值和凝结气压值之差值能直接给出绝热冷却达到凝结所需上抬的高度(抬升凝结高度),无须再用绝热图来求。

在等熵面图上还要分析流函数或流线。在绝热过程中,空气质点是沿着等熵面移动的。由流线和等熵凝结气压线(或等比湿线)的关系,就能确定各个气块的移向与移速,因而也就能把不同时刻的气块在三度空间的位置确定下来。所以等熵面图是确定气块在三度空间的运动的一种良好工具。

总之,等熵面图与等高面图、等压面图比较有下述优点:在等熵面图上只要分析两组等值线(等压线和等P_c线),就能描述大气的基本状态,而等压面图上要分析三组等值线(等高线、等温线、等比湿线)和一个求绝热凝结高度的表;等高面图上则至少要分析五组线(P、T、θ、ρ、q)和一个求绝热凝结高度的表。所以就分析工作而言,等熵面图要比等压面图简单,比等高面图更简单。而且,等熵面图在确定质点在三度空间的运动方面比等压面图和等高面图都要优越得多。

但是,等熵面图也有局限性,主要有三点。首先,等熵面图只适用于处在绝热过程情形下的大气,但是实际大气虽然是准绝热的,然而非绝热过程还是经常发生,特别是当凝结、蒸发发生时,与干绝热过程相差很悬殊,不能应用等熵面图。为了克服因有凝结、蒸发的发生而使等熵面图不能应用的缺点,有时也可用采用等 θ_{se} 面图来代替。其次,在对流情形或大气很不稳定的情形下,等熵面是垂直的或反转过来,因而等熵面就难绘清楚。最后,大气中有无数的等熵面,需要描述哪一个等熵面上的大气状态,是要根据季节等特点而加以选择的,如选择不妥便常常会影响真实地表现大气状态。

3.4.4　等熵面上的地转风和垂直运动

3.4.4.1　地转风

设在等熵面上有两个点 A、C(图 3.15),水平面上有两点 A、B。若 A、B、C 三点的气压分别为 P_A、P_B、P_C,则:

$$P_A - P_C = (P_A - P_B) + (P_B - P_C) \tag{3.25}$$

写成微分形式:

$$\left(\frac{\partial P}{\partial n}\right)_\theta \delta n = \frac{\partial P}{\partial n}\delta n + \frac{\partial P}{\partial z}\delta z \tag{3.26}$$

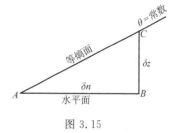

图 3.15

式中:$(\partial P/\partial n)_\theta$ 表示等 θ 面上的气压梯度,$\partial P/\partial n$ 则表示水平面上的气压梯度。

因 $(\partial P/\partial z)\delta z = -\rho g \delta z$,以及在等熵面上有:

$$dQ = c_p dT - \frac{1}{\rho}dP = 0 \tag{3.27}$$

或

$$\frac{1}{\rho}\left(\frac{\partial P}{\partial n}\right)_\theta \delta n = c_p \left(\frac{\partial T}{\partial n}\right)_\theta \delta n \tag{3.28}$$

因此可得:

$$\frac{1}{\rho}\frac{\partial P}{\partial n} = c_p \left(\frac{\partial T}{\partial n}\right)_\theta + g \left(\frac{\partial z}{\partial n}\right)_\theta = \frac{\partial}{\partial n}(c_p T + gz)_\theta \tag{3.29}$$

再由

$$V = \frac{1}{f}\frac{1}{\rho}\frac{\partial P}{\partial n} \tag{3.30}$$

故得等熵面上的地转风为:

$$V_\theta = \frac{1}{f}\frac{\partial}{\partial n}(c_p T + gz)_\theta \tag{3.31}$$

令 $\Psi = c_p T + gz$ 并把 Ψ 称为流函数,则等熵面上地转风是与流函数的梯度成正比的,而地转风与流函数的关系完全与等高面上地转风同等压线的关系或等压面上地转风同等高线之间的关系相类似。根据等熵面上流函数的分析,就可以求出地转风来。但在实际工作中求流函数的工作量比较繁重,所以常在等熵面上应用实测风的记录来绘制流线,以表示空气沿等熵面的运动状态。在绝热过程下,等熵面上的流线表示空气的三度空间运动(在定常情形下)。

3.4.4.2　垂直运动

θ 的个别变化是:

$$\frac{\mathrm{d}\theta}{\mathrm{d}t} = \frac{\partial\theta}{\partial t} + V_s\,\frac{\partial\theta}{\partial s} + w\,\frac{\partial\theta}{\partial z} = 0 \tag{3.32}$$

式中:S 表示沿气流方向的距离,V_s 为水平风速。从此式得到垂直速度:

$$w = -\frac{\dfrac{\partial\theta}{\partial t} + V_s\,\dfrac{\partial\theta}{\partial s}}{\dfrac{\partial\theta}{\partial z}} = \left(\frac{\partial z}{\partial t}\right)_\theta + V_s\left(\frac{\partial z}{\partial s}\right)_\theta \tag{3.33}$$

再把等熵面的高度 Z 用静力学关系换成气压,则:

$$w = -\frac{\alpha}{g}\left[\left(\frac{\partial P}{\partial t}\right)_\theta + V_s\left(\frac{\partial P}{\partial s}\right)_\theta\right] = -\frac{\alpha}{g}\left(\frac{\delta P}{\delta t}\right)_\theta \tag{3.34}$$

式中:α 为比容,$\left(\dfrac{\delta P}{\delta t}\right)_\theta = \left(\dfrac{\partial P}{\partial t}\right)_\theta + V_s\left(\dfrac{\partial P}{\partial s}\right)_\theta$ 为气块沿等熵面上轨迹线运动时气压随时间的变化。由(3.34)式定性地表明:气块由低压处移到高压处$\left[近似地\left(\dfrac{\delta P}{\delta t}\right)_\theta > 0\right]$,则空气是下沉的;若由高压处移到低压处$\left[近似地\left(\dfrac{\delta P}{\delta t}\right)_\theta < 0\right]$,则空气是上升的。

图 3.16 是一个等熵面分析的实例。此例选择了 313 K 和 293 K 两个等 θ_{se} 面,大体相当于暖锋的上界面和下界面,可以看出,在暖锋面上,暖湿空气沿等熵面上升,上升区与云雨区大致相对应。而暖锋面下的冷空气则是以下沉运动为主。

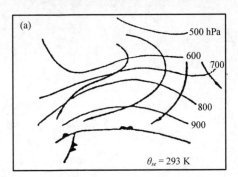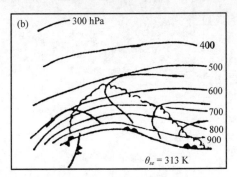

图 3.16　等熵面个例分析

3.4.5　等熵面分析的步骤

等熵面分析可按以下步骤进行:①根据探空资料绘制探空曲线和 θ_{se} 廓线;②选定等熵面值,一般取 290～330 K,冬季取较低值,夏季取较高值。在选择等 θ_{se} 面时,最好先绘制剖面图;其次,在剖面图上选择某一 θ_{se} 线的某一段,然后与这一段等 θ_{se} 线相应的有限面积绘制等 θ_{se} 面图;③根据各地探空曲线确定所选择的 θ_{se} 在各地所出现的气压和在该气压高度上的风向、风速;④将所选定的等 θ_{se} 面上各地的气压及风向、风速填在图上,绘制等压线和流线;⑤勾出凝结、降水区;⑥绘出空气质点的轨迹。

　　绘制轨迹的方法是:用几张时间间隔相等的(如 6 h 或 12 h)、熵值相同的等熵面图,假定某个空气质点在所考虑的时段内速度(速率及方向)不变,则由初始时刻该质点的位置和速度便可推算出下一时刻质点所在位置,这样依次类推,便可求得不同时刻质点的位置,从而得到轨迹。由于在实际工作中,求轨迹时所用的等熵面的时间间隔一般都在 12 h 以上,实际上空气质点在这样长的时间间隔中是难以保持速度不变的,而等熵面上的气压形势也会发生变化,因此用上述方法求得的轨迹是近似的。

§3.5　能量分析

　　大气可以看作是一个包含各种形式能量的闭合系统。根据能量守恒定律,一个孤立系统的能量不会自生自灭,而只能从一种形式转换成另一种形式。各种天气的发生、发展和消亡的过程都伴随着大气能量的转换过程。因此,进行能量分析有助于认识大气运动的内在规律,从而为天气预报提供一定的规则和线索。近年来,能量分析逐渐成为我国气象台站较常用的辅助天气分析工具之一。

3.5.1　大气中的能量

　　单位质量的空气块主要包含以下几种能量:
　　①动能

$$E_k = \frac{1}{2} V^2 \tag{3.35}$$

式中:V 是风速,$V^2 = u^2 + v^2 + w^2$,u、v、w 是风矢量在 x、y、z 方向的分量。
　　②位能

$$E_p = gZ \tag{3.36}$$

式中:Z 为气块距海平面的高度,g 为重力加速度。
　　③感(显)热能

$$E_T = c_p T = (c_V + R)T \tag{3.37}$$

式中:c_p 为定压比热,T 为温度(K),c_V 为定容比热[①],$c_V T$ 即单位质量气块的内能,R 为

---

　　① 按 1993 年通过的国标 3102.4—93 关于热学的量和单位,c_p 定名为"比定压热容",c_V 定名为"比定容热容",c 均为小写。

气体常数。

④水汽相变潜热能

$$E_e = Lq \tag{3.38}$$

式中：q 为空气比湿，L 为凝结潜热，$L = (597.3 - 0.566t)\,\mathrm{cal/g} \approx 600\,\mathrm{cal/g}$，$t$ 为摄氏温度（℃）。

3.5.2　"总能量"和"总温度"

单位质量气块的动能、位能、感热能和潜热能的总和称为该气块的"总能量"E_t：

$$E_t = c_p T + Lq + AgZ + \frac{A}{2}V^2 \tag{3.39}$$

式中：A 为功热当量，$A = 2.389 \times 10^{-8}\,\mathrm{cal/erg}$；$E_t$ 为"单位质量空气的总能量"，也叫"总比能"。

为了能用观测资料简捷地计算总能量，以 c_p 除（3.39）式的各项，得：

$$\frac{E_t}{c_p} = T + \frac{L}{c_p}q + \frac{Ag}{c_p}Z + \frac{A}{2c_p}V^2$$

或

$$T_t = T + \frac{L}{c_p}q + \gamma_d Z + \frac{A}{2c_p}V^2 \tag{3.40}$$

式中：$T_t = E_t/c_p$ 称为"总（比能）温度"，单位为 K。总温度反映总能量的大小，并具有准保守性。

3.5.3　总温度的查算

将各项常数代入（3.40）式中，得：

$$T_t = T + 2.5q + 10Z + 5 \times 10^{-4}V^2 \tag{3.41}$$

式中：T_t 及 T 的单位为 K 或℃，q 的单位为 g/kg，Z 的单位为位势什米，V 的单位为 m/s。当风速小于 30 m/s 时，动能项数值小于 0.5℃（表 3.1）。

表 3.1　动能项数值表

V(m/s)	14	20	25	28	32	35	38	40	42	45	64	78	89	100
$5 \times 10^{-4}V^2$(℃)	0.1	0.2	0.3	0.4	0.5	0.6	0.7	0.8	0.9	1.0	2.0	3.0	4.0	5.0

因动能项一般比其他项小，故常略去。略去动能项后，T_t 可近似地写成：

$$T_t \approx T_\sigma = T + 2.5q + 10Z \tag{3.42}$$

式中：T_σ 称作湿静力总温度，但因 $T_t \approx T_\sigma$，故仍可将 T_σ 称作总温度。（3.42）式是计算 T_t 的基本公式。其中 T 项即观测到的温度，位能项按每 100 m 为 1℃直接读出摄氏度数，$2.5q$ 项可以查表（见附表 12）。现举三例以说明温度的查算方法。

例 1：已知某站 700 hPa 的 T、T_d、Z 分别为 13℃、−4℃、308 dagpm，试求 T_t。

求法:由附表 12 查得 700 hPa 露点为 −4℃ 时,$2.5q = 10.0℃$,于是以有关各项代入(3.42)式,并用四舍五入法求得:

$$T_t \approx 13.0℃ + 10.0℃ + 30.8℃ \approx 54℃$$

例 2:已知某站海拔高度为 950 m,地面(百叶箱)观测的温度为 21℃,$T_d = 12℃$,试求 T_t。

求法:先由表 3.2 查得高度为 950 m 时,地面气压的近似值为 900 hPa,再由附表 12 查得潜热项为 24.0℃,因此:

$$T_t \approx 21℃ + 24.0℃ + 9.5℃ \approx 54.5℃$$

表 3.2　与台站海拔高度相对应的地面气压近似值

测站高度(m)	0	500	1000	1500	2000	2500	3000	3700	4500
地面气压(hPa)	1000	950	900	850	800	750	700	650	600

例 3:已知某站 $P = 980$ hPa,$T = 20℃$,水汽压 $e = 16$ hPa,$Z = 450$ m,求 T_t。

求法:由附表 13 查出潜热项为 25.4℃,则由四舍五入法求得:

$$T_t \approx 20℃ + 25.4℃ + 4.5℃ \approx 50℃$$

3.5.4　饱和总温度

在气压和温度不变的条件下,假定空气达到饱和时(即 $T = T_d$ 时)的总温度称为饱和总温度 T_s,其表达式为:

$$T_s = T + 10Z + 2.5q_s(T) \tag{3.43}$$

式中:T_s 的单位为 K 或℃,$q_s(T)$ 为与温度 T 相应的饱和比湿,单位为 g/kg,其余单位与(3.42)式相同。一般来讲,T_s 是假定物理量,但在对流性天气的分析和预报中很有用处。例如,在判断图 3.17 中 H_0 处的空气块,当其受到外力抬升到 H 高度后能否自由对流时,就用到饱和总温度这个概念。设 $H > H_c$(H_c 为空气块的凝结高度)。按(3.40)式,略去动能项,则有:

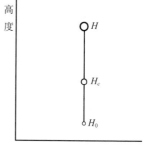

图 3.17

$$T_{t,H_0} = T'_{t,H} = T'_H + \gamma_d H + \frac{L}{c_p} q_s(T'_H) \tag{3.44}$$

$$T_{s,H} = T_H + \gamma_d H + \frac{L}{c_p} q_s(T_H) \tag{3.45}$$

式中:$q_s(T_H)$ 及 $q_s(T'_H)$ 分别为与温度 T_H 及 T'_H 相对应的饱和比湿,T_H 为 H 高度上周围环境空气的温度,T'_H 为 H_0 处空气块绝热上升到 H 处的温度;T_{t,H_0} 和 $T'_{t,H}$ 分别为空气块在 H_0 和 H 处的总温度,因 T_t 有准守恒性,故 $T_{t,H_0} = T'_{t,H}$;$T_{s,H}$ 为周围环境

空气的饱和总温度。由(3.44)式减(3.45)式得：

$$(T'_H - T_H) = (T_{t,H_0} - T_{s,H}) \bigg/ \left(1 + \frac{L}{c_p}\frac{\partial q_s}{\partial T}\right) \tag{3.46}$$

式中：$1 + \dfrac{L}{c_p}\dfrac{\partial q_s}{\partial T}$ 是个恒为正值的参数。

　　饱和总温度 T_s 的查算方法与 T_t 的查算法相似，不同的是查潜热项时不用露点 T_d，而用温度 T。

3.5.5　总能量的分析

　　目前在天气预报工作中，关于总能量的分析常用几种不同的方法。

3.5.5.1　总能量的单站分析

　　(1)单站地面总温度的分析

　　计算单站地面总温度时，位能项恒为常数，故只需计算感热和潜热项。可用 T_t 的时间曲线图或 T_t 的时间剖面图或点聚图等这些分析工具来找出天气预报指标。

　　(2)大气铅直稳定度分析

　　探空站可以利用探空资料求出各层的 T_t，然后分析大气的铅直稳定度。

　　在经典的大气热力学中，有各种表征局地大气铅直稳定度的判据。仿照这些判据，可得如表 3.3 所列的一些稳定度判据。中国气象科学研究院的一些同志根据在天气分析预报实践中的体会提出了一些预报指标，也一起列在表 3.3 中以供参考。

表 3.3　大气铅直稳定度的几种判据

稳定度名称	稳定度判据		预报指标举例
干静力稳定度 σD	$\sigma D = -\delta T_D/\delta p$	稳 定 中 性 不 稳 定	若 $T_{D800} - T_{D850} \leq 18℃$，可能有强对流天气
			若 $T_{s800} - T_{t850} \leq 0℃$，多强对流天气
潜在稳定度 σL	$\sigma L = -[T_1(P') - T_s(p)]/\Delta p$		
条件稳定度 σS	$\sigma S = -\delta T_S/\delta P$		若 $T_{500} - T_{t850} \leq -2℃$，多强对流天气
对流稳定度 σC	$\sigma C = -\delta T_t/\delta P$		若 $T_{s8} + T_{t8} \leq 19℃$，多对流天气(概率90%)； $> 19℃$，多稳定天气(80%无降水)
位势稳定度 σP	$\sigma P = \sigma L + \sigma C$		若 $T_{t8}^{t5} + T_{t8} \leq 0$，多强对流天气

注：①表中 T_D 叫作干空气总温度，$T_D = T + \dfrac{g}{c_p}z + \dfrac{1}{2c_p}V^2$；

　　②$T_{t8}^{t5} = T_{s500} - T_{t850}$；$T_{t7}^{t3} = T_{t300} - T_{t700}$；$T_{t8}^{t5} = T_{t500} - T_{t850}$(其中下标 300、500、700、850 分别表示气压，单位为 hPa)；

　　③P 为气压，潜在稳定度 σL 中的 p' 取在对流层低层，且 $p' > p$，$\Delta p = p - p'$。

（3）总能量垂直廓线的分析

用探空记录绘制 T_D，T_t，T_s 的垂直分布廓线图（图 3.18）后，便可以根据表 3.3 中的稳定度表达式和 $T_t = T_s - T_t = \dfrac{L}{c_p}(q_s + q)$ 及 $T_t - T_D = \dfrac{L}{c_p}q$ 两式来综合地判定出大气层结的稳定度和潮湿度。

根据气块法理论，并根据 T 的准守恒性质（$dT_t/dt = 0$），令气块从行星边界层（根据经验，北京地区把此层取在 900 hPa 附近）上升，则气块的过程曲线就是由 T_{t900} 决定的铅直线（图 3.18 中的虚线）。过程曲线和 T_t 廓线的最高交点称为上升气块的能量平衡高度 P_c。一般来说，P_c 愈高，对流强度愈大。举例来说，如 $P_c \leqslant 300$ hPa 时，就易出现强雹暴、龙卷或局地暴雨等激烈天气。

过程曲线和 T_t 廓线的首次相交点即图 3.18 中的 * 点，是该上升气块的自由对流高度。自由对流高度以上出现正超能，即 $[T_{t900} - T_s(P)] > 0$，表示此气块比环境还暖，可以继续上升，也就是说，大气是潜在不稳定的。正超能区面积（图中竖细线区）的大小表示了潜在不稳定能量的多少。过程

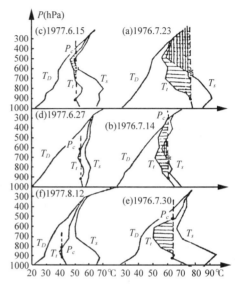

图 3.18　北京某日 08 时的总温度（T_t），饱和总温度（T_s），以及干空气总温度（T_D）的廓线

曲线和 T_t 廓线包围的正面积（图中的横细线区）的大小，可看做对流不稳定能量大小的度量。两者之和可看做是"位势不稳定能量"的度量。

（4）总能量垂直廓线的类型

按照总能量垂直廓线的特征，可将它们分成若干类型，各类廓线对本地区未来 12～36 h 内的天气性质和强度有一定的预兆意义。

①强对流型。能量平衡高度很高（$P_c \leqslant 300$ hPa），整层空气比较潮湿（T_D 和 T_t 廓线间隔大），饱和能差小（T_t 和 T_s 廓线接近），对流不稳定能量很大。符合这种条件的有图 3.18a 所示的个例。当日中午就在北京地区东北部发生罕见的特大暴雨，而在西部还出现了冰雹。

②中对流型。400 hPa > P_c > 300 hPa，潮湿度较大，饱和能差小，有较大的对流不稳定能量，如图 3.18b 所示，北京当日出现了以中到大雨为主的雷雨天气。

③弱对流型。490 hPa ≥ P_c ≥ 400 hPa，只有很小的对流不稳定能量，空气比较干燥，饱和能差较大，如图 3.18c 所示。当时低层稳定层深厚，到次日才有小到中雷阵雨。

④中性层结型。在相当深厚的层次内能量分布均匀，T_t 或 T_s 铅直变化小，饱和能差也小。这种情况往往表示空气绝热上升运动剧烈，对流天气正在发生，如图 3.18d 所示。观测时本站正在下雨，以后 6 h 雨量达 36 mm。

⑤假对流型。近地面能量高，对流层下部位势不稳定度很大，容易误认为是有利于对流天气发展的，但实际上，由于对流层上部位势稳定度大，且 $P_c \geqslant 490$ hPa，又不存在潜在不稳定能量，饱和能差很大，因此层结结构为抑制对流发展的稳定型，故称其为"假对流型"，如图3.18e 所示。当时 $P_c = 510$ hPa，这天天气虽很闷热，但并未发生雷雨。

此型低层多为辐合区，高温、高湿、高能；中层则为高压脊或小高压控制，空气下沉，十分干热，故 T_t 很小而 T_s 很大。副高控制区的能量层结多为假对流型。

⑥对流稳定型。除了行星边界层外，T_t 随高度升高而增加，空气很干燥。在极地干冷空气初临时，本地空气属于此种类型，饱和能差较大。然后低层空气逐渐变性，从而有中性或位势不稳定层结出现。在此型空气控制下，短期内无对流天气，如图 3.18f 所示，结果在 24 h 内天气晴好。

3.5.5.2 总能量形势图的分析

利用常规天气图上的温度、露点、高度资料，查算出各站的 T_t，然后绘制等 T_t 线，即得总能量形势图。总能量形势图包括地面（区域）总能量形势图和高空总能量形势图。

在总能量形势图上，可以看到各种能量系统，其中主要为高（低）能区、高（低）能舌及能量锋区等。

高（低）能区由闭合等 T_t 线围成的中心 T_t 值大（小）于周围 T_t 值的区域。而高（低）能舌由高（低）能区向外伸出的狭长部分，或由一组未闭合的向能量较低（高）一方伸出的等 T_t 线组成的系统。

需要指出：不能将高能舌称为高能脊。因为，若将等能面的空间形状表示出来的话，则高能舌处的等能面一般是呈向下伸的槽谷状，而不是脊状。同理，低能舌也不能称为低能槽。这里说的等能面即 T_t 数值处处相等的空间曲面。

能量锋区是指等 T_t 线特别密集的地带。至于密集的程度，可因地区、季节而不同，并无统一的标准。能量锋区是性质不同的两种气团相对运动时在交界面上形成的。高层能量锋区相当于高空锋区。在对流层低层，能量锋也就是干线或露点锋。一些强烈的对流性天气往往和能量锋区相联系。

3.5.6 压能场分析

无摩擦的水平运动方程为：

$$\begin{cases} \dfrac{\partial u}{\partial t} + u\dfrac{\partial u}{\partial x} + v\dfrac{\partial u}{\partial y} + w\dfrac{\partial u}{\partial p} = -g\dfrac{\partial z}{\partial x} + fv \\ \dfrac{\partial v}{\partial t} + u\dfrac{\partial v}{\partial x} + v\dfrac{\partial v}{\partial y} + w\dfrac{\partial v}{\partial p} = -g\dfrac{\partial z}{\partial y} - fu \end{cases} \tag{3.47}$$

若运动没有任何加速度,则得地转近似:

$$\begin{cases} u_g = -\dfrac{g}{f}\dfrac{\partial z}{\partial y} \\ v_g = \dfrac{g}{f}\dfrac{\partial z}{\partial x} \end{cases} \tag{3.48}$$

地转近似在低纬地区和中小尺度天气现象分析中不完全适用或完全不适用。这时至少必须考虑一部分加速度项。假设局地变化项及铅直输送项很小,可以略去。只考虑水平输送所造成的加速度项,则得:

$$\begin{cases} u\dfrac{\partial u}{\partial x} + v\dfrac{\partial u}{\partial y} = -g\dfrac{\partial z}{\partial x} + fv \\ u\dfrac{\partial v}{\partial x} + v\dfrac{\partial v}{\partial y} = -g\dfrac{\partial z}{\partial y} - fu \end{cases} \tag{3.49}$$

在方程(3.49)的两式中分别增加并减去 $v\dfrac{\partial v}{\partial x}$ 项和 $u\dfrac{\partial u}{\partial y}$,整理后,得到:

$$\begin{cases} (f+\zeta)u = -\dfrac{\partial}{\partial y}\left(gz + \dfrac{1}{2}V^2\right) \\ (f+\zeta)v = \dfrac{\partial}{\partial x}\left(gz + \dfrac{1}{2}V^2\right) \end{cases} \tag{3.50}$$

式中: $\zeta = \dfrac{\partial v}{\partial x} - \dfrac{\partial u}{\partial y}$, $V^2 = u^2 + v^2$,令 $z' = z - \bar{z}$,设 $\bar{z}$ 为等压面上某一平均高度值,则在 850 hPa 上可取为 140 dagpm 或 144 dagpm。为简便起见,以偏差值 z'(即 $z - \bar{z}$)代替 z,则:

$$\begin{cases} (f+\zeta)u = -\dfrac{\partial E}{\partial y} \\ (f+\zeta)v = \dfrac{\partial E}{\partial x} \end{cases} \tag{3.51}$$

式中: $E = \left(gz' + \dfrac{1}{2}V^2\right)$,相当于单位质量大气的位能与动能之和。$E$ 场就称为压能场。

在低纬地区,或在做暴雨天气及其他中小尺度天气现象的分析时,压能场分析似乎比单纯的气压场分析更为合理、有效。

实习五　剖面图分析

一、目的要求

①掌握剖面图的制作步骤和技术规定。

②初步学会在剖面图上分析等值线($T,\theta_{se},\theta,q,T-T_d$)的方法。

③根据要素场的空间分布,初步学会分析锋面的空间结构。

④计算(剖面图上济南－徐州)锋面坡度。

二、资料及分析内容

①资料:1971 年 5 月 2 日 20 时北京－马公岛剖面图一张。

②分析等 T 线、等 $\theta_{se}(\theta)$ 线、等 $T-T_d$ 线。

③分析锋面定出锋面上、下界。

④分析对流层顶。

⑤分析等地转风速线(省略)。

⑥计算济南－徐州的锋段的坡度。

三、思考题

①济南－徐州锋段上界如何分析 θ_{se} 线表示有上升运动,配合等 $(T-T_d)$ 线及锋区下面天气实况说明之。

②冷气团及暖气团中等 θ_{se} 线及等 T 线分布有何特点。

③冷气团及暖气团天气分布特点。

④等地转风速线分布的特点。

实习六　单站高空风图分析

一、目的要求

①学会单站高空风分析图的填绘。

②能根据此图分析判断测站上空各层的温度平流性质;稳定度及其变化;高空锋区的位置、性质、走向、移速等情况。

③根据热成风、温度平流等判断测站上空附近的温压场的相对位置。

二、实习资料

1978 年 6 月 6 日 19 时福州测风资料:

PPAA	06113	58847	55385	12010	24018
	27517	55240	26515	24514	77999
PPBB	06113	58847	80248	08011	21012
	25520	8126X	27518	26014	820XX
	21017	844XX	11019		

三、分析内容

①填绘 1978 年 6 月 6 日 19 时福州站的高空风分析图一张。

②分析上述高空图中：

• 各层平流性质；

• 各层的稳定度；

• 判断有无锋区，指出其高度、性质、移向、移速；

• 试判断 2000 m 附近和 1000 m 附近高度，测站所处的温压场位置。

以上分析结果要求做出书面报告。

第 4 章　高原和低纬天气分析

高原地区、低纬热带地区的天气分析方法与平原地区、中高纬地区的天气分析方法不同,它们都各有特点。本章对高原天气、低纬天气的分析方法分别进行介绍。

§4.1　高原地区的天气分析

我国西南部的青藏高原地处 $26°\sim40°N,70°\sim104°E$,面积 200 多万 km^2,海拔高度平均达 $4000\sim4500\ m$。在这个大高原上,山峦重叠,地形复杂,气象要素日变化很大,因此必须相应地采用适合这些高原特点的天气分析方法。

4.1.1　高原地区地面天气图的分析

4.1.1.1　地面 24 h 变压(ΔP_{24})的分析方法

ΔP_{24} 就是将当时的本站气压减去 24 h 前的本站气压所得的差值。分析 ΔP_{24} 时,分别用红、蓝、黑色铅笔绘出负、正、零等变压线,各线间隔一般为 2(或 2.5)hPa,同时标出正、负中心及大值区,这样就构成了一张 ΔP_{24} 图,ΔP_{24} 分析是高原地区气象台创造的一种适用于高原天气分析的方法,现已普遍使用。

(1)使用 ΔP_{24} 做高原分析的原理

高原上的气压场直接受到地形的影响。设高原地形函数为 $z=z(x,y)$,气压分布函数 $P=P(x,y,z,t)$。受到高原地形影响的气压场为 $P_高=P(x,y,z(x,y),t)$。

求偏导数,得到:

$$\left.\begin{aligned} \frac{\partial P_高}{\partial x}\bigg|_{y,t} &= \frac{\partial P}{\partial x}\bigg|_{y,z,t} + \frac{\partial P}{\partial z}\frac{\partial z}{\partial x} \\[2mm] \frac{\partial P_高}{\partial y}\bigg|_{x,t} &= \frac{\partial P}{\partial y}\bigg|_{x,z,t} + \frac{\partial P}{\partial z}\frac{\partial z}{\partial y} \\[2mm] \frac{\partial P_高}{\partial t} &= \frac{\partial P}{\partial t} \end{aligned}\right\} \tag{4.1}$$

由此可见,受高原地形影响的只是气压场的沿地形(按空间)分布的状态,而局地气压变化趋势却仍旧保持,因此气压变量在高原内外是可以比较的。这就是建立 ΔP_{24} 分析的思路或理论根据。

(2)ΔP_{24}与 500 hPa 等压面的 24 h 变高(ΔH_{24})的关系

根据(1.1)式及静力学公式可以推出,地面(本站)气压变化与 500 hPa 的变高有如下关系:

$$\frac{\partial P}{\partial t} = \frac{9.8}{R}\frac{P_0}{T_m}\frac{\partial H_P}{\partial t} - \frac{P_0}{T_m}\ln\frac{P_0}{P}\frac{\partial T_m}{\partial t} \qquad (4.2)$$

式中:P_0 为测站的本站气压,P 为 500 hPa 等压面,T_m 为从测站的地面到 500 hPa 等压面之间的气层平均温度,H_P 为 P 等压面的高度。由(4.2)式可以看出,本站气压随时间的变化在数值上与两项因子有关:①本站上空 500 hPa 等压面的高度随时间的变化;②从本站的地面到 500 hPa 等压面之间的气层平均温度随时间的变化。

青藏高原的主体部分海拔高度与 500 hPa 等压面距离较近,式(4.2)中的 $\ln(P_0/P)$ 很小,因此,高原上地面气压的变化主要受 500 hPa 等压面高度变化的影响(即主要由 $\partial H_P/\partial t$ 项来决定)。当 500 hPa 等压面位势高度降低时,地面气压也降低;当 500 hPa 等压面升高时,地面气压也升高。因此,反过来我们便可用高原地区地面 ΔP_{24} 图来近似地了解 500 hPa 的天气形势的变化。这就是说,地面负变压与 500 hPa 负变高相对应,反之,地面正变压则与 500 hPa 正变高相对应。由于地面 ΔP_{24} 图一天可有 8 次,而高空图一天只有 2 次,因此,利用 ΔP_{24} 图可以更方便和及时地监视高空天气系统的活动,从而有助于做好当地的天气预报。

实践经验指出:当高原上空 500 hPa 有明显的槽(或低压)、脊(或高压)活动时,地面的 ΔP_{24} 负值中心通常位于 500 hPa 脊线后部到槽线前部之间(图 4.1);而地面 ΔP_{24} 正值中心则在 500 hPa 槽线后部到脊线前部之间(图 4.2);ΔP_{24} 零线往往与槽线相配合,零线走向大体与槽线走向一致,大多数情况下,ΔP_{24} 零线落后于槽线,超前于槽线的情况很少见到。

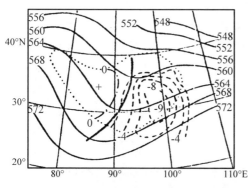 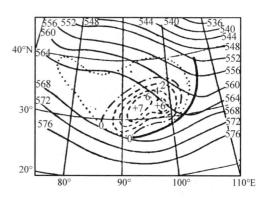

图 4.1　地面 P_{24} 负值中心位于 500 hPa
槽前与脊后之间

图 4.2　地面 P_{24} 正值中心位于 500 hPa
槽后与脊前之间

在青藏高原的边缘地区(柴达木盆地、河西走廊、云贵高原的北部),ΔP_{24}的变化不仅受高层的等压面影响,而且也与对流层下半部的冷暖平流密切相关,因此情况比在高原上要复杂一些。由(4.2)式可以看出:当$\partial T_m/\partial t = 0$时,则受高空系统影响,当$\partial H_p/\partial t = 0$时,则受低层系统影响。当$\partial T_m/\partial t \neq 0$、$\partial H_p/\partial t \neq 0$时,则高低层气压系统都有影响。因此,同样是$\Delta P_{24}$的正值有时反映高空脊的活动,而有时却反映了低层冷空气的活动。那么,ΔP_{24}的正值在什么情况下是由500 hPa高空脊活动引起的,什么情况下是由低层冷平流引起的?关于这个问题,我们可以从下面介绍的一些实践经验中获得解答。

①如果ΔP_{24}正值区域是从北疆、河西走廊逐渐向东南扩展而进入高原,这时ΔP_{24}的配置是北正南负,表示了低层有冷平流;如果ΔP_{24}正值区是从高原本部向东或东北扩展,这时地面ΔP_{24}的配置是南正北负,表示了500 hPa高压脊加强或移近。

②从ΔP_{24}零线直到ΔP_{24}正值中心附近,有一片坏天气(如总云量大于5,有高层云、高积云或积雨云,有大风和阵性降水),则表示这个区域低层有冷平流;如果在ΔP_{24}零线前面的ΔP_{24}负值区里天气很坏,而零线已过,ΔP_{24}正值所到各站天气相继转好,表示500 hPa上有脊过来。

③由冷平流活动引起的正ΔP_{24}区,在移到高原之前,因空气在山前堆积,ΔP_{24}零线在一段时间内(3~6 h)是准静止的,且正ΔP_{24}在加强起来;而在过山后,正ΔP_{24}的数值则显著减小。在这种情况下,跟500 hPa高压脊相应的地面正ΔP_{24}区是连续东移的,且在东移过程中,其强度往往越变越大,直到98°E附近为止。

(3)高原上ΔP_{24}与冷锋的关系

进入高原的冷锋,ΔP_{24}的表现很清楚。一般说来,在冷锋前面的ΔP_{24}为负值,冷锋后面的ΔP_{24}为正值。零线与锋面平行并稍落后于锋线,但很少重合。如果ΔP_{24}零线与锋线重合或超前锋线,则此冷锋是在显著减弱中。而在副冷锋前后的ΔP_{24}表现得与主锋略有不同,锋前不一定是负ΔP_{24},有时可能是正ΔP_{24},但正值较锋后为小。

西北高原地区有许多大山脉,如昆仑山、天山、阿尔金山、祁连山等,它们对冷空气的活动有明显的阻挡作用。当地面冷高压移向山区时,冷空气往往在山前堆积,气压梯度增大,移动速度逐渐减小,等压线、等变压线皆会与山脉走向相平行。这时山地一带的正变压线可以近似地当作等压线看待,变压中心值的增减可以近似看作冷高压的加强或减弱。

冷锋的强度和移速常与锋线至ΔP_{24}零线距离的远近有关。强度较强而移速较慢的锋面,ΔP_{24}零线和锋线距离较近;反之,强度较弱而移速较快的锋面,距离较远。

(4)ΔP_{24}负中心的移动路径,往往也就是未来ΔP_{24}正中心的移动路径(即未来冷空气的路径)。这是因为在通常情况下,一对正负变压中心对应着一个高空槽,并且它们都是沿着高空引导气流移动的缘故。若在某次过程中高原上ΔP_{24}的负值大于周围地区,则表明500 hPa等压面在高原上有显著下降,槽或涡东移发展,而天气转坏。又如

果 ΔP_{24} 在甘肃东部分布呈东正、西正、南负、北负的形状且负变压区趋于打通,这样就构成我国西北地区东部最常见的降水形势之一。在这种形势下,降水量和降水区域通常都比较大。

综上所述,ΔP_{24} 的分析在高原上可以表示 500 hPa 的大致形势,以及地面气压系统的强度、移动和演变等情况。此外,ΔP_{24} 还消除了日变化的影响。在很多台站除了使用 ΔP_{24} 以外,还试用过 ΔP_3、ΔP_6、ΔP_{12}、ΔP_{48} 等项。这些变压也各有其优点,例如,在夏季用 ΔP_3 确定较小的系统,特别是切变线或锋生现象就很好。但比较起来,这些变压所起的作用一般都不如 ΔP_{24} 来得清楚。实践证明,ΔP_{24} 分析方法是高原天气分析的有效方法之一。

但是 ΔP_{24} 也有其局限性。首先,变压场只是一种相对形势,并不代表实际的气压场。所以在分析我国地面天气图时,高原地区的气压场总是一块空白,那里的地面气压形势究竟怎样? 有什么系统在活动等等都难以做到一目了然。其次,当 ΔP_{24} 的数值及其变化很小的时候,ΔP_{24} 就难以应用。在夏季,高原上系统很弱,天气却很复杂,但这时 ΔP_{24} 变化很小,用 ΔP_{24} 就不易反映天气的变化。此外,在西风环流下,有小波动快速地移过时,ΔP_{24} 的反映也不如 ΔP_3 灵敏。如果系统移动周期刚好是 24 h,则 ΔP_{24} 就反映不出来。

4.1.1.2　距平法

兰州中心气象台于 1972 年提出采用候或旬的多年气压、气温平均值与逐日的值相比较而得的气压、气温距平值,配合 ΔP_{24} 来做高原地区的日常分析。这种方法叫作距平法。

具体做法是,将每个测站的距平值以代数值填在天气图上,分析其相对的高值与低值中心,然后配合 ΔP_{24} 图确定锋面、切变线、飑线等天气系统的位置。图 4.3 是一张温度距平图,从图上可以看出,在银川至西宁一线有一个正、负距平的过渡区,在冷锋后基本为负距平,冷锋前为正距平,冷锋后温度距平等值线密集与锋面平行,而在飑线(图中粗实线)附近,温度均为正距平。图 4.4 是一张气压距平图,图中粗实线为飑线,锋面两侧和飑线两侧都有明显的气旋式切变,锋和飑线的后部都有距平的相对高值区,而前部都有相对的距平低值区。

这种方法试用结果,认为用以分析中小尺度系统较好。但在高空环流形势变化不大时,也看不出什么明显系统,例如在西北气流控制下,地面无冷锋和切变时,气团内部的雷雨、冰雹天气往往分析不出来,另外,海拔高度差异的影响不能完全消除,绘制起来也较麻烦,因此尚未能推广使用。

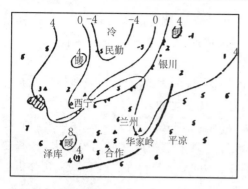
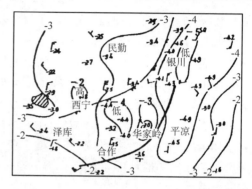

图 4.3　1973 年 7 月 17 日 14 时温度距平图　　图 4.4　1973 年 7 月 17 日 14 时气压距平图

4.1.1.3　其他方法

分析高原地区天气形势还有一些其他方法。

(1)600 hPa 图的分析

兰州高原大气物理研究所提出,由于青藏高原的主体平均海拔高度在 4000 m 左右,接近 600 hPa 等压面,所以分析 600 hPa 图并与 500 hPa 图相比较,便能很好地反映高原地区的地面系统。600 hPa 图比 ΔP_{24} 图能更直观地反映地面形势,但其缺点在于 600 hPa 受高原地区日变化的影响较大,而这种日变化有时甚至超过系统本身的强度。所以 600 hPa 系统的移动规律有时反不如 500 hPa 明显。另外,目前各气象台站不发 600 hPa 的记录,这也限制了这种方法在日常工作中的应用和检验。

(2)地面"气象要素势"分析

中国人民解放军某部和甘肃省酒泉地区气象局于 1975 年提出一种用"气象要素势"做高原地区地面分析的方法。具体做法是,首先把各站逐日定时的气温、气压资料(经过平滑处理以后)从小到大地排列起来,并分成数目相同的"等级"(如从 +9 到 -9,分为 18 个等级),然后将各站的气温、气压值化成"级"别,比较和分析"级"的逐日、逐时变化。这种用"级"表示的气象要素便是"气象要素势"(包括"气温势"、"气压势"等)。

将同一时刻的气压势、气温势填在一张天气图上,并以 2 级为间距,分析等值线。这样便得到"高原地面温压势场图"。在势场图上,许多等压面图分析的规则仍能应用。例如,高压有反气旋性环流,低压有气旋性环流,气压势梯度大,风速也大(但尚未得出定量关系);锋面通过低压区气旋性曲率最大处等。这种方法正在进一步试验研究,存在的主要问题之一是查表换算的工作量较大。

4.1.2　高原地区的高空天气图分析

4.1.2.1　高原上 700 hPa 图的分析

高原边缘地区的地面高度大部分都在 700 hPa 等压面以下,所以这些地区仍做

700 hPa 图的分析。不过,由于这些地区的海拔高度大部分仍在 1000、2000 m 以上或在 3000 m 左右,因此 700 hPa 面上的各要素受地面影响很大,所以在分析高原边缘地区 700 hPa 图时经常会遇到诸如温度异常、风不符合地转风以及高度记录不好用等问题。

产生上述这些问题的原因是,由于西北地区和青藏高原的边缘部分 700 hPa 等压面接近地面,与天山、祁连山等山脉相切割,因此在这个地区内 700 hPa 上的探空(测风)观测值受到地形、日变化等非系统性的影响特别显著。我国气象工作者经过长期实践,已经总结出来一些解决上述问题的经验。

(1)在等高线与风向之间很不一致的情况下,分析时首先要考虑接近订正后的高度值,不要因考虑风向而分析出一些实际不存在的小系统。

等高线与风向之间很不一致的情况可能有三种。首先,当系统很弱时,地方性(如地形、日变化)影响掩盖了系统的特点。例如,在西宁、兰州等地 700 hPa 图上常吹偏东风,有时又有些坏天气,于是认为可能在它们的南面有低压存在,而把它分析出来。但实际上,这是地形影响造成的结果,也就是因为青藏高原与其四周之间受热的差异所产生的山谷风造成的结果。在白天高原受热大于四周,所以高原东部有谷风,即东风;反之,在夜间高原东部有山风,即西风。因此,造成 20 时 700 hPa 上西宁常吹东风,而 08 时 700 hPa 上经常吹西风。其次,因为西北测站平均海拔较高,所以这一带(主要是新疆、青海)大气底层出现的逆温层常在 700 hPa 等压面附近。当逆温层与 700 hPa 等压面相切割时,因逆温层上下风向切变较大,所以在 700 hPa 上就会看到有明显的风向切变。这时也不能机械地按照风向来分析等高线。这种情况在冬季经常见到(夏季有时也有)。最后,因为西北有些测站离 700 hPa 很近,以致 700 hPa 上的风有的就是地面风,有的则受地面影响很大,所以在分析中完全没有代表性。如青海和祁连山里的一些站就是如此。

(2)有时从测风记录上看确有一个完整的系统存在,但因记录比较少,而预报员又没有仔细分析,往往会错误地认为记录不可靠而将它们舍去。因此,需要注意,在我国西北地形的影响下,常常会在某些地区出现一些范围较小的系统。因此,必须仔细考虑并认真地把它们分析出来,一般来说,这类系统可以从风向环流上分析出来,它们往往还配合着小范围的天气现象。

关于在高原边缘地区 700 hPa 图上较常见的小系统,我们在这里可以列举一些出来。首先,有兰州—西宁间的小高压。在祁连山的东南端常常有一个孤立的闭合小高压生成。有时一块雨区在柴达木盆地西部出现后向东移动,一遇到小高压的边缘就停止不前或者向东南方退去。其次,有哈密—敦煌间的地形槽。在哈密—敦煌之间,700 hPa 上的气流常因山地的阻挡作用而被迫折向,形成地形槽。如果冷平流不强,这种槽一般是不发展的,东移后逐渐消失,地面图上除有些中高云外,并无其他征象。这种地形作用对某些来自西方的适当波长的小槽可引起"共振",使处在槽前的河西地区天气变得很严重。它一旦移出该区,槽的强度和天气又重新减弱。春、夏季中,河西走廊西部常有一个准静止的降水区,东移时就不断减弱了。这是由于这片雨区的成因部分是由于冷空气在祁连山北麓抬升凝结的结果,另一方面就是由于这种地形槽的作用,而使它也呈准静止的状态。

(3)槽自西向东运动并非简单的机械移动,而是在不断地变化和发展着的。因此,我们在分析中不要被一些表面现象所迷惑,以避免做出错误的分析。例如,某次过程中,槽经过巴尔喀什湖之后,由于槽前沿山地区空气堆积使槽的南端在原地很快减弱,但北端(45°N 以北)却仍继续东移。这时随着冷空气的移动,槽已快到乌鲁木齐了(图 4.5),但是槽后的风在沿天山一带被迫转成西—西南向。此时如果只从风向上看,可能把主槽划在后面,而错误地认为库车的记录太低了。但实际上,库车的记录是正确的。在这种情况下,正确的分析是把槽线穿过山地划在阿拉木图和库车之间。图中虚线为原来分析的槽线位置是要改正的。

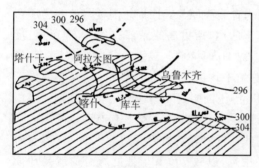

图 4.5　槽线的正确分析(实线),
后面的虚线槽是错误的

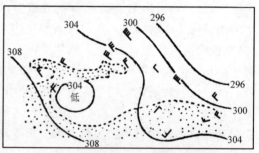

图 4.6　槽变形及分裂成无生命力的
气旋环流的情况

槽线到达乌鲁木齐与哈密一带,常常由于部分冷空气进南疆,又可看到槽变形或分裂的现象。槽的北段沿内蒙古及河西走廊东移,南端在南疆地区形成低压(或槽)这种低压(或槽)是因为冷空气自北和西方进入而出现的。它随着冷平流结束而填塞,不会移出南疆盆地,也不会在原地加深,可以把它看作一种没有生命力的被迫形成的气旋环流(图 4.6)。

(4)700 hPa 温度记录的应用

在冬季的晴朗夜间,高原北部某些站 700 hPa 的高度距地面很近,以致 700 hPa 等压面常位于辐射逆温层底部,而温度较低。因此,常在柴达木盆地出现冷中心,与高原外围测站所具有的自由大气温度之间造成很大温差。夏季高原地面上午开始强烈增温,到了 20 时,700 hPa 图上高原上空就会出现很强的暖中心。如 7 月份 700 hPa 的 20 时与 08 时的平均温差,冷湖、格尔木、合作(这三站海拔为 2700～2900 m)均高达 7～8℃,而同纬度高原边缘的测站如和田、若羌、兰州、武都平均只有 2℃ 左右。假如 08 时高原上与外围温度相等,则 20 时由于辐射增温它将高于高原外围 5～6℃。因此,夏季 20 时高原边缘等温线显得特别密集,从而给人们一种好像有锋面存在的错误印象,如在南疆盆地与柴达木盆地间像有冷锋存在。这种影响直到 500 hPa 还存在,如 7 月份拉萨 500 hPa 的 20 时与 08 时平均温度相差 4.2℃,而东部同纬度的重庆仅相差 1.0℃。故夏季在高原南部 500 hPa 常有暖中心存在,使藏南高原等温线较密集。另外,冬季在高原外围的一些盆地中(尤其是四川盆地),由于高空处于孟加拉湾地形槽前而常有暖平流,同时底层冷空气顺高原东缘南下,在盆地中积储,因此在高原的平均高度附近(700～600 hPa)常有逆温存在。而在特定的形势下南疆盆地也可出现。这种逆温层呈准水平状态,但当高空有小槽移过它的上空时,常使它产生波动。因此,如果 700 hPa 等压面上有一站位于逆温层的底部,而相邻的另一站位于逆温层的顶部,结果两站之间温差甚大,好似锋面波动一样,但在地面和 500 hPa 温度场上均没有什么表现。所以,在分析 700 hPa 高原附近的等温线时,要根据连续性与合理的原则对这些温度记录加以订正。如冬季受辐射逆温影响时,应用平均或取逆温层顶按层结曲线下延至 700 hPa 的温度以代替原来的温度进行分析,才比较合理。

4.1.2.2　高原上 500 hPa 图的分析

高原上 500 hPa 图上的测风记录,除了个别站外,一般是具有代表性的,所以在分析时都必须认真地加以考虑,尤其是在夏半年多雨季节时,高原上经常有些浅弱的小槽、小脊或闭合系统不断地在活动。如果仍按 40 gpm 的间距来分析等高线,势必要把小系统漏掉。所以为了使分析准确,以利预报起见,必须以 20 gpm 为间隔来分析等高线。等温线的分析有时也采用 2℃ 为间距,只有个别站的记录有地方性的影响。如帕里位于高原南端,在它的西北和东南两面都是海拔 7000 m 以上的高山(珠穆朗玛峰与大吉岭),500 hPa 上所测得的风有时受其影响;如在南风特别强烈时,就应该考虑地形的作用,不要仅根据一个站的记录把高空槽画得太深。又如班戈站和申扎站,因为海拔在 4700 m 左右,500 hPa 上的测风记录就有地方性影响。天气系统弱时,08 时测风报告经常为西北风,20 时转为西南风,对于这种情形不要误认为有高空槽逼近。是否有槽接近,须把 400 hPa、300 hPa 等其他层次及 500 hPa 本层次的历史演变结合起来,做出综合判断。又如高原西南部的噶尔站的西边和南边有海拔 7000 m 以上的山峰,因而盛行西南风。当 500 hPa 槽过后,往往仍吹西南风,所以必须看高层是否转为西北风,若风向已转西北,则表明槽已过境。

4.1.2.3　高原上 400 hPa 图的分析

400 hPa 等压面是分析高原天气的重要层次。原因主要有三个方面。首先,因高原平均高度在 4000 m 以上,所以一般来说,500 hPa 还在摩擦层的上部,而只有到了

400 hPa 以上才能代表自由大气。其次,400 hPa 一般是高原上相对湿度最大的层次。400 hPa 附近的水汽(及水汽输送)条件常常对降水过程有很大影响。因此,$(T-T_d)_{400}$ 通常是高原上降水预报的有效指标之一。最后,400 hPa 也是高原上平均对流最强的层次,所以在高原上空 400 hPa 附近 $\partial\theta_{se}/\partial z=0$。

因此,400 hPa 在预报中很有用。不过根据高原气象台站工作人员的经验,400 hPa 所表示的较小尺度以及浅薄的天气系统不如 500 hPa 图和地面图上来得清楚。

§4.2　低纬热带地区的天气分析

4.2.1　热带天气分析概论

4.2.1.1　热带天气及其分析方法的特点

热带地区的天气及其分析的方法与中纬度地区的天气及分析方法有显著的差别。

首先,热带地区气象要素分布较为均匀,气压、高度、温度、密度的水平梯度比中纬度地区要小得多。其次,在低纬热带地区不一定能用在中纬地区适用的简化风压关系(如地转风近似)。再次,在热带地区,除了较强的热带气旋外,气压(高度)场和天气分布的关系常常不明显。而在中纬地区,气压(高度)场以及锋面模式常常可以用来解释对流层下部大多数天气尺度的扰动,并以气压(高度)场分析作为天气预报基本依据。此外,热带风暴的发展与正压不稳定性(风的水平切变)、斜压不稳定性(风的垂直切变)以及第二类条件性不稳定的关系很大。而中纬度的温带气旋的发生、发展则常是与强的温度水平梯度相关联的斜压不稳定性所造成的。最后,在热带,日变化小、地形作用及积云对流的作用比中纬度地区显得更为重要。尽管这些作用在中纬度地区也存在,但它们通常都为天气尺度系统的影响所掩盖。然而在低纬热带地区,大多数天气尺度系统很弱而且不易确定,因而小尺度的影响在日常的天气分析和短期预报中就显得更为重要。

热带天气分析方法早在 20 世纪 50 年代就由帕尔默(C. E. Palmer)和锐尔(H. Riehl)等提出。这些年的改进除了增加常规观测(特别是高空观测)记录及飞机报告等资料的数量和质量外,还增加了气象卫星资料。卫星资料弥补了很多低纬地区(特别是洋面)资料的不足,并使地面上云的观测代表性差的缺点得到改进。因而大大推动了热带天气分析的开展。一般来说,在做低纬天气分析时要比做中纬度天气分析时更依靠卫星资料。因此,热带天气分析工作者更需要有识别和应用气象卫星资料的较多知识。但限于篇幅,有关气象卫星资料分析、应用的知识,不能在此做详细介绍。本节除了介绍热带天气分析方法中的一般问题(如资料的代表性及资料的鉴定、低纬天气图分析的次数和天气图的比例尺等)外,将着重介绍流线和等风速线的分析方法。

4.2.1.2　热带天气分析的资料

(1)资料的来源及资料的鉴定

低纬地区天气分析的资料主要来自于常规台站网(高空、地面、船舶站)的观测,以及借飞机、定高气球、雷达、卫星等工具所获得的探测报告。

除由上述各项所得原始记录外,各气象中心还发出大量已经加工或分析过的有用的资料成果。例如网格点上的高空风、温度、高度的分析和预报值,地面分析和预报电码,由卫星资料分析中心发送的云分析电码,由卫星资料定出的热带气旋的位置和强度,由卫星云图推算的热带风资料,以及海面温度、海浪高度和移动方向等海洋分析资料等。由于资料种类繁多,地方台站可以根据需要选用。

在使用热带分析资料时,要特别注意,由于在低纬地区观测站网密度不够、通信缺乏保障,以及局地作用(包括辐射加热和冷却,周围的地形、热对流等)对观测影响较大等原因,使得观测资料往往缺乏代表性,因此在低纬地区比起中高纬地区更要注意资料鉴定的问题。可以说,资料鉴定是低纬天气分析过程中不可缺少的一项工作,并且是和分析同时进行的。鉴定的方法和中高纬度天气分析中对资料的鉴定方法基本相同,即:①本站的观测报告与四周站的报告相比较;②将该站上、下层的观测报告进行比较;③把本站现在和过去的观测报告进行比较。简单地说,就是水平地、垂直地以及历史连贯性地对观测报告加以比较。这是进行资料鉴定的最简便有效的方法。另一种方法是把观测报告和气候资料相比较,以辨别是否有严重的误差产生。这种方法对一个孤立的台站特别有用。此外,预报员还必须熟悉地形,这样才能把局地作用与天气尺度的影响区别开来。借助对资料的鉴定才能绘制出正确的气象要素及其变化的分布图。

(2)一些基本资料的代表性问题

①地面气压。热带地区的地面气压报告可能没有代表性。其原因很多,主要包括局地作用(地形、热对流等)的影响,仪器误差以及海平面气压高度订正所产生的误差等。有些情况下,对于气压梯度较大的中高纬地区来说不算严重的误差,但对气压梯度很小的低纬地区来说,却成了突出的问题。由于上述原因,海平面气压分析的作用对热带天气分析,特别是纬度 20°以内地区的天气分析来说显得非常有限。

同时,由于在热带地区,气压的半日变化比天气系统的影响所产生的气压变化要大,因而 3 h 气压倾向也不像在中纬地区那样对天气系统的移动和发展有指示意义,相反用处很少,甚至无用。不过 24 h 气压倾向对天气系统有较大的指示性,在某些热带地区仍然可以应用。

②地面气温及露点。地面气温受对流活动、海陆间的环流等地方性影响很大,有时可以出现很大的温度水平梯度。在较高纬度的平坦地面上,温度水平梯度较大,常和锋区有关。但是在热带地区的分析中这种概念看来没有多大实用价值。在热带大陆上,温度日变化是主要的,这种变化在水平方向上差别很大。测站高度不同,日变化也不

同。这种日变化随湿度、云量、风速等的不同情况而异,一般情况下它比天气系统影响所造成的温度变化要大很多。

地面露点的代表性和地面气温的情况相同。露点日变化也很大,常常掩盖了天气系统的影响所引起的变化。不过,在某些热带地区,露点分析还是可用的。如在热带海洋地区,露点的平均日变化比陆地测站要小得多,因此天气系统的影响就比较容易发现。例如,在副热带地区常可用露点梯度来确定锋区。在热带海洋上露点比平常要低的情况往往反映有大范围的下沉运动以及热对流将受到抑制。在某些热带地区,如非洲的部分地区,往往可以借考虑低层的露点和风来区分湿气团和干气团。

在热带地区,24 h变温与天气系统影响的关系配合得并不好,因而在分析中很少用它。不过,在有些情况下24 h露点变化倒还可用。例如在冷季,当热带锋区(或切变线)进入时,露点常比温度下降得更快。因此,24 h露点变化可用来确定锋面是否已经过本站。

③地面风。热带大陆的沿海地区海陆风环流很强而有影响,内陆地区则有很大的日变化和地形影响,所以在热带大陆和有山的岛屿上地面风常常不能表示天气系统。但在远离大陆的海洋和平坦的小岛上,如果观测得当,地面风可以表示天气系统的影响。船舶地面风的报告通常最有代表性,因而在天气分析中最为有用。不过由于观测上的误差,在分析时应做相当大的平滑。

④云和降水。热带陆地和岛上测站的云和降水受到局地地形影响较大,它们的日变化也大,因而它们的观测记录在一般情况下不能代表测站的周围地区。船舶及较低的岛屿的观测记录,一般说来代表性则要高些。不过由于地面测站网间距较大,仅根据地面记录来分析云和降水区是有困难的。因此,必须充分应用卫星云图资料,配合作用之。

⑤高空温度、气压(高度)及湿度。因为探空仪观测时存在辐射订正等方面所引起的误差,所以无线电探空观测的温度、高度的均方根误差很大,使得在纬度20°以内的热带地区分析出来的等温线和等高线没有多大实用价值。同时因地转风与热成风之间的关系在低纬不好用,所以等高线更难分析。此外,无线电探空的湿度资料的准确度也较差。一般来说,在受到扰动影响的气象条件下,相对湿度的均方根误差在0℃以上时为10%,在0℃以下时为10%~20%。在15°N标准热带大气的温湿条件下,对流层下层10%的相对湿度误差相当于2~3℃的露点误差。当温度在0℃以下时,绝对值为10%~20%的相对湿度误差相当于3~6℃的露点误差。

⑥高空风。无线电探空测风记录的准确度随高度和周围风速而变。风向的准确度一般为±5°;不过由于通常发报和填图时风向最多准确到10°,因此在天气分析中可以允许与所填的风向偏离±10°。在实际工作中,可取风向的准确度为±10°,风速的准确度为±10%。但随着高度增高、风速增大(如在副热带急流区域),风的准确度就将减小。

4.2.1.3　热带天气分析的业务

（1）分析的次数

和较高纬度地区相比较,热带地区天气系统的运动比较慢,而且天气过程的发展通常也比较慢。例如,从看到初始扰动到发展成为热带风暴的时间通常需要几天,而温带气旋的急剧加深却可以在 12~24 h 内发生。在中高纬地区作短期预报常需要每隔 3~6 h 分析一张天气图,然而在热带,一般来说,12 h 分析一张天气图在业务分析和预报工作上就已足够应用了。分析的时次可以选在观测资料最多的时次。

（2）分析的层数

在一般情况下,热带地区表示环流及天气系统关系的最适宜的高度有两个:一个是摩擦作用很小的接近地面的高度,也就是梯度风高度,位于地面以上 1000 m 左右;另一个是对流层上部的高度,位于 200 hPa 或 250 hPa 层。这两个高度往往也是资料最多的高度。因此做热带分析时一般只需分析以上两个层次。

（3）分析用图的比例尺

分析用图的比例尺由多种因素决定,如测站网最密部分的站间距离、分析的总面积、分析用图的图面实际大小等。如果对比例尺没有特殊要求,墨卡托投影对热带分析最为适合。比例尺最好相同,以便直接在灯光桌上描图。对于区域性分析,比例可选 1000 万分之一;对于半球或全球分析则以 2000 万甚至 4000 万分之一为宜。在热带大陆地区,地面资料比高空资料要密得多,因此地面图的比例尺要比高空图小为好。例如,前者可用 500 万分之一(或 1000 万分之一),后者可用 1000 万分之一(或 2000 万分之一)。

4.2.2　流线和等风速线的分析

实测风是热带地区天气分析中最有用的资料之一。实测风场通常是用流线和等风速线图来实现的。

4.2.2.1　流线和等风速线的概念

风是矢量,包括方向和速度,要完整地表示风场,就要分析两种线——流线和等风速线。流线是处处和风矢量相切的线;而等风速线则是风速相同各点的连线。如果流线和等风速线非常密集,那么在图上任何一点的风向就可由流线图确定,而它的风速则可从等风速线求得。

在流线图上,流线是用带有箭头(表示气流方向)的黑色曲线表示的。在流线上各点的切线方向都与该点的实际风向一致(图 4.7a)。流线图代表某一时刻气流运动趋势的总图。绘制流线图时,首先要注意:流线除能起止于图的边缘外,也能起止于风向有急剧变化的地方(图 4.7b)。其次,流线不能交叉,因为在交叉点上有两个切线方向,但风向只有一个。不过流线可以分支,因为在分支点上只有一个公切线方向,仍表示只有一个

风向(图 4.7c)。再次,流线的疏密程度可视风
速大小而定。风速大,流线应画得密些,风速
小,流线应画得稀些。最后,流线是反映空气的
真实运动情况的,因此应该充分考虑每个风向
记录,除确实有错误的记录外,不能随意舍掉。

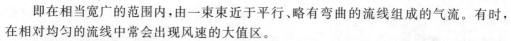

4.2.2.2　流场的基本型式

　　流线图上一般有三种基本的流场型式。

图 4.7　流线示例

　　(1)相对均匀的气流

　　即在相当宽广的范围内,由一束近于平行、略有弯曲的流线组成的气流。有时,
在相对均匀的流线中常会出现风速的大值区。

　　(2)奇异线

　　通常有两种奇异线,即间断线和渐近线。

　　①间断线。指风向不连续的线(图 4.7b,图 4.8a)。锋面、切变线均为间断线。在
间断线两侧,风向完全不一样,应该分别地分析流线。如上所述,流线可以起止于间断
线上,间断线上风速为零。

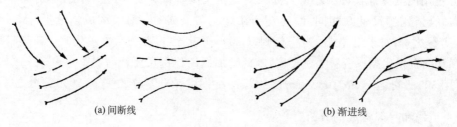

图 4.8　流场中的奇异线

　　②渐近线。指流线分支或汇合的线,相当于数学中的渐近线。当流线离开渐近线
时,如果附近的流线是辐散的,就称为正渐近线或离散渐近线;当流线趋近于渐近线时,
如果附近的流线是辐合的,就称为负渐近线或汇合渐近线。从理论上说,附近的流线是
永不会接触到渐近线的。但在实际中,由于天气图的比例小,一般把渐近线画成一条流
线,附近的流线都从它分支,或向它汇合。在分支点上或汇合点上几条流线有公共的切
线(图 4.7c,图 4.8b)。渐近线也就是流场上的辐散线和辐合线,一般伴有质量在水平
方向的辐散和辐合,因而它和间断线一样与天气有密切的关联。

　　(3)奇异点

　　即流场中的静风点,此点上风速为零,没有风向(或可认为有任意多个风向)。有三
种奇异点:尖点、涡旋(汇、源)、中性点。

　　①尖点。这是波和涡旋(如槽和气旋、脊和反气旋)之间发展的过渡型式。其生命
史很短,实际工作中常因资料不足而难以分析出来。图 4.9 表示在东西向气流中的气

旋性和反气旋性的尖点。

②涡旋。涡旋的流型有多种型式：流入气流、流出气流、气旋式气流、反气旋式气流。实际出现的涡旋一般都是前两种气流之一与后两种气流之一的各种组合。在北半球的天气尺度的流场中,主要有两种涡旋：辐合型的气旋式涡旋和辐散型的反气旋式涡旋。这种具有辐合点(汇)或辐散点(源)的流

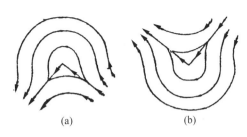

图 4.9　气旋性尖点(a)和反气旋性尖点(b)

场也叫作单汇辐合流场和单源辐散流场。图 4.10 表示在流线分析中可能出现的 6 种基本涡旋流型和两种纯粹的源、汇流型,最后两种流型在天气尺度的风场中是罕见的。

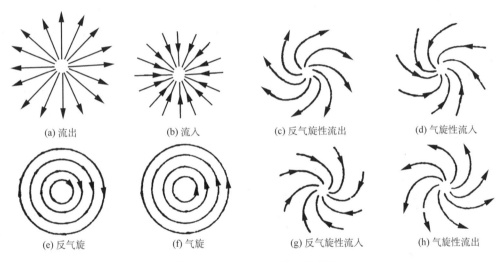

图 4.10　涡旋流型(c~h)及纯粹的源、汇流型(a,b)

③中性点。即两条气流汇合渐近线与两条气流散开渐近线的交点。它相当于气压场中的鞍形场。实际分析时,在两个气旋式涡旋之间(或槽与气旋之间),或两个反气旋式之间(或脊与反气旋之间)都会出现中性点(图 4.11)。

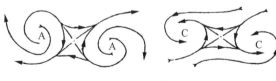

图 4.11　中性点

4.2.2.3　流线的分析方法

流线的分析方法有直接法和等风向线法两种。

(1)直接法

直接法就是用目视的方式,依据实测风矢量的记录来直接分析流线的方法。分析

时先要确定奇异点和间断线。有奇异点和间断线的地区风速为零,其周围为风速小值区,而且两侧风向常常相反。若不是先分析奇异点和间断线,则画流线时容易一笔带过,使流线与风矢相反,或停留于此,找不出流线的去向。其次,要分析出渐近线的大致所在位置,用以表示流场总趋势中的分支和汇合区。再次,在大范围气流相对均匀区,要分析一条流线作为基准线,表示流场总趋势的基本流向。然后,以上述流场中的特征点和特征线为基础,根据各站实测风矢量,用目视法内插流线。直接法虽然不易做到精确,但方法十分简便,因此便于在实际工作中应用。

(2)等风向线法

借对等风向线的分析可以比较客观、精确地分析出流线来。这种方法的步骤是:首先分析等风向线,每隔30°绘一条;然后在每条等风向线上间隔适当距离画一道短线,这些短线的取向与等风向线的风向相同,这就相当于在空间内插地增加了许多测风记录;最后根据实测风记录以及用等风向线方法内插得来的风向绘制流线,这样就得到了比较精确的流线。

分析等风向线时,把风向看作水平空间的连续函数,因此可按标量内插法分析等风向线。但在奇异点(线)处是例外,在这些点(线)处风向是不连续的(静风区)。在这种情况下分析等风向线,首先要找出奇异点(线)和中性点,确定零风速区。在它们的周围首先分析出 90°、180°、270°、360°四个基本方向的等风向线,然后再每隔30°用内插法增加和分析其他等风向线。在不同情况下,从零风速区向外引出的等风向线型式也不同。图 4.12 给出了在气旋式及反气旋式的涡旋中心、两高或两低之间的中性点以及高、低(压)之间等五种流场型式下,等风向线的分析方法。

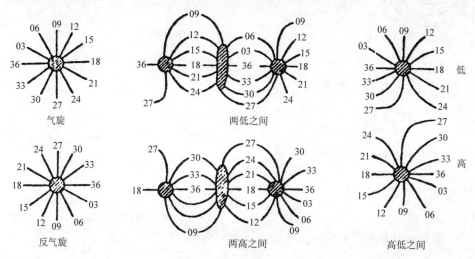

图 4.12　各种型式流场下的等风向线(数字表示风向度数,单位为 10°,阴影区为零风速区)

地面上因有摩擦等作用,风向变化较大,甚至没有代表性。因此一般很少在地面图上分析流线。不过有时在地形较为平坦的地区也做地面流线分析。

图 4.13～4.15 是一个流线分析的实例。其中图 4.13 是实测风资料,图 4.14 是根据图 4.13 的实测风资料绘出的等风向线图,图 4.15 是根据图 4.14 中的等风向线绘制的流线和等风速线(虚线)图。

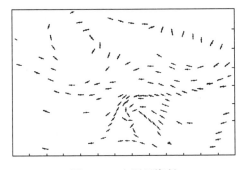

图 4.13   实测风资料

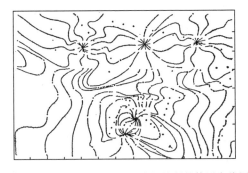

图 4.14   根据图 4.13 实测风资料绘制的等风向线图

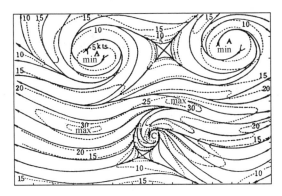

图 4.15   流线和等风速线(虚线)图

实习七   流线分析

一、目的要求

①初步学会流线分析方法。
②了解风场的基本流型。

二、资料及分析内容

①资料:1981 年 9 月 1 日 08 时 850 hPa 亚欧天气图。
②分析内容:分析流线。

第5章　中小尺度天气分析

分析研究中小尺度天气系统的方法叫中小尺度天气分析方法。由于中小尺度天气系统范围小、变化快,因此,对于它们的分析方法和对大尺度系统的分析方法有所不同。一般说来,必须增加中小尺度天气图和雷达观测网等工具。目前,因在对小尺度系统的研究中还存在许多实际困难,所以对于中尺度系统的分析研究工作开展得比较多。分析研究中尺度系统的方法叫作中尺度天气分析,简称中分析,是本节介绍的重点。自20世纪50年代以来,经藤田哲也(T. Fujita)等人的总结,已经形成了一套较为系统的中分析方法。但是这套方法基本上只适用于研究工作。随着国防及国民经济建设事业对气象预报要求的提高,愈来愈迫切要求有一套适用于日常业务工作的中分析方法。对于这方面,虽有一些方法,但一般来说,都还不够成熟。本章只介绍常用的中分析方法。

§5.1　地面中分析的资料来源和处理方法

5.1.1　中尺度系统的地面观测网

中尺度系统的生命期一般为几小时至十几小时,活动范围为几百千米,系统本身的空间尺度为几十千米至二三百千米。因此,"捕捉"中系统的观测网测站间距不能太大,两次观测之间的时间间隔也不能太长。否则中尺度系统往往会成为"漏网之鱼"。一般可取测站间距为10~30 km,观测时间间隔为1 h左右。同时应布置数量上足够而质量上较为精密的自记仪器(如风、压、温、湿等自记仪)。另外,观测网的范围要有相当面积,如范围太小了可能把中系统发展、演变过程中的一部分甚至全部漏掉。中尺度系统的观测网一般要有六七百千米以上的范围。观测网可以采取大网套小网的方式。即在大尺度观测网中布置中尺度观测网,再在中尺度观测网中布置若干个小尺度观测网。

5.1.2　中分析所用的资料及其处理

如同大尺度天气分析一样,中分析也要对各种气象要素(如气压、气温、湿度、风、云、降水等)进行分析。但是,做中分析时要求对各处气象要素进行更为细致的分析。这是因为中系统引起的气象要素变量(扰动量)是不大的。例如,气压变化只有零点几到几个百帕,这就首先要求资料本身是正确可靠的。否则就可能造成虚假的中小系统或把实际存在的中小系统漏掉。为了使资料正确可靠,必须对资料进行一定的处理。

这里介绍几种主要气象要素记录的处理方法。

（1）气压的订正

为了比较不同海拔高度的测站的气压记录，需要将气压进行海平面订正。在做中分析时，需要利用尽量多的测站记录，包括很多气压自记记录。然而，不少测站往往因没有准确测定海拔高度或因其他种种原因而使海平面气压的订正造成很大的误差。这种误差的大小常常可以与中尺度扰动的大小相等。另外，用通常的海平面气压订正方法还常会引起本站气压自记曲线的变形。由于这些原因便使中尺度系统难以准确地分析出来。所以在做中分析时，把本站气压记录订正为海平面值的办法是另行设计出来的，不是通常所用的办法。

在应用这种办法时，首先对一些海拔高度已经准确测量。所用仪器较好而观测质量较高的测站，用一般订正法求算各测站的海平面气压，并做 24 h 平均。同时求出这些站的风矢量的 24 h 平均。将这些测站的 24 h 平均海平面气压及 24 h 平均风（风向、风速）填在天气图上，然后参照地转风关系分析平均气压场。再用内插的方法读出所有其他测站的平均海平面气压值。其次，在各站的气压自记曲线图上画一条直线，使 24 h 的气压自记曲线和这直线构成的上、下两部分面积正好相等。这条直线就代表气压自记记录（即本站气压）的 24 h 平均值。然后改变自记纸上纵坐标的数值，使这条直线的气压值等于从平均海平面气压场上内插求得的平均海平面气压值。把它作为基准，并把纵坐标上其他数值都标注出来，标注时各百帕间距不变，于是便可读出自记曲线上各小时订正到海平面的气压值。上述各步骤可以更简明地叙述如下：①分析 24 h 平均海平面气压场；②用内插法求出各站的 24 h 平均海平面气压，令某站的平均海平面气压值为 $\overline{P}$；③求出某站气压的 24 h 平均值，令为 $\overline{P}$；④求出每一时刻的某站气压（P）与 $\overline{P}$ 的差值 $\Delta P = P - \overline{P}$；⑤求出每一时刻的海平面气压 P，$P = \overline{P} + \Delta P$。

图 5.1 是一个将地面气压换算成海平面气压的实例。图中，风符号是 24 h 平均风矢量，气压值为平均海平面气压，等值线为等平均海平面气压线。图中画了两个站的气压自记曲线，虚线表示本站气压的平均值，它把气压自记曲线图划分成上、下面积相等的两部分，设虚线所表示的气压值等于平均海平面气压值，如图所示，上面的一站为 1009.5 hPa，下面的一站为 1004.9 hPa（这两个值都是由平均海平面气压等值线图中读得的）。然后，以此虚线的气压为基准，标注气压坐标上各值。这样，原来的本站气压自记曲线便转换成一条海平面气压自记曲

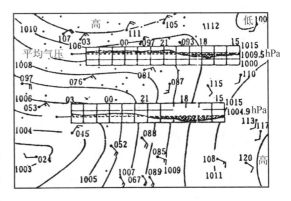

图 5.1　本站地面气压换算成海平面气压的方法

线了。从这条自记曲线上我们便可读出各时刻的海平面气压值。

用以上方法可以将所有测站的本站气压都换算成海平面气压。使用这种方法就不会引起气压曲线发生畸变,因而中尺度系统的形象不至于受到歪曲。这种方法也可以订正一些由于测站高度误差等原因引起的海平面气压误差。

(2)气温的订正

为了分析海平面气温场,首先必须求取海平面气温。也就是说,必须把本站气温订正成海平面气温。

订正时,一般而论,首先根据历史资料,求出平均温度随高度、纬度变化的关系。具体进行要以纬度为横坐标,高度为纵坐标。于是,按纬度和高度点上相应的平均温度,做成一张点聚图。在点聚图上分析等温线。由这些等温线便可得到不同温度的等温线斜率,从而求出平均温度随高度的递减率以及随纬度的变化。图 5.2 就是一张根据美国资料做出的平均温度随高度和纬度变化的关系图。由图中等温线的倾斜率来看,一般在同一纬度上,当高度在 2000 英尺[①]以下时,温度的垂直递减率为 1°F/1000 英尺,而当高度在 2000 英尺以上时,则为 3°F/1000 英尺。其次,算出各站的本站气温的 24 h

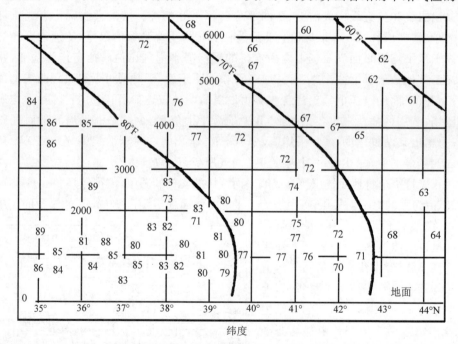

图 5.2　平均温度随高度和纬度的变化(温度单位°F,高度单位英尺)

---

①　1 英尺＝0.3048 m,下同。

平均值($\bar{t}$)。再根据已知的某一纬度上平均温度随高度的递减率,把该纬度上平均本站气温换算成平均海平面气温。然后,以一些观测质量较好的测站记录为基准,分析24 h平均海平面气温场。用内插法读出各站的平均海平面气温值($\bar{T}$)。此外,还有一个步骤与气压订正方法类似,即求出每一时刻本站气温(t)与$\bar{t}$的差值。$\Delta t = t - \bar{t}$;及求出每时刻的海平面气温 T,$T = \bar{T} + \Delta t$。

(3)降水资料的处理

降水量记录来源很多,除气象站、气象哨外,还有水文部门的雨量资料。但是这些资料的规格往往很不整齐。例如,有的有每小时雨量记录,有的则仅有 24 h 或 6 h 雨量记录;有的有每次降水的起讫时间,从而可知系统降水量。有的则只有过程降水量而没有系统降水量。在做中分析时常常要做每小时降水量图,以了解雨团的活动规律。还常常要分析系统降水量图,以了解所研究的天气系统对降水的贡献。在分析这些图时,需要得到各站的每小时降水量和系统降水量资料。由于有些站缺乏这些资料,因此必须设法做间接推算。下面来介绍常用的推算方法。

①每小时降水量的求法

首先将具有每小时降水量记录的测站求出其每小时降水量(R_1)占 24 h 总降水量(R_{24})的百分率 r($r = R_1/R_{24}$);其次,用百分率 r 值填图,分析等百分率线,从图上用内插法求出其他各站的每小时降水量占 24 h 总降水量的百分率;再次,由各站各时的百分率 r 及 24 h 总降水量 R_{24},间接推算各站各时的降水量 R($R = R_{24} \times r$)。用类似的方法还可求出每 10 min 降水量等。

②系统降水量的求法

系统降水量的求法与求每小时降水量的方法相类似。其具体步骤是:首先根据实际资料累计得出各站的过程总雨量为 $R'_1, R'_2, R'_3, \cdots$;其次,根据有降水起讫时间观测的台站的资料给出这些站的由某一系统造成的降水量为 $R_1, R_2, R_3, \cdots$;再次,算出该系统降水量与过程降水量的比率:

$$r_1 = \frac{R_1}{R'_1}, r_2 = \frac{R_2}{R'_2}, r_3 = \frac{R_3}{R'_3}, \cdots$$

然后,分析百分率分布图,内插求得各站的百分率;最后,设某站的百分率(由内插读得)为 r_0,则在该站由于该系统所形成的雨量 R_0 便为:

$$R_0 = R'_0 \times r_0$$

式中:R'_0 为该站过程总雨量。

§5.2　地面中尺度天气图的分析

5.2.1　地面中分析的基本项目和基本原则

地面中尺度天气分析的基本图包括气压分布图(根据风和气压分析)、温度分布图、降水量图、云和对流性天气分布图、总能量分布图等 。

在做中分析时,有三条基本原则。第一条是保持每小时图上天气形势的合理的历史连贯性(对于演变较快的系统则常须用每 10 min 或每 30 min 图来表现其历史连贯性);第二条是注意各种图的配合,即各种气象要素之间的合理关系;第三条是纯粹的局地性现象可以光滑掉。

5.2.2　气象要素的时间-空间转换

气象要素只有通过自记仪器才能进行完全连续的观测和记录,许多重要的中小尺度扰动(如雷暴高压、中尺度低压、龙卷等)都只有自记仪器才能正确地对其进行记录。做中分析时,可以利用气象要素在自记曲线上反映的变化来了解气象要素的空间梯度。将气象要素的时间变化转换成空间分布的方法叫作"时间-空间转换"(简称"时空转换")。由于一般台站网的观测难以做到在空间上完全连续的观测,因此,要了解中系统的正确的空间结构常常必须应用"时空转换"的方法。

(1)时空转换的原理

设系统的移动速度为 $\vec{C}$,则对某气象要素 A 应有:

$$\frac{\delta A}{\delta t} = \frac{\partial A}{\partial t} + \vec{C} \cdot \nabla A \tag{5.1}$$

若系统本身变化缓慢,则:

$$\frac{\delta A}{\delta t} \approx 0, \frac{\partial A}{\partial t} = -\vec{C} \cdot \nabla A = -C \frac{\partial A}{\partial S} \tag{5.2}$$

式中:$\partial A/\partial S$ 为要素沿系统移动方向的变化率。由(5.2)式可知,若已知系统移向、移速,则可将单站要素的时间变化转换成空间分布(图 5.3)。其中 $\partial A/\partial t$ 可由要素自记曲线求得。

(2)时空转换的操作方法

具体进行时空转换时,可采取以下步骤:①先做出间隔 1 h 的气压涌升点等时线(设为 t_{-1}, t_0, t_{+1},如图 5.4 所示);②量出等时线间的距离。如图 5.4 中,$t_{-1} \sim t_0$ 为 S_1 km,$t_0 \sim t_{+1}$ 为 S_2 km。于是可知,在 $t_{-1} \sim t_0$ 的时段中,系统移速为 S_1 km/h,在 $t_0 \sim t_{+1}$ 的时段中,系统移速为 S_2 km/h;③假定系统沿垂直于等时线的方向移动,则通过甲、

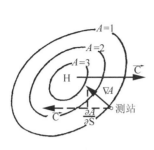

图 5.3　系统与测站的相对运动

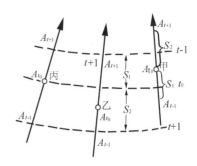

图 5.4　t_0 时刻的时空转换

乙、丙三站各做等时线的垂直线,称为时间轴,方向与系统移向相反。此时,时间轴上 $\overline{t_{-1}t_0}$ 的长度相当于在 $t_{-1} \sim t_0$ 时段内,系统移过的空间距离 S_1;而 $\overline{t_0 t_{+1}}$ 的长度则相当于系统在 $t_0 \sim t_{+1}$ 时段内移过的距离 S_2。这样一来,如果在系统移动过程中系统内要素 A 的分布不变,则某站 t_{-1} 时刻自记记录上的 A 值($A_{t_{-1}}$)就是 t_0 时刻该站前方 S_1 距离处的 A 值;而该站 t_{+1} 时刻的 A 值($A_{t_{+1}}$)就是 t_0 时刻该站后方 S_2 处的 A 值(图 5.4)。将各站自记曲线(经海平面订正)上的 $t_{-1} \sim t_{+1}$ 时段内每隔一刻钟的读数填写在时间轴上,就得到要素 A 的空间分布。然后就可进行等值线分析。

5.2.3　地面气压场的分析

将(经订正的海平面气压)记录以及用时空转换方法而做出的空间气压分布一起填在中尺度天气图上后,配合风的记录即可进行地面气压场分析。等压线一般每间隔 0.5 hPa 或 1 hPa 画一条。

在分析等压线时,要特别重视气压梯度,而不是气压的数值。对某些有特别强或特别弱的气压梯度的地带可以用点线标出。关于历史连续性较好的高、低压(脊、槽)及气压跳跃线等系统要仔细地加以分析。

5.2.4　地面风场的分析

地面图上的风记录并不全是海平面上的风记录。因风的记录一般未经高度订正,又因地形也有影响,所以不可能要求它们与海平面气压场上的梯度完全适应。

一般在海拔相差不太大、地形不太复杂的平原地区可以分析等风向线、流线、切变线等。

5.2.5　云的分析

地面观测中的云量、云状记录也可做成云分布图进行分析。在云分布图上可以用不同颜色或阴影区分别表示高、中、低云的分布并标注各区域中的主要云状。图上还可分析等云量线,每隔 2 成画一条,并标上"多"或"少"区。借连续几个时刻的云图分析,就可以研究云系统演变的规律。例如,图 5.5a、5.5b 分别是 1962 年 6 月 8 日 14 时及 20 时的云系分布图,显示了一条飑线的云系特点及发展的过程。

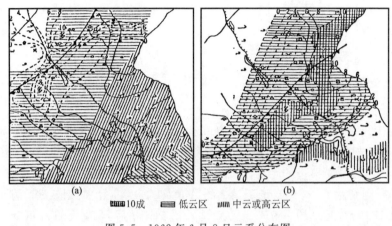

(a)　　　　　　　　　　　　　(b)

▓▓▓10成　　▤▤低云区　　▥▥中云或高云区

图 5.5　1962 年 6 月 8 日云系分布图
(a)14 时;(b)20 时(虚线为低云量等值线)

5.2.6　综合的地面中分析图

将等压线、等温线、天气区、锋面、飑线等内容综合地绘在一张天气图上,这样就构成了综合的地面中分析图。

本书第 9 章中的图 9.17～9.20 都是综合的中分析图。这几张图表现了一次飑线过程的发生、发展过程。其中图 9.17 是过程的酝酿阶段。由图中可见,在暖低压的前部以及东南、西南、偏北气流辐合的山东南部地区正是未来强对流最初爆发的地区。图 9.18 为飑线的形成阶段。这时因雷暴聚集成带,而从雷暴中下降的冷空气形成一个狭长的冷空气堆,在气压场上为一扁长的雷暴高压或高压脊,其前部温度梯度、气压梯度很大。图 9.19 是飑线的成熟阶段。雷暴高压带上常有几个高压中心,高压带前方出现"前低压",后方出现"尾流低压"。图 9.20 是消散阶段。雷暴带渐趋消散。

§5.3　辅助图的分析

做中分析时,除了分析地面中分析图外,还须根据不同的需要做一些辅助图。下面介绍一些常用的辅助图。

5.3.1　等时线图

这是一种表现各种天气现象出现、终止时刻及其规律性的图。例如,雷暴的起止时刻、飑线过境时刻等都可用等时线图来确定其规律。制作这种图时,可将有关的观测报告填在图上,然后将时间相同的地方连成一线,便成等时线,等时线表示某种天气现象在此线上是同时发生的。

5.3.2　中系统的动态和演变图

这种图可用以表现中系统在不同时刻的位置、范围、强度等的连续演变的情况。通过这种图可以了解中系统的来龙去脉。

这种图的形式多种多样,可以根据实际需要选取一种表示形式。例如,图 5.6 是一条冷锋中低压中心及降水区的每小时位置图。图 5.7 是一个中尺度系统的连续演变图,图中既表示了中尺度系统范围的变化,又表示了中尺度系统的活动路径。

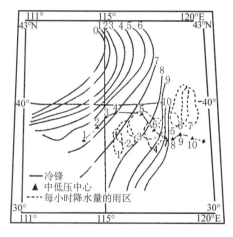 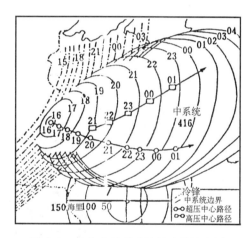

图 5.6　1959 年 7 月 3 日 00—11 时冷锋及中低压中心的每小时位置图(数字表示时间)　　　　图 5.7　一个中尺度系统的连续演变图

5.3.3　中系统气压扰动量随时间和空间的演变图

从气压自记曲线上将中系统加以平滑,可得未受扰动气压。未受扰动气压与实际气压之差即为气压扰动量。将各站的气压扰动按其出现时间的先后描绘在一张图上,便可清楚地表现出中系统演变的情况。例如,图 5.8 是 1962 年 6 月 8 日苏北一次飑线过程中,当飑线经过各地时产生的气压扰动的演变图。由此可以看到飑线由北向南自低压中心向外传播的情况。

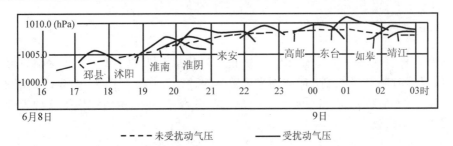

图 5.8　1962 年 6 月 8 日一次飑线过程中气压扰动量的分布图

5.3.4　雷达回波分析图

雷达资料在中分析中极为重要。通常的分析方法是制作雷达回波的动态图或时间剖面图等。

图 5.9 是一张雷达回波时间剖面图。图中⊙表示雷达站（相对于回波的）位置,圆

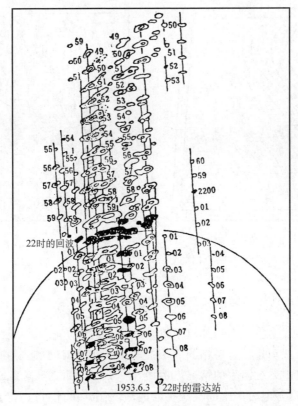

图 5.9　1953 年 6 月 3 日 22 时雷达回波的时间剖面图

弧线表示 90 海里[①]范围。图中每隔 1 min 的雷达回波都是相对于该时刻的雷达站的位置而填上的。这种图形象地表示了雷达回波的连续演变情况。

随着雷达网的建设,目前已可能利用多部雷达对天气系统进行监视。这种情况下往往可以得到天气系统更为完整的形象(图 5.10)。分析多部雷达的同时观测资料时,可将各雷达站按其雷达最大有效反映圈半径内的回波分别填在其相应的位置上,然后与天气图互相映照。

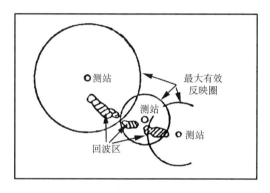

图 5.10　多部雷达观测示意图

实习八　大气稳定度指标的计算及分析

一、目的要求

学会 $T\text{-}\ln P$ 图的填写,了解大气稳定度分析的一些方法,熟悉查算或计算一些稳定度指标的方法步骤。

二、实习内容

(1)分析 1975 年 5 月 30 日 07 时南京站的探空记录。

①绘制温度露点层结曲线。

②绘制状态曲线,并分析不稳定能量面积,判断不稳定的类型。

③绘制压高曲线。

④求算各种高度。

---

①　1 海里(n mile)=1.852 km

 a. 抬升凝结高度

 b. 自由对流高度

 c. 对流上限

 d. 对流凝结高度

 e. 0℃高度 H_0

 f. -20℃高度 H_{-20}

⑤计算对流温度 T_g，并计算雷暴大风风速。

$$V \cong 2(T_g - T_o)$$

⑥求算 $\Delta T_{500\sim850}$，SI 及 SSI。

⑦求算 400 hPa 以下各标准层和各特性层的 θ_{se}。

分析对流性不稳定层层次，计算该层中的 $\Delta\theta_{se}/\Delta Z$，计算 $\left[\dfrac{\Delta\theta_{se}}{\Delta z}\right]_{500\sim850}$ 以及 $\Delta\theta_{se\,700\sim850}$。

(2)点绘 1975 年 5 月 30 日 07 时南京站测风曲线并分析。

①各层冷、暖平流。

②各层稳定度变化趋势。

③用 1~3 km 和 3~5.5 km 的 V_T 比较测站周围的相对不稳定区。

(3)查算 6 月 8 日 07 时南京的斯拉维指数。

(4)查算 6 月 8 日 07 时南京站的云中最大上升速度 W_m，并根据 W_m、T_m、H_0，由下表估计成雹的可能性。

表 5.1   在各种 W_m 及 H_0 值下冰雹及地时的半径(单位:cm)

W_m(m/s) H_0(km)	12	15	20	25	30	35
0	0.21	0.34	0.60	0.93	1.34	1.82
1	0.16	0.31	0.57	0.93	1.34	1.81
2		0.14	0.48	0.81	1.27	1.74
3			0.29	0.72	1.19	1.68
4				0.56	1.07	1.59
5				0.16	0.96	1.49

三、实习资料

表 5.2　1975 年 5 月 30 日 07 时南京探空测风资料

探空						测风		
P(hPa)	H	T	Td	dd	ff	H	dd	f
1004		22.4	18.9			50	260	4
1000	48	22.2	18.8	265	4	1000	330	6
974		20.2	16.7			1500	310	7
908		20.8	4.8			2000	295	10
850	1449	16.6	0.6	210	7	3000	280	14
820		14.0	0.0			4000	290	12
798		13.2	−2.8			5500	275	17
700	3070	4.6	−7.4	280	14	6000	280	19
600		−6.1	−12.1			7000	275	23
500	5710	−15.9	−22.9	275	17	8000	270	27
451		−19.7	−30.7			9000	255	51
400	7360	−25.3	−37.3	275	23	10000	260	54
343		−31.9	−43.9			12000	255	58
300	9400	−38.5	−45.5	255	51	14000	260	48
298		−39.1	−46.1			16000	255	26
267		−39.3	−48.3			18000	270	16
250	10650	−41.9	−51.9	255	52	20000	320	8
236		−44.5	−54.5			22000	45	5
200	12140	−48.7	−57.7	255	58	24000	105	3
150	14010	−55.7	−63.7	250	48	26000	105	6
112		−57.7				28000	110	7
100	16560	−59.7		235	26	最大风层		
70	18770	−63.3		270	16	11000	250	61
64		−61.1						
50	20350	−62.7		320	8			
40		−57.1						
30	24070	−56.9		305	3			
对流层顶	122 hPa	T=−59.5℃		风向	270	风速 47		
	75 hPa	T=−65.3℃		风向	200	风速 17		

第6章　温带气旋的分析

东亚地区的温带气旋主要发生在两个地区,一个地区位于 $45°\sim55°N$,并以黑龙江、吉林与内蒙古交界地区为最多,习惯称这一地区发生的气旋为北方气旋。另一地区位于 $25°\sim35°N$,即我国江淮流域、东海和日本南部海面的广大地区,习惯上称这些地区的气旋为南方气旋。本章将分别介绍北方气旋和南方气旋的发生、发展过程,天气的统计特征以及它们的预报,并对一次北方气旋实例进行实习。

§6.1　北方气旋的特征及其发生、发展过程

6.1.1　北方气旋的统计特征

(1)北方气旋包括蒙古气旋(多生成于蒙古中部和东部)、东北气旋(又称东北低压,多系蒙古气旋或河套、华北及渤海等地的气旋移到东北地区而改称)、黄河气旋(生成于河套及黄河下游地区)、黄海气旋(生成于黄海或由内陆移来的气旋)等。

(2)据 1971—1980 年的资料统计,北方气旋每年平均出现 70 次左右,四季均可发生。

(3)春季最多,占全年的 32.0%;冬季最少,占 16.4%。蒙古气旋是东亚最强的温带气旋,最大直径达 2000 km,初生时中心气压平均为 1004 hPa,最低 976 hPa,最高 1028 hPa。发展过程中,中心气压平均为 998 hPa,最低可达 971 hPa。

(4)北方气旋引起的天气主要是大风和降水。例如,当蒙古气旋强烈发展时,在气旋暖区中,由于南(东)高、北(西)低的气压场影响,常造成偏南大风。而当北方气旋冷锋过境后,则常出现偏北大风,冷锋影响时有时还带来降水天气。一般来说,黄河气旋的降水概率远大于蒙古气旋。

6.1.2　蒙古气旋的发生过程

蒙古气旋绝大多数是在蒙古生成的,只有少量的从 50°N 以北移入。蒙古气旋的发生过程通常有三种类型。

(1)暖区新生气旋

这类蒙古气旋发生次数最多。当中亚或西伯利亚气旋移到蒙古西北或西部时,受萨彦岭和阿尔泰山等山脉影响,往往减弱,如图 6.1a 所示,一部分过山后,在蒙古重新

发展,形成蒙古气旋。有的则移向中西伯利亚,移到贝加尔湖地区后,其中心部分常和南边的暖区脱离向东北方向移去。冷锋南段则受到地形阻挡移动缓慢,如图 6.1b 所示,在其前方暖区内形成一个新的低压中心,并逐渐发展成蒙古气旋。在形成之初,低压内常常没有锋面,以后西边的冷空气进入低压产生冷锋。当有高空槽从西边移入蒙古时,在槽前暖平流的作用下形成暖锋,见图 6.1c。

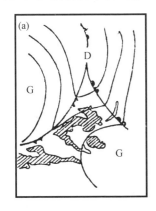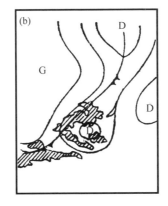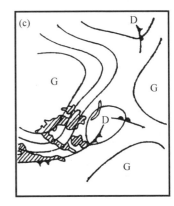

图 6.1　暖区新生气旋过程示意图

(2)冷锋进入倒槽生成气旋

从中亚移来或在我国新疆北部发展起来伸向蒙古西部的暖性倒槽,当其发展较强时,往往在倒槽北部形成一个低压,有冷锋进入其后部时即形成气旋(开始时不一定有暖锋,见图 6.2)。

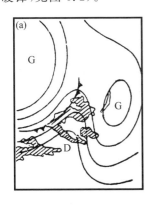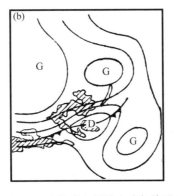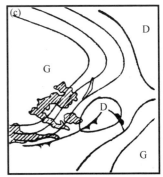

图 6.2　冷锋进入倒槽生成气旋示意图

(3)蒙古副气旋

两股冷空气,一股从萨彦岭以北的安加拉河、贝加尔湖谷地进入蒙古中部,另一股从巴尔喀什湖以东谷地进入我国新疆北部,它们把蒙古西部围成了一个相对的低压区。

这时冷空气的主力仍停留在蒙古西北部,以后随着冷空气向东移动,在其前方的相对低压区里产生气旋,并获得发展。由于在此气旋出现之前,从萨彦岭以北安加拉河、贝加尔湖谷地进入蒙古中部的那股冷空气的前沿,已经形成了一个蒙古气旋,所以称其为蒙古副气旋。当有副气旋生成时,前一个蒙古气旋就很快东移填塞,而大多数副气旋发生后能发展。图6.3是副气旋生成过程的示意图。

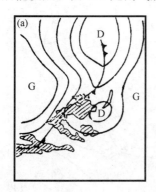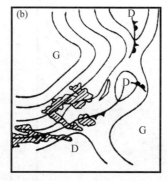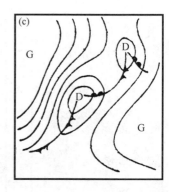

图 6.3　蒙古副气旋生成过程的示意图

6.1.3　东北气旋的发生过程

出现于我国东北地区的气旋称为东北气旋。东北气旋多数从外地移来,其来源有三类:第一类是蒙古气旋移入我国东北地区,这类占东北气旋的大部分;第二类是形成于黄河下游的气旋,当高空槽经向度较大时,在槽前偏南气流的引导下,北上进入东北地区;第三类是在东北地区就地形成的气旋,这类气旋出现不多,强度也不大,无多大发展和移动。在个别情况下,副热带急流与温带急流合并,高空急流经向度很大,南方气旋也会进入东北地区。

6.1.4　黄河气旋的发生过程

黄河气旋大多生成在黄河口及其以东海面,具有生成突然、发展迅速、生命短暂的特点。按高空环流形势分类,黄河气旋的发生过程主要有以下三种类型。

(1)纬向型

此类气旋发生前 24 h,500 hPa 等压面上欧亚地区为一脊一槽,长波脊位于 $20°\sim50°E$;亚洲北部为一个稳定的大低压,有时亚洲西部有一横槽;亚洲中纬度为纬向环流,盛行偏西风,经常从大低压中分裂出短波槽东移,见图 6.4a。锋区分为北、中、南三支。北支锋区紧靠亚洲北部大低压南侧,位于 $45°\sim55°N$,锋区强,西风风速较大,低槽东移速度较快;中支锋区在 $35°\sim45°N$,锋区较弱,西风风速较小,低槽移速较前者慢,黄河气旋即产生于这支锋区上;南支锋区位于 $25°N$ 附近,它的西风风速及锋区强度往往不弱于北支锋区。三支锋区的配置与气旋的发生、发展及大风的强弱有着密切关系。多数情况下,中支与南支锋区上的两支低槽是同位相的,低槽前部的地面减压,首先在太行山东侧形成低压,待冷空气进入后,在黄河下游形成气旋入海。气旋生成前 24~36 h,500 hPa等压面上在哈密、银川之间有一低槽,700 hPa 或 850 hPa 等压面上在 40°N 以南、105°E 以东的中支锋区上为西南气流,暖平流较明显。相应地面图上,华西倒槽发展,伸向黄河中下游,其中常有暖性低压出现;倒槽后部有冷锋经河西走廊东移,见图 6.4b。

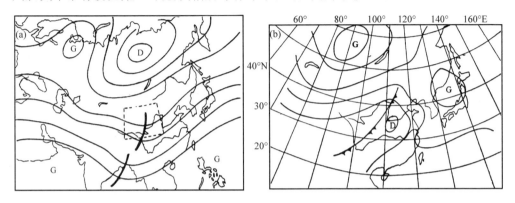

图 6.4　纬向型黄河气旋生成前 24 h 500 hPa(a)和地面(b)形势
(图中虚线为起报区)

(2)经向型

经向型黄河气旋发生前后 500 hPa 上亚欧中高纬度为经向环流,欧亚为稳定的两槽一脊,见图 6.5a。长波脊位于 70°~90°E,长波脊的两侧,即东欧和亚洲东部各有一个较深厚的低压槽,从中西伯利亚经蒙古到我国渤海、黄海为稳定的西北气流控制,北支锋区上的短波槽沿锋区向东南方向移动,移过 120°E 后并入东亚大槽。

锋区分为两支,一支位于西伯利亚中部经蒙古、我国华北到渤海一带,呈西北—东南向,它是由北支和中支锋区合并而成,气旋即产生于这支锋区上;另一支为南支锋区,位于25°N 附近。当两支锋区在我国东部沿海合并时,可使偏北大风影响范围向南扩大。

多数情况下 500 hPa 等压面上的高度槽不明显,但温度槽较为明显。气旋生成前24~36 h,乌兰巴托以西为负变温,以东为正变温。700 hPa 或 850 hPa 等压面上的高度槽和温度槽均较明显,槽线呈东北—西南向,槽前为偏西气流,暖平流指向东方或东南方。

地面图上,气旋生成前 24~36 h,在蒙古东部有一条东北—西南向的冷锋,中、蒙交界处到华北平原往往有向北或东北方向开口的阶梯槽,与北槽相配合的为一个锋面气旋,南槽为一个暖性干槽,见图 6.5b,此时南槽前部的暖锋锋区已经具备,待冷空气进入南槽后,气旋在华北到渤海西部一带生成。另一种类型是,阶梯槽不明显,气旋在华北北部生成后,沿高空引导气流向东南方向移入渤海。

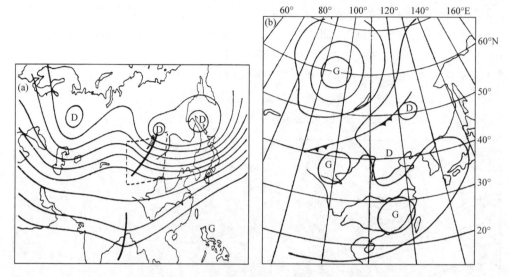

图 6.5　经向型黄河气旋生成前 24 h 500 hPa 形势(a)和地面形势(b)

(图中虚线为起报区)

(3)阻塞型

阻塞型气旋生成前后,500 hPa 等压面上亚洲北部(55°~75°N,80°~110°E)是一个稳定的阻高,其两侧的乌拉尔山和俄罗斯的滨海省各为一个切断低压(图 6.6),西风分支点一般位于乌拉尔山南部或咸海一带,北支锋区绕过阻高,在贝加尔湖以东形成一支西北—东南向的强锋区;在阻高南侧的中支锋区较平直,强度较弱,中支锋区上经常有短波槽东移。两支锋区的汇合点一般在华北东部到渤海一带。此类黄河气旋发生过程具有经向型气旋和纬向型气旋相结合的特征,气旋先在中支锋区上生成,气旋入海后,北支锋区上的冷空气很快南下侵入气旋后部,引起较强的偏北大风。

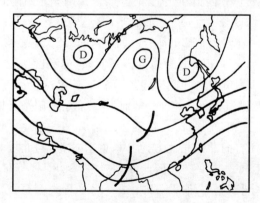

图 6.6　阻塞型黄河气旋生成前 24 h 500 hPa 形势

§6.2　南方气旋的特征及其发生、发展过程

南方气旋包括江淮气旋(主要发生在长江中下游、淮河流域和湘赣地区)、东海气旋(主要活动于东海地区,有的是江淮气旋东移入海后而改称的,有的是在东海地区生成的)和黄淮气旋(主要发生在黄淮一带)等。这里简要介绍江淮气旋的特征及发生过程。

6.2.1　江淮气旋的气候特征

根据 1961—1980 年共 20 年资料统计,共发生江淮气旋 310 次,年平均 15.5 次,最多年份(1965 年、1972 年)为 23 次,最少年份(1978 年)为 6 次。4 月最多,达 52 次,10月最少,仅 11 次。其中 30% 为发展气旋。7 月份气旋发展概率最高,占发展气旋总数的 43.7%,2 月和 8 月最低,只占 12.5%。

江淮气旋的源地集中在淮河上游、大别山区东北侧及黄山北麓的苏皖平原、洞庭湖盆地、鄱阳湖盆地等四个地区。

江淮气旋的平均移动路径主要有两条:一条是北路东移路径,主要由淮河上游经洪泽湖从盐城南部入海,过朝鲜半岛向东北方向进入日本海;另一条路径是南路东移路径,由洞庭湖出发经黄山北部、皖中平原到江苏南部沿海,从长江口向日本长崎、大阪一带移去。移动路径也有随季节的变化。

江淮气旋发生时中心最高气压为 1025 hPa(1974 年 12 月 17 日 02 时),最低为 994 hPa(1974 年 6 月 20 日 02 时),7 月份,平均中心气压最低为 999.9 hPa。气旋在海上容易发展,在 125°E 以西发展气旋最多闭合等压线为 6 圈,最大 12 h 降压值为 7 hPa。在125°~140°E 范围内,闭合等压线最多可达 10 圈(1970 年 5 月 12 日 08 时和 1964 年 6月 3 日 08 时),最大 12 h 降压值可达 16 hPa(1971 年 5 月 25 日 07—14 时)。气旋在短时间内大幅度加深称为气旋的爆发性发展。

多数的江淮气旋可造成强降水,例如,在江苏 58.7% 的江淮气旋可造成暴雨过程,21% 可造成大暴雨,2.7% 可造成特大暴雨过程。发展气旋占气旋总数的 30%,有 70%的发展气旋可产生暴雨。气旋强烈发展时可造成大风天气。

6.2.2　南方气旋的发展过程

南方气旋有两类常见的发展过程。

(1)静止锋上的波动类气旋

波动类气旋是指西南低涡沿江淮切变线东移过程中地面静止锋上产生的气旋波。此类气旋发生过程类似于挪威学派提出的经典气旋发展模式。1978 年 6 月 25 日发生在淮河上游梅雨锋上的弱气旋是一个典型例子。这次气旋发生时 500 hPa 环流特征

是:西太平洋副高脊加强北跳,控制华东沿海地区,乌拉尔山长波脊和西伯利亚大低槽
建立,在亚洲中纬地区盛行纬向西风环流,极锋急流在 50°N 以北,副热带急流在 30°~
40°N(图 6.7)。这次气旋的具体发展过程有以下几个阶段。

①高原低槽东移减弱。6 月 22 日 08 时,在 300 hPa 副热带急流上有一个低槽越过
青藏高原东移,25 日晨移到河套地区上空时,地面气旋就发生在这个低槽前部。高空
低槽到达华北时与我国东部沿海的强高压脊相遇后减弱北缩,因此,地面气旋发生后没
有发展。

②西南涡产生后沿切变线东移。22 日 20 时,700 hPa 等压面上,在高原低槽前部
的横断山脉东坡产生一个暖性低涡,低涡在高空槽前辐散气流诱导下沿高原东侧的切
变线东移并逐渐向低层发展,23 日 20 时低涡进入四川盆地时出现在 850 hPa 等压面
上,25 日晨移到淮河上游时发展成地面气旋。

③低空西南急流的建立。在对流层下部,22 日有一个大陆变性高压经华北入海,
并入西太平洋副高,使副高加强西伸。在海上高压与西南涡之间出现东升西降的变高
梯度,西南气流加强形成一支低空急流。这支西南急流向暴雨区大量地输送水汽和不
稳定能量,暖平流输送则引起地面气压下降,西南倒槽发展,最终形成低气压。

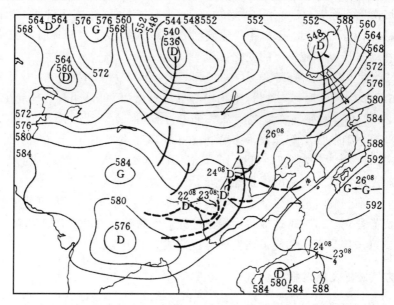

图 6.7 1978 年 6 月 25 日 08 时 500 hPa 形势和南支槽动态

④江淮静止锋上产生气旋波。气旋发生前,在江淮静止锋上空,对流层下部维持着
一条东西向切变线。切变线的辐合流场有利于锋区加强、水汽集中和能量积累,产生上
升运动和正涡度。所以,西南涡沿切变线东移时不断加强,由于局地锋生作用,对应地

面静止锋的低空锋区逐渐加强并向高层发展,与高空副热带锋区相接,形成一支深厚的对流层锋区。25 日 02 时在地面静止锋上产生气旋波。

(2)倒槽锋生气旋

倒槽锋生气旋也叫作焊接类气旋,是指北支槽与西南涡结合,河西冷锋进入地面倒槽与暖锋相接产生的气旋。它发生在极锋上的北支槽与南支槽合并东移的形势下,高空涡度平流、对流层下部的温度平流和潜热释放对气旋发展都有较大贡献,因此,气旋经常强烈发展。1973 年 4 月 30 日发生在皖北的气旋是此类气旋的典型例子。这个气旋发展的环流背景(图 6.8)与上述波动类气旋基本相似,不同的是西风带与副高位置都偏南得多,极锋锋区在 45°N 附近。以下是这次气旋的具体发展过程。

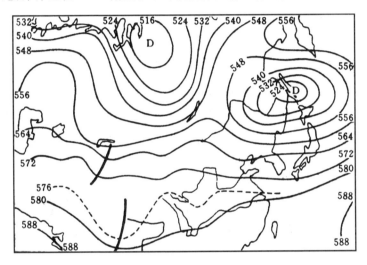

图 6.8　1973 年 4 月 28 日 08 时 500 hPa 形势

①北支槽与南支槽合并。1973 年 4 月 28 日 08 时 500 hPa 等压面上,在青藏高原有一个南支槽,在极锋上有一个北支槽位于巴尔喀什湖附近。29 日 08 时,南、北两支低槽合并东移发展,引起地面气旋发生并强烈发展。

②北支槽与西南涡结合。4 月 28 日 20 时,在高原低槽前部 700 hPa 等压面上产生一个西南涡。29 日 08 时低涡与北支槽结合(图 6.9),槽后冷空气侵入低涡后部。经验指出,北槽与南涡结合,是焊接类气旋发生、发展过程最典型的形式。

③低空西南急流的建立。在西南涡前部,西南风增大形成一支低空急流,这支急流在东移过程中不断加强北上,急流中心有规律地向东北方向移动(图 6.10)。低空西南急流引导暖湿空气北上,与西南涡后部南下的冷空气汇合,使锋区加强。

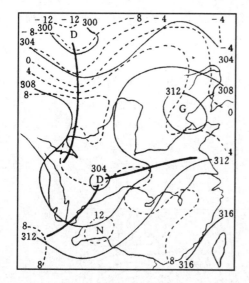 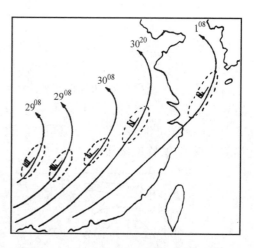

图 6.9 1973 年 4 月 29 日 08 时 700 hPa 形势
（图中实线为等高线，虚线为等温线，粗实线为槽线）

图 6.10 850 hPa 等压面上急流轴（实线）
与急流中心（虚线）的活动

④河西冷锋进入西南侧倒槽后产生地面气旋。28 日夜间高空槽移出青藏高原后，地面西南倒槽开始发展。北槽与南涡结合后，河西冷锋南下进入倒槽后部，30 日 14 时，冷锋与倒槽前部的暖锋相接，同时在倒槽顶部产生低压中心（图 6.11）。30 日 20 时，高原低槽前部正涡度平流区叠置在地面气旋上空，气旋强烈发展，黄海出现 8～10 级东北大风，伴随这次气旋发展过程，黄淮地区出现了大雨到暴雨。

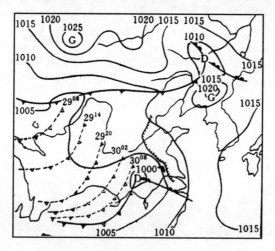

图 6.11 1973 年 4 月 30 日 14 时地面图
（图中虚线为河西冷锋每隔 6 h 的过去位置）

§6.3　温带气旋的预报

6.3.1　气旋发生、发展的因子

（1）地面形势预报方程

气旋的发生、发展一般可用地面形势预报方程：

$$\frac{\partial H_0}{\partial t} = \frac{\partial \overline{H}}{\partial t} - \frac{R}{9.8}\ln\frac{p_0}{p}\times\left[-\overrightarrow{V}\cdot\bigtriangledown T + \overline{(\gamma_d-\gamma)\omega} + \frac{1}{C_p}\frac{\mathrm{d}\overline{Q}}{\mathrm{d}t}\right] \tag{6.1}$$

来诊断。由（6.1）式可知，地面（1000 hPa）的高度（H_0）变化由四项因子决定。方程（6.1）右边第一项为平均层高度（$\overline{H}$）变化项，其中包括涡度平流和热成风涡度平流两部分，第二项为平均冷暖平流（即厚度平流）项，第三项为垂直运动产生的温度绝热变化项，第四项为非绝热变化项。

（2）涡度平流及热成风涡度平流的定性判断

利用天气图可以定性判断涡度平流。在自然坐标中相对涡度平流可表达为：

$$-V\cdot\bigtriangledown\zeta = -V\frac{\partial\zeta}{\partial s} \tag{6.2}$$

式中：V 为水平风速，s 为气流方向。由于

$$\zeta = \frac{V}{R_s} - \frac{\partial V}{\partial n} = K_s V - \frac{\partial V}{\partial n}$$

则

$$-V\frac{\partial\zeta}{\partial s} = -V(K_s\frac{\partial V}{\partial s} + V\frac{\partial K_s}{\partial s} - \frac{\partial^2 V}{\partial s\partial n}) \tag{6.3}$$

式中：R_s 为流线的曲率半径，K_s 为曲率，n 为流线法线坐标。在准地转假定下，$V = V_g = -\frac{9.8}{f}\frac{\partial H}{\partial n}$，代入（6.3）式便得：

$$-V\cdot\frac{\partial\zeta}{\partial s} = -(\frac{9.8}{f})^2\frac{\partial H}{\partial n}(K_s\frac{\partial^2 H}{\partial s\partial n} + \frac{\partial H}{\partial n}\frac{\partial K_s}{\partial s} - \frac{\partial}{\partial s}\frac{\partial^2 H}{\partial n^2}) \tag{6.4}$$

①　　　　　　　②　　　　　　　③

散合项　　　曲率项　　　疏密项

由上式可见，涡度平流由三项决定。其中第一项作用最大，第二项次之，第三项作用较小，一般不考虑。所以在实用时涡度平流主要由散合项和曲率项决定。我们可以根据沿流线或等高线的曲率分布以及流线或等高线的疏散或汇合来定性判断涡度平流。例如，在图 6.12a 所示的情况下，根据曲率项可知，当流线的气旋式曲率沿流线减小，或反气旋曲率沿流线加大时，则高空槽前脊后区（Ⅰ区）为正涡度平流区，而气旋式

曲率沿流线增大,反气旋式曲率沿流线减小,则槽后脊前(Ⅱ区)为负涡度平流区。在图 6.12b 所示的情况下,当气旋式曲率等高线沿气流方向疏散(Ⅰ区)时,有正涡度平流,反之有负涡度平流(Ⅱ区)。反气旋曲率沿气流方向等高线汇合时有正涡度平流(Ⅲ区),反之有负涡度平流(Ⅳ区)。

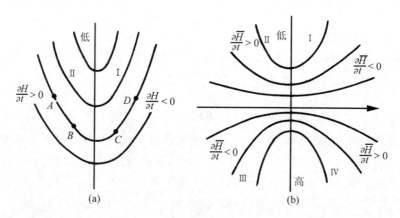

图 6.12　等高线分布与涡度平流

若把等温(厚度)线看作热成风流线,将方程(6.4)中 V,ζ 及 H 分别改为 V_T(热成风),ζ_T(热成风涡度)和 h(厚度),则可用与定性判断涡度平流完全相同的办法,判断热成风涡度平流。

(3)温度平流的定性分析

在天气图上定性判断温度平流很简单,将等高线近似看作流线,若流线与等温线相交,且流线由冷区指向暖区,则为冷平流,反之,流线由暖区指向冷区,则为暖平流。而等高线与等温线平行区为平流零线所在。

(4)非绝热加热和绝热变化影响的定性分析

非绝热加热主要包括乱流、辐射及蒸发和凝结等热力交换过程。如果只考虑湿绝热过程,则可将方程(6.1)中的 Γ_d 改为 Γ_s(湿绝热递减率),而在非绝热变化中就可以不考虑蒸发、凝结过程的影响了。辐射热交换在下垫面附近最重要,在热源地区(即空气能获得热量的下垫面)$\dfrac{\mathrm{d}\overline{Q}}{\mathrm{d}t}>0$,冷源地区(即空气传给热量的下垫面)$\dfrac{\mathrm{d}\overline{Q}}{\mathrm{d}t}<0$。

对干绝热稳定($\Gamma_d-\Gamma>0$)大气,下沉运动($\omega>0$)使地面气压下降($\dfrac{\partial H_0}{\partial t}<0$),对湿绝热稳定($\Gamma_s-\Gamma>0$)大气,所产生的效应与上述相同。当 $\Gamma_s-\Gamma<0$ 时,则结论相反,即上升运动有利于地面气压下降。

6.3.2　温带气旋发生、发展的判定

温带气旋的生成一般以三方面条件来判定：

①气旋环流中心开始出现；

②有一根以上的闭合等压线；

③有暖锋和冷锋穿过气旋中心。

其中③是必需的，若满足③再外加①、②中的任一个均可视为温带气旋新生，但只有①、②则并不能认为有温带气旋生成。

温带气旋的发展可以从以下几方面来判断：

①气旋中心气压降低（注意应除去日变化的影响），中心 $-\triangle p$ 大；

②气旋性环流加强，范围扩大；

③与气旋相伴的正涡度中心强度加强；

④气旋云系发展，降水加强。

6.3.3　蒙古气旋的发生、发展及其预报

前述三类蒙古气旋的地面形势虽有不同，但其高空温压场特征却有共同之处。当高空槽接近蒙古西部山地时，在迎风坡减弱，在背风坡加强，等高线成疏散形势（图 6.13）。由于山脉的阻挡，冷空气在迎风面堆积，因而在温度场上表现为明显的温度槽和温度脊，春季我国新疆、蒙古地区下垫面的非绝热加热作用使温度脊更为明显。在蒙古中部地面上出现热低压或倒槽，当高空疏散槽的正涡度平流叠加其上时，热低压即获得动力性发展；由于低压前后的高空暖、冷平流都很强，一方面促使暖锋锋生，一方面推动山地西部的冷锋越过山地进入蒙古中部，形成了蒙古气旋。在此过程中，高空低槽也获得发展。

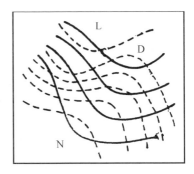

图 6.13　蒙古气旋发生时的高空温压场（图中实线为 500 hPa 等高线，虚线为 1000～500 hPa 等厚度线）

蒙古气旋生成后，如果西部大槽东移到贝加尔湖以西地区，槽线转为南北向，且温度槽落后于气压槽，槽后冷平流加强（图 6.14），地面气旋就处在高空槽前脊后的下方，将强烈发展。

蒙古气旋生成后，如果在贝加尔湖西北部的低槽槽线附近冷平流加强，低槽发展加深向东南移动，青藏高原北部的暖高压脊也加强并向东北伸展，与北边贝加尔湖冷性低槽构成强锋区，而气旋处于这个锋区的出口区，气旋也将得到发展（图 6.15）。

天气学分析

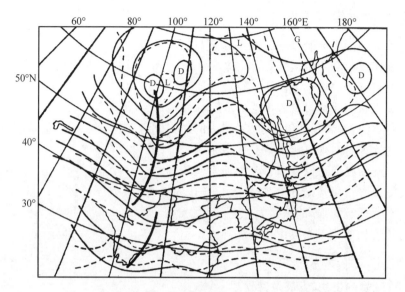

图 6.14　有利于蒙古气旋发展的 500 hPa 温压场之一

（图中实线为等高线，虚线为等温线）

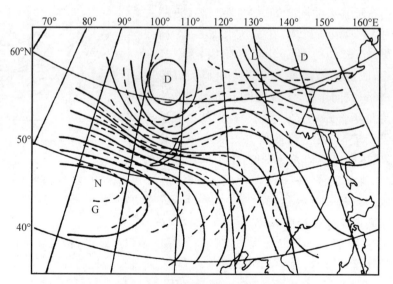

图 6.15　有利于蒙古气旋发展的 500 hPa 温压场之二

（图中实线为等高线，虚线为等温线）

6.3.4　黄河气旋发生、发展的预报

本章第一节中提到黄河气旋的三种类型,只是从形势上概括了黄河气旋生成的某种特征,提供可能产生黄河气旋的环流背景,而不能说具备了这三种形势就一定会有气旋生成。黄河气旋的生成还必须同时具备锋区、高空槽、低空急流、地面冷锋和倒槽等条件。这里根据山东省气象台的经验对纬向型和经向型两类气旋产生前 24~36 h,分别给出起报区和起报条件。

(1)纬向型气旋

纬向型气旋的起报区在(33°~45°N,90°~110°E)范围内。在起报区内,必须同时满足下列条件才能形成黄河气旋:①高空有锋区通过起报区,在 700 hPa 等压面上,区内有不少于 3 条等温线(4℃间隔,下同);②700 hPa 等压面上,在起报区内有南北向的竖槽,槽线长度大于 5 个经距,槽前有正变温、负变高,槽后有负变温、正变高;③700 hPa 或 850 hPa 等压面上,槽前有西南气流达到 38°N 以北,暖平流从陕、晋、豫指向黄河下游,变温中心 24 h 变温达 3~6℃;④地面图上,河套以东到华北、黄河下游有倒槽,有时倒槽内有暖性低压中心,倒槽西侧有冷锋,锋前 24 h 变压 $\Delta P_{24} \leqslant -5$ hPa。

(2)经向型气旋

经向型气旋的起报区在(40°~53°N,90°~110°E)范围内,必须同时满足下列条件才能形成黄河气旋:①高空有锋区通过起报区,在 700 hPa 等压面上,区内有不少于 3 条等温线;②700 hPa 等压面上,在起报区内有低槽,其槽线长度大于 5 个纬距,呈东北一西南或东一西向,槽前 $\Delta T_{24} \geqslant 4$℃,槽后 $\Delta T_{24} \leqslant -5$℃;③700 hPa 或 850 hPa 等压面上槽前有偏西风急流,暖平流从华北北部指向东或东南方向;④地面图上,从华北北部到黄河下游有低压槽,槽内 24 h 变压中心 $\Delta P_{24} \leqslant -5$ hPa。

6.3.5　南方气旋发生的预报

这里介绍山东省气象台总结的波动类气旋和焊接类气旋发生的天气学预报模式。

(1)波动类气旋发生的预报模式

①第一阶段。气旋发生前 3 天,南支槽出现在青藏高原西部。此时 500 hPa 环流形势(图 6.16)的主要特征是:西伯利亚西部为一长波脊,东亚中纬度地区有一支锋区;青藏高原西部的南支槽前部(30°~40°N,75°~90°E)出现负变高;西太平洋副高脊在整个过程中稳定少动,控制浙、闽沿海,脊线在 25°N 附近。

②第二阶段。气旋发生前 2 天,南支槽

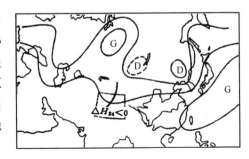

图 6.16　波动类气旋第一阶段 500 hPa 形势

移到青藏高原东部。此时 700 hPa 等压面上若出现以下指标,未来将发生气旋:我国东部沿海的低槽北段已东移入海,其南段滞留在江淮地区,已蜕变成为一条近东西向的切变线(图 6.17);长江上游(25°~35°N,100°~110°E)出现低涡和负变高,负变高值为 -1~-5 dagpm(取负值最大的三个站平均);低涡南侧(25°~30°N,100°~110°E)最大 SW 风速≥10 m/s;低涡北侧(30°~40°N,100°~110°E)出现负变温,其值为 -2~-6℃(取负值最大的三个站平均)。

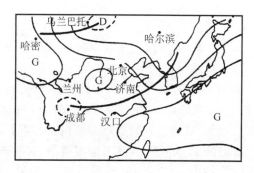 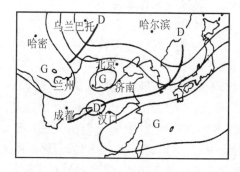

图 6.17　波动类气旋第二阶段 700 hPa 形势　　　图 6.18　波动类气旋第三阶段 700 hPa 形势

③第三阶段。气旋发生前 1 天,南支槽已移出青藏高原。此时,发生气旋的预报指标是:在 700 hPa 等压面上,西南涡沿江淮切变线东移到长江中游(图 6.18)。低涡内出现负变高,低涡南侧最大 SW 风速≥12 m/s。

④发生阶段。700 hPa 等压面上的西南涡到达江淮地区,已并入西风带,在地面静止锋上有气旋波发生。

(2)倒槽锋生(焊接类)气旋发生的预报模式

①第一阶段。气旋发生前 3 天,南、北两支低槽分别进入青藏高原西部和巴尔喀什湖以东地区,此时 500 hPa 环流形势(图 6.19)的主要特征是:a.在乌拉尔山附近为一长波脊或阻高(有时为移动性高压脊);b.亚洲中纬度地区为平直西风环流,在 45°N 附近有一支极锋锋区;c.北支槽有温度槽或冷中心配合,槽内出现负变温,槽前为负变高,槽后为正变高;d.青藏高原有一支副热带急流,有正变温和负变高出现,高原东部西南风增大;e.西太平洋副高脊控制华东沿海地区,其脊线在 31°N 以南。

②第二阶段。气旋发生前 2 天,北支槽进入新疆东部,700 hPa 等压面上环流形势见图 6.20。此时在 700 hPa 等压面上出现下列指标:a.前一个低槽位于黄淮地区,其后部的小高压控制河套地区;b.北支槽到达哈密附近,其后部(35°~48°N,80°~100°E)出现负变温≤ -2℃(三个负值最大的站平均);且最大 NW 风速≥8 m/s;c.在青海湖附近(35°~40°N,94°~104°E)出现西北涡,或在四川盆地(28°~33°N,102°~108°E)出现

西南涡;d.兰州 700 hPa 高度比长沙低 2 dagpm 以上;e.若长沙吹偏北风,则不发生气旋。

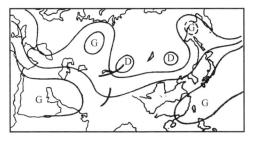

图 6.19　焊接类气旋第一阶段 500 hPa 形势

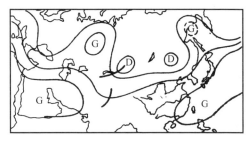

图 6.20　焊接类气旋第二阶段 700 hPa 形势

③第三阶段。气旋发生前 1 天,北支槽已与高原低槽合并,此时 700 hPa 等压面上出现下列指标(图 6.21):a.河套小高压移到华北平原;b.西北涡、西南涡合并后与北支槽结合,槽后部(35°~45°N,90°~105°E)出现负变温≤-3℃(三个负值最大的站平均),最大 NW 风速≥10 m/s;c.西太平洋副高脊西侧的 SW 风明显增大,形成一支急流,最大 SW 风速≥12 m/s,这支急流经云、贵、湘、鄂进抵长江以北,与华北小高压南侧的偏东气流相遇形成一条暖切变线。

相应的地面形势如图 6.22 所示,江淮地区有一条静止锋;河西冷锋移到河套地区,锋后有小高压相随;西南倒槽发展伸向江淮地区。

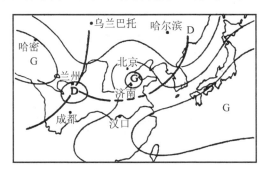

图 6.21　焊接类气旋第三阶段 700 hPa 形势

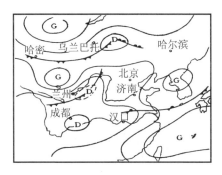

图 6.22　焊接类气旋第三阶段地面形势

④发生阶段。气旋发生时,在 700 hPa 等压面上(图 6.23),北支槽已与低涡结合移到华北;华北小高压东移入海与副高合并。

相应的地面形势如图 6.24 所示,河西冷锋进入西南倒槽内,与江淮静止锋(或暖锋)相接,在倒槽内产生气旋。

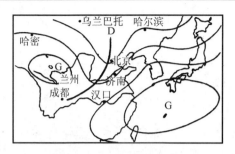
图 6.23　焊接类气旋发生时 700 hPa 形势

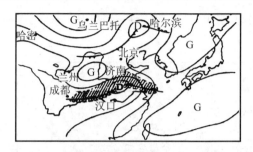
图 6.24　焊接类气旋发生时的地面形势
（阴影区为降水区）

实习九　北方气旋个例分析

一、目的要求

①天气图分析

严格遵守各项技术规定，在保证分析质量的基础上提高分析速度。对主要天气系统（如高低压中心、锋面、槽线等）的分析要求基本正确。

②天气形势分析

初步学会概述环流形势的主要特征和辨认高空和地面的主要影响系统，建立三度空间结构的概念。并且应用所学过的理论知识对各主要影响系统的生消演变、相互之间的关系以及在天气过程中的作用进行分析。

二、实习的内容和资料

①天气图共有 8 张，其中参考图 2 张，分析图 6 张，参考图如图 6.25 和图 6.26 所示。需要学生分析的图是 1971 年 4 月 5—7 日 08 时地面图和 700 hPa 高空图。

②在教师的指导下做高空和地面主要影响系统的综合动态图 2 张：

• 700 hPa 的影响槽及 700 hPa $(-\Delta H_{24})$ 中心和 $+\Delta T_{24}$ 中心；

• 地面气旋中心、锋系、$+\Delta T_{24}$ 中心和 ΔP_3 中心。

③以文字形式概述本次过程的环流特征及主要系统的演变过程。

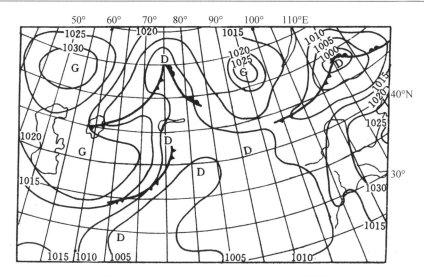

图 6.25　1971 年 4 月 4 日 08 时地面形势图

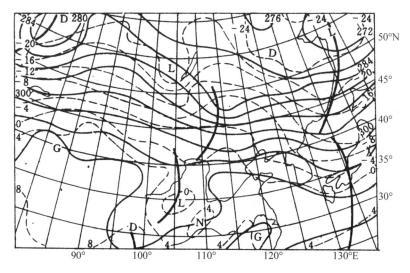

图 6.26　1971 年 4 月 4 日 08 时 700 hPa 形势

三、天气图分析中的提示

①概述

这是一次随着西风槽的东移,地面冷锋进入我国新疆到蒙古西部的暖性低压后,发展成为蒙古气旋的天气过程。据通常对蒙古气旋的分类,属冷锋进入倒槽型。这次过程中,蒙古气旋形成于 5 日 20 时至 6 日 08 时。6 日 08 时气旋的中心位置在乌兰巴托南侧,气旋形成后逐步发展,移向我国东北(7 日 20 时曾开始锢囚,后由于副冷锋的侵入气旋又再生)。从 9 日 08 时起地面气旋开始减弱填塞,高空低压也逐渐变成对称和冷性低涡。在地面气旋发生、发展过程中,大风、降温、降水等天气现象均有出现,并且降温比较剧烈,造成了一些全国性的中等程度的寒潮天气。

②气旋发生、发展过程

此次蒙古气旋天气过程开始时(4 月 4 日 08 时),亚洲上空 700 hPa 为高指数环流形势,蒙古东部到我国老东庙有一移动性西风浅槽,其后我国新疆、蒙古一带是一个宽阔的暖性浅脊区,西西伯利亚有一个低压,中心在俄罗斯鄂木斯克附近,从中心伸向咸海为一个冷槽,槽后乌拉尔山西侧有一个较强的暖高脊。这些系统均以 $10°\sim15°/d$ 的速度东移。5 日鄂木斯克到咸海的低槽已移到蒙新高原西侧。与我国新疆、蒙古一带的浅脊配合的暖空气明显增强,暖中心位于南疆盆地。与之对应,地面上在天山东侧有倒槽强烈发展。

5 日 08—20 时主要由于以下三个原因(参见 5 日 08 时 700 hPa 图):地形的爬坡加压作用、槽前等高线的辐合、槽线上没有明显的冷平流输送,致使蒙新高原西侧的低槽有所减弱,但移速大大加快。对应的地面冷锋迅速侵入原在天山东侧的暖性倒槽之中。

5 日 20 时至 6 日 08 时槽已开始越过高原,由于以下三个原因(参见 6 日 08 时 700 hPa 图):下坡地形的减压作用;锋区加强,槽线上有明显的冷平流输送;上游(乌拉尔山之西)有一低槽强烈发展(ΔH_{24} 最强为 -16 dagpm)引起的上游效应,使得低槽强度重新加强,移速减小。由于低槽的加强,槽前的正涡度平流明显增强,引起地面倒槽进一步减压。在 6 日 08 时以前出现了闭合的低压环流。

在西部的冷锋进入倒槽的过程中,由于高空暖平流的增强(见 6 日 08 时 700 hPa 图)和近地面层上暖式切变的明显增强,使倒槽内暖式切变附近的温度梯度不断增大。暖式切变的北侧出现了大片的 $-\Delta P_3$ 区($-\Delta P_3$ 最强为 -3.0 hPa),逐渐形成了一条暖锋,并与西边移来的冷锋在低压环流中心处相接,形成了完整的蒙古气旋。

700 hPa 图上,从 6 日 08 时至 7 日 08 时,原在乌兰巴托以西到天山东侧的低槽强烈发展、东移并出现了闭合中心,但温度槽仍落后于高度槽,地面气旋仍在高空槽的前方。这种温压场形势,有利于地面气旋一面向前移动一面加深发展,也有利于高空槽的东移发展。

7 日 08 时至 8 日 08 时,随着高空槽的进一步发展,700 hPa 上温度场的冷中心与高度场的低中心更加接近,地面气旋也达最强阶段并开始锢囚(见 7 日 20 时历史图)。

之后,由于高空槽后贝加尔湖西侧有新鲜冷空气的补充,形成了一个新的等温线密集带(见 7 日 08 时 700 hPa 图),对应地面图上,气旋后部出现了一条副冷锋(见 7 日 08 时地面图)。由于冷空气的侵入,高空槽再度略有发展,地面气旋再生。8 日 08 时以后,在高空温压场渐趋对称的同时,地面气旋逐渐减弱,并于 9 日 08 时填塞消亡。

四、思考题

①通过本个例分析说明蒙古气旋发生、发展有何特点。
②蒙古气旋发生、发展过程中，高、低空系统是如何配置的？
③结合形势预报方程来说明蒙古气旋是如何得到发展的。

实习十　地转风涡度计算

一、实习目的

通过计算练习，掌握计算地转风涡度的方法、步骤，以加深对地转风涡度物理意义的理解，从而巩固有关地转风涡度的知识，也为今后判断各类气压场中地转风涡度的正负性质及数值大小提供一些直观的概念。

二、计算原理

①空气质块在运动过程中，由于其轨迹的弯曲（常呈顺时针或反时针的形式）和水平风速的分布在沿风矢的法向上大小不均，常使质块在运动过程中发生转动。这一特性用涡度的概念来表示。在 P 坐标系中，其垂直分量表达式为：

$$\zeta = \frac{\partial v}{\partial x} - \frac{\partial u}{\partial y} \tag{6.5}$$

式中：u、v 为实际风的水平分量。

②在中纬度，自由大气的大尺度运动是近于地转平衡的，为此，可用地转风代替实测风求算空气质块的垂直涡度，此时求得的涡度称为地转风涡度：

$$\zeta_g = \frac{\partial v_g}{\partial x} - \frac{\partial u_g}{\partial y} \tag{6.6}$$

式中：v_g、u_g 为地转风的水平分量。

③地转风可以从高度场直接求算：

$$u_g = -\frac{9.8}{f}\frac{\partial H}{\partial y}$$

$$v_g = +\frac{9.8}{f}\frac{\partial H}{\partial x}$$

故地转风涡度可以表达成：

$$\zeta_g = \frac{9.8}{f}\left[\frac{\partial}{\partial x}\left(\frac{\partial H}{\partial x}\right) + \frac{\partial}{\partial y}\left(\frac{\partial H}{\partial y}\right)\right] = \frac{9.8}{f}\Delta^2 H \tag{6.7}$$

式中：H 为位势高度，$\Delta^2 H$ 为高度场的拉普拉斯算式，若将微分换成差分，则(6.7)式可写成：

$$\zeta_g = \frac{9.8}{f}\left[\frac{\Delta}{\Delta x}\left(\frac{\Delta H}{\Delta x}\right)+\frac{\Delta}{\Delta y}\left(\frac{\Delta H}{\Delta y}\right)\right] \tag{6.8}$$

④在(6.8)式中，Δx、Δy 的大小和取法未做任何规定，它只是表示空间水平方向上的实际距离。为了计算方便，常在计算的区域内选取正方形网格(图 6.27)，使得：

$$\Delta x = \Delta y = d = l/Km$$

式中：l 为天气图上网格量得的长度；K 为地图的缩尺；m 为地图的投影放大率，是个随纬度而异的数。

例如，图 6.27 中，缩尺为 $K=1/(2\times10^7)$，若取 $l=1$ cm，则在 30°N 和 60°N 处，因为 $m=1$，所以 $d=\dfrac{1}{1/(2\times10^7)}\times1=200$ km。

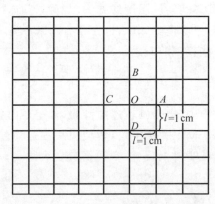

图 6.27　计算区域及正方形网格

⑤对于上图中的 O 点，不难看出，(6.8)式可改写成：

$$\zeta_{go} = \frac{9.8}{f}\left[\frac{\dfrac{H_A-H_O}{d}-\dfrac{H_O-H_C}{d}}{d}+\frac{\dfrac{H_B-H_O}{d}-\dfrac{H_O-H_D}{d}}{d}\right]$$

整理后，得：

$$\zeta_{go} = \frac{9.8}{fd^2}[H_A+H_B+H_C+H_D-4H_O]$$

$$= \frac{9.8K^2m^2}{fl^2}[H_A+H_B+H_C+H_D-4H_O] \tag{6.9}$$

在与 O 点同纬度的各网格点上，由于 f、l、m、K 均是定值，所以 ζ_{go} 值只随 H_A、H_B、H_C、H_D、H_O 而变化。换言之，在取定的网格上，相同的纬度上地转风涡度仅取决于高度场的分布形式。

三、计算步骤

①确定网格,并计算出相应纬度上的 $\dfrac{9.8K^2m^2}{fl^2}$ 值。

②用内插法,读取各网格点上的位势高度值 H(精确到 dagpm)。

③按公式(6.9),计算各网格上的 ζ_g 值。

四、资料

1973 年 4 月 30 日 08 时 500 hPa 高度场资料,如图 6.28 所示。为了便于在网格点上取值可内插等高线。

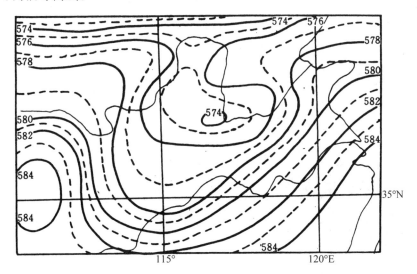

图 6.28　1973 年 4 月 30 日 08 时 500 hPa 高度场

五、本次实习的有关说明

①计算范围:以(30°N,110°E)为基准点,向东取 4 格,向西取 4 格,向南取 2 格,向北取 5 格,每格量得距离 $l=1.5$ cm。

②选用 1:2×10^7 比例尺的天气图进行计算。

③为方便计算,本次实习 $m=1$。

六、思考题

①什么是地转风涡度,它是如何计算的?

②通过计算分析说明等涡度线和等高线的分布之间有何关系(主要说明槽前后的涡度特点),从而说明涡度平流的性质。

第 7 章　　寒潮天气过程的分析

§ 7.1　　寒潮天气过程的环流型

　　按照中央气象台规定,在冷空气影响过程的始末,日平均温度最高值与最低值之差 ≥10℃,以及冷空气影响过程中最低日平均气温与该日所在旬的多年平均气温负距平 绝对值≥5℃,并伴有 5 级以上偏北大风时,称为一次寒潮天气过程。寒潮可引起霜冻、 冻害、降雪、大风、雨凇等严重灾害性天气现象。

　　寒潮是一种大规模的强冷空气向南爆发的现象。每次寒潮天气过程都发生在一定 的环流形势背景下。常见的寒潮天气形势有三种基本类型,即小槽发展型、低槽东移型 和横槽型。

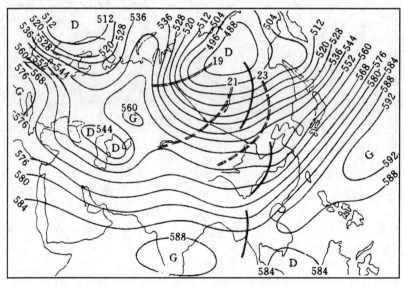

图 7.1　1965 年 12 月 19 日 08 时 500 hPa 形势(单位:dagpm)

(图中双实线为主槽线,双断线为主槽未来位置)

7.1.1　小槽发展型

　　小槽发展型也称为脊前不稳定小槽东移发展型,又称为经向型。这类寒潮是由不稳定短波槽发展引起强冷气爆发而造成的。通常,高空不稳定小槽最初出现在格陵兰以东洋面上,南下过程中不断发展,最后成为亚洲东岸的一个大槽。从不稳定小槽出现到寒潮爆发影响我国山东,一般需要5～7 d,亚欧环流由纬向型转为经向型。冷空气的源地在格陵兰以东洋面,经常取西北路径,经过关键区(指 43°～65°N,70°～90°E 地区,下同)南下。寒潮过程的最初阶段,在乌拉尔山地区形成阻高或高压脊,亚洲中纬度环流平直,西风带偏北,东亚大槽平浅(图 7.1)。不稳定小槽东移到西伯利亚西部时,发展成为一个比较深厚的冷性低槽,槽后冷高压在西伯利亚及蒙古发展到极盛,中心强度常可达 1060 hPa 以上。寒潮爆发影响我国山东前 36～48 h,500 hPa 等压面上亚洲中高纬度为一脊一槽,不稳定小槽已发展为东亚大槽移到贝加尔湖至蒙古中部,温度槽落后于高度槽,槽后冷平流强烈,极锋在 45°～50°N,锋区很强,可达 20℃/10 个纬距(1 个纬距≈111 km,下同)。地面强冷空气就在高空西北气流引导下,迅速向东南爆发(图 7.2)。

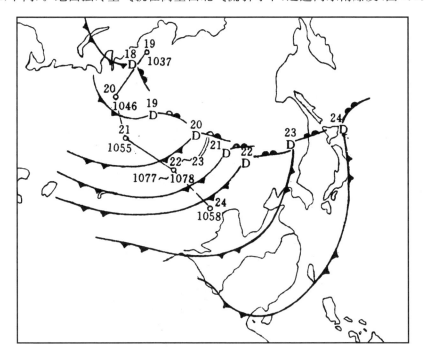

图 7.2　1965 年 12 月 18—24 日地面综合动态图
(图中圆圈为冷高压中心,其上数字为日期,其下数字为中心气压,单位:hPa)

7.1.2　低槽东移型

低槽东移型寒潮的高空环流形势的特点是西风带环流比较平直,有来自西方的冷高压活动,常伴有蒙古气旋发展,导致冷空气南下。此类寒潮的冷空气常来自冰岛以南洋面,途经欧洲南部、地中海、里海、巴尔喀什湖进入我国新疆或蒙古国,然后取西路或西北路影响我国各地。这类寒潮的冷空气路径很长,容易变性,所以寒潮强度相对较弱,图 7.3 和图 7.4 是此类寒潮的一个实例。

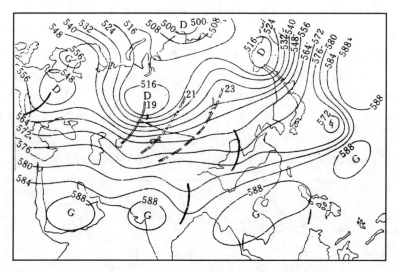

图 7.3　1960 年 10 月 19 日 08 时 500 hPa 形势
(图中双实线为主槽线,双断线为主槽未来位置)

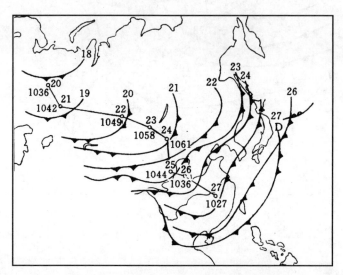

图 7.4　1960 年 10 月 19—27 日地面动态
(图中圆圈为冷高压中心,其上数字为日期,其下数字为中心气压,单位:hPa)

7.1.3　横槽型

横槽型寒潮是阻塞形势崩溃引起的强冷空气爆发。在初始阶段,500 hPa 环流形势如图 7.5a 所示,乌拉尔山为一东北-西南向的长波脊,贝加尔湖到巴尔喀什湖为一横槽,50°N 以南地区环流较平直,多小波动东移。地面图上,整个欧亚大陆几乎全部为强大的冷高压所占据,从中亚经新疆到河西走廊,不断有小槽东移。一旦乌拉尔山高脊上游有不稳定小槽出现,阻高崩溃,东亚横槽转竖,原静止于蒙古的冷高压向南移动,便造成一次强冷空气南下,见图 7.5b。

此类寒潮的冷空气源地在西伯利亚东部或北冰洋上。一般取西北路径南下,但当横槽偏西时,冷空气主力经河西走廊从西路东移;横槽偏东时,冷空气则从北路南侵。这三条路径的冷空气都能造成剧烈降温。

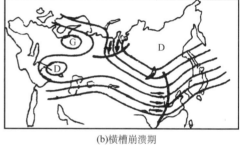

(a)横槽稳定期　　　　　　　　　　　　　　　　　(b)横槽崩溃期

图 7.5　横槽型寒潮过程的 500 hPa 形势示意图
(图中双线箭矢为暖平流,实线箭矢为冷平流)

§7.2　寒潮强冷空气活动的分析和预报

一次寒潮的形成一般都要经过两个阶段,即冷空气堆积阶段和冷空气爆发阶段。

7.2.1　寒潮强冷空气堆积的分析和预报

侵袭我国的寒潮,不论其冷空气来自何方,一般都在西西伯利亚至蒙古一带积累加强。判断冷空气是否堆积,主要从地面冷高压的强度和高空冷中心强度两方面考虑。在冬季如果地面有强冷高压,高压周围又有很大的气压梯度,同时 500 hPa 图上有 -48℃ 的冷中心,则说明已有冷空气堆积了。

预报强冷空气的堆积,可以从四方面考虑:①与冷空气配合的小槽有否较大发展;②有否新鲜冷空气补充或合并加强;③极涡是否分裂南下;④冷舌中有否产生绝热上升冷却的环流条件。当小槽有较大发展、有新鲜冷空气补充、极涡分裂南下和有上升绝热冷却时,则可预报将可能堆积成为强冷空气。

7.2.2 寒潮强冷空气爆发的分析和预报

在冷空气源地堆积的强冷空气,不一定能向我国爆发成为寒潮。它可以小股冷空气扩散南下,也可以主体从蒙古以北东移。一般只有在下列情况下才能爆发寒潮,即:①符合寒潮环流形势;②东亚大槽有可能重建(重建过程可以是上游长波槽向下游频散效应,也可以是移动性长波进入东亚发展,也可以是阻塞形势破坏引起东亚大槽重建);③南支槽与北支槽叠加;④地面气旋发展(全国性寒潮往往先有北方气旋发展,到达南方后有南方气旋发展)。

对上述三种类型的寒潮爆发的预报可以分别从以下几方面着眼。

(1)小槽发展型寒潮的爆发

这类寒潮爆发的预报着眼点是乌拉尔山或西西伯利亚长波脊的建立、加强和东移以及不稳定小槽的发展。①当乌拉尔地区处在变形场内并出现反气旋打通时,则建立长波脊。乌拉尔山高压脊的发展,往往是由于从欧洲长波脊分裂出的高压东移与之合并;或是欧洲低槽强烈发展,槽前暖平流和温度脊侵入乌拉尔山高压脊后部。②若不稳定小槽是疏散槽,且出现在发展的高压脊前部,槽后有较强的锋区(三条以上密集的等温线),并有明显的温度槽和冷平流,24 h 降温在 3℃ 以上,则不稳定小槽将发展为长波槽。③在寒潮爆发前 36~48 h,乌拉尔山长波脊已移到西西伯利亚,温度脊与高度脊重合或超前于高度脊,脊前出现暖平流,脊后出现冷平流和负变温,则长波脊减弱东移,并导致寒潮爆发。

(2)低槽东移型寒潮的爆发

这类寒潮爆发的预报着眼点是:北支锋区上的低槽与中支锋区上的低槽合并,其上游有槽脊发展,经向环流增强,同时高空锋区和冷空气势力都加强,500 hPa 槽后出现低于 -40℃ 的冷中心时,则低槽在东移过程中将发展为东亚大槽。当冷空气到达蒙古后,地面冷高压加强南下,形成一次寒潮爆发。

(3)横槽型寒潮的爆发

此类寒潮爆发的关键是阻高和其前部横槽的形成,以及阻高崩溃引起横槽转竖。①乌拉尔山高压脊的发展,是由于欧洲低槽发展引起的,槽前暖平流自高压脊后部进入高压脊北部,促使高压脊向东北方向发展;有时北冰洋暖高压与乌拉尔山高压脊合并加强,于是建立起东北—西南向的阻高,而在阻高前部形成宽广的大横槽。在横槽维持阶段,对流层中、上层等压面上的地转涡度 ζ_g 和实测风涡度 ζ 分布呈东西向带状,正涡度中心位于槽线附近。②当欧洲大西洋沿岸新生的阻高前部有冷槽侵入乌拉尔山阻塞高压后部,或上游有减弱的低槽东移、正涡度平流侵入阻塞高压后部时,都会使阻高崩溃东移;当暖平流或负涡度平流进入横槽内,冷平流侵入横槽前部,而槽后出现暖平流时,横槽转竖。

7.2.3　西风带高压槽脊移动、发展的分析和预报

（1）槽脊移动的分析预报

高空槽脊移动和发展的分析和预报是进行寒潮冷空气堆积及爆发的分析和预报的基础。

高空槽脊的移动速度可以通过连续几张天气图上槽脊位置的变化来决定，并可用外推法或运动学公式来预报其未来的移动。根据运动学原理，如将坐标原点取在槽脊线上，x 轴取在系统移动方向的移动坐标系中，在系统强度不变时，由于移动坐标与固定坐标有以下关系：

$$\frac{\delta}{\delta t} = \frac{\partial}{\partial t} + C \cdot \bigtriangledown = 0 \tag{7.1}$$

由此可得槽脊线的移速 C 为：

$$C = -\frac{\partial}{\partial x}\left(\frac{\partial H}{\partial t}\right) / \frac{\partial^2 H}{\partial x^2} \tag{7.2}$$

式中：$-\frac{\partial^2 H}{\partial t \partial x}$ 为沿槽（脊）线的变高梯度。槽线上 $\frac{\partial^2 H}{\partial x^2} > 0$，所以槽向变高梯度方向移动，变高梯度愈大，$C$ 愈大，脊线则相反。槽（脊）线上瞬时变高反映槽脊强度的变化，但单纯由移动造成的 24 h 变高有滞后现象，即槽线上变高零线应落在槽后，脊线上变高零线应落在脊后。达到多大强度才能判断是槽脊发展的反映，应视槽的强度、移速不同而异，主要由经验决定。

由于涡度局地变化 $\frac{\partial \zeta}{\partial t}$ 和高度局地变化之间存在以下关系：

$$\frac{\partial \zeta}{\partial t} = -m_0 \frac{9.8}{f} \frac{\partial H}{\partial t} \tag{7.3}$$

式中：$m_0 = k^2 + l^2$，k，l 分别为 x，y 方向的波数。所以公式（7.2）中的变高 $\frac{\partial H}{\partial t}$ 可以用变涡（$\frac{\partial \zeta}{\partial t}$）代替。而 $\frac{\partial \zeta}{\partial t}$ 可根据涡度方程判断。由简化涡度方程可得：

$$\frac{\partial \overline{\zeta}}{\partial t} = -\overline{V} \cdot \bigtriangledown (\overline{\zeta} + f) - 0.6 V_T \cdot \bigtriangledown \zeta_T \tag{7.4}$$

式中：$\overline{\zeta}$，$\overline{V}$ 分别为平均层的涡度和风速，V_T 和 ζ_T 分别为热成风和热成风涡度。根据公式（6.4）可以求出涡度平流，类似（6.4）式也可求出热成风涡度平流。如本书第 6.3 节的介绍，可以利用高空天气图定性判断涡度平流和热成风涡度平流。对称槽（脊）因总是槽（脊）前正（负）涡度平流，槽（脊）后负（正）涡度平流，所以总是向前移动，槽（脊）愈深（强），移速愈慢。等高线的散合也可以影响槽脊的移速。在如图 7.6a 和图 7.6b 所

示的形势下,散合项在槽(脊)前(后)引起的涡度平流符号与曲率项一致,因此这类槽(脊)移速较快。而在如图7.6c和图7.6d所示的形势下,散合项引起的涡度平流项与曲率项因符号相反,因此其移速较慢。基本规则是槽(脊)前疏散,槽(脊)后汇合,则槽(脊)移动迅速;槽(脊)前汇合,槽(脊)后疏散,则槽(脊)移动缓慢。无论对称或不对称的槽脊都如此。

   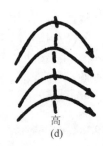

(a)　　　　　　(b)　　　　　　(c)　　　　　　(d)

图 7.6　辐合辐散项对槽脊移速的影响

（2）槽脊发展的分析预报

槽(脊)线上的高度局地变化可以表示槽(脊)强度的变化,当槽(脊)线出现负(正)变高时,槽(脊)加强,反之减弱。对称性槽(脊)的槽(脊)线上由于涡度平流为零,所以对称性槽脊没有发展,不对称槽脊则能发展。基本规则是疏散槽(脊)是加深(加强)的,汇合槽(脊)是填塞(减弱)的(图7.7)。

   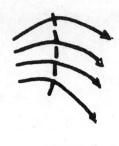

(a)疏散槽　　　　(b)汇合脊　　　　(c)汇合槽　　　　(d)疏散脊

图 7.7　疏散槽(脊)和汇合槽(脊)

考虑大气斜压性后,又可得出规则:当高度槽(脊)落后于冷(暖)舌时,槽(脊)将减弱,反之,当冷(暖)舌落后于高度槽时,槽(脊)将加强。

热成风涡度平流项和相对涡度平流项的作用应综合考虑。而且由于大气中温压场配置很复杂,所以必须对具体问题做具体分析。

§7.3　西风带长波的分析

大气长波亦称行星波或罗斯贝波,其波长 3000～10000 km,相当于 50～120 个经度,全纬圈一般有 3～7 个波,振幅一般为 10～20 个纬距,移速平均约在每天 10 个经度以下,有时则呈准静止,甚至后退。寒潮等大型天气过程一般都与大气长波的活动有着十分密切的联系。

7.3.1　长波的辨认

在每日天气图上,长波、短波同时存在,相互叠加,还可相互转化。一般情况下,长波和短波不易分辨,必须采用一些特殊方法才能辨认长波。长波辨认方法有制作时间平均图、制作空间平均图以及绘制平均高度廓线图等多种。其中,平均高度廓线图是辨认长波连续演变的一个比较简单的工具。

纬向平均高度廓线能表示长波个数和长波槽脊的演变,它实际上是高度随经度变化的曲线,高度数值沿纬圈读取。通常不是只取某个纬圈,而是取相邻几个纬圈的高度平均值,所以它代表某个纬带内平均长波的情况。然后,将连续几天的纬向平均高度顺序点绘在一张图上,并将长波槽脊系统连成一条线,表示它们随时间移动的情况。

7.3.2　长波的移动

长波的波速 C 可用长波波速公式来求得:

$$C = \bar{u} - \beta(\frac{L}{2\pi})^2$$

式中: $\bar{u}$ 为纬向基本气流速度, $\beta = \dfrac{\partial f}{\partial y} = 2\Omega\cos\varphi/R$, Ω、φ 和 R 分别为地球自转角速度、纬度和地球平均半径, L 为波长。根据长波波速公式,令 $\bar{u}_c = \beta(\dfrac{L}{2\pi})^2$, $\bar{u}_c$ 称为临界纬向风速。当 $\bar{u} > \bar{u}_c$ 时,波前进, $\bar{u} < \bar{u}_c$ 时波后退, $\bar{u} = \bar{u}_c$ 时波静止。令 $L_s = 2\pi\sqrt{u/\beta}$,(L_s 称为临界波长),则当 $L = L_s$ 时波静止, $L > L_s$ 时波后退, $L < L_s$ 时波前进。

7.3.3　长波的调整

长波调整指长波波数变化及长波更替的过程。长波槽脊新生,阻塞形势建立、崩溃、横槽转向,切断低压形成、消失等都属于长波调整过程。长波调整时,天气过程将发生剧烈的变化。在我国,多数寒潮爆发都与北半球长波调整相联系,而且表现为一次东亚大槽的重建过程,所以预报长波调整对预报寒潮有重要意义。

预报长波调整,不仅要考虑系统本身的温压场结构、地形影响,而且要注意周围系统,包括邻近的和远处的系统的影响。在以下一些情况下,常常会引起长波调整:

①由于高纬波系移速快于低纬,在适当情况下,可能发生高、低纬两支波系的南北向叠加,若两者同位相叠加合并,则波幅增大,低槽可能加深成长波槽;

②由于上游槽(脊)线转向,会引起紧接的下游脊(槽)的强度变化。

③上游效应(上游长波变化引起下游系统变化)和下游效应(下游长波变化引起上游系统的变化)都可引起长波调整。

预报长波调整还有以下一些定性经验:

①有强暖平流或上游有槽强烈发展的地区将有长波脊发展,平直气流上有不稳定短波发展,也将引起长波槽发展;

②平直西风带上,上游槽强烈加深,则下游一个波长处的槽也会加深;

③上游波长接近静止波波长,且为冷槽暖脊,未来长波调整将在下游开始;

④实际波长大大超过静止波长时,长波将发展,若上游已有长波槽脊发展,则可预报下游地区将有长波调整;

⑤太平洋和大西洋为长波调整关键区。北半球的长波调整往往先从关键区开始,然后向下游传播。所以应重视北美大槽、北大西洋暖脊以及东亚大槽的变化。

实习十一　寒潮天气过程个例分析

一、目的要求

①完整地分析一套全国寒潮天气过程个例图。
②较正确地分析寒潮天气过程中的主要影响系统。
③制作 500 hPa 影响槽、地面寒潮冷锋及冷高压中心活动综合动态图 2 张。
④概述这次寒潮天气过程概况、过程特点和寒潮南下的预报着眼点。

二、实习内容

①资料
分析 1970 年 11 月 11—14 日高空、地面天气图共 6 张,参考图 2 张。
分析图为:1970 年 11 月 12 日 08 时的地面天气图,500 hPa、850 hPa 的高空图;1970 年 11 月 13 日 08 时的地面天气图,500 hPa 和 850 hPa 的高空图。参考图(图7.8,图7.9)为 1970 年 11 月 11 日 08 时地面图和 500 hPa 高空图。

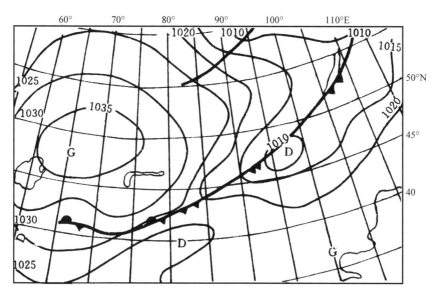

图 7.8　1970 年 11 月 11 日 08 时地面形势

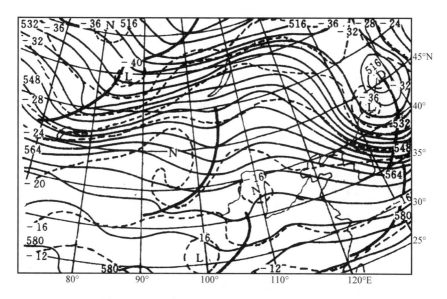

图 7.9　1970 年 11 月 11 日 08 时 500 hPa 形势图

②制做综合动态图

• 地面锋面、冷高压中心(强度、日期)综合动态图 1 张。

• 500 hPa 影响槽及对应地面锋面活动综合动态图 1 张。

三、天气分析中的提示

(1)1970 年 11 月 10—14 日寒潮天气过程概况

从欧洲西部及北部移来的冷空气从 11 月 11 日开始自西向东、自北向南先后影响我国。冷高压前沿的冷锋 11 月 10—11 日以东移为主,11 日冷锋已影响新疆北部。11—12 日随着地面冷高压增强,寒潮冷锋转为向东南下,12 日,冷锋已移到东北地区西北部经中蒙交界处到河套西北部。13 日南压到山东半岛—河套地区,14 日冷锋压过长江流域以南地区,15 日冷锋进入南海,全国性寒潮结束,如图 7.10 所示。

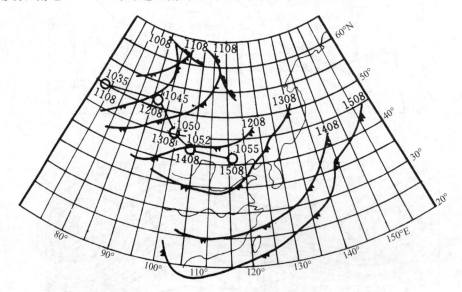

图 7.10　1970 年 11 月 10—14 日寒潮天气过程综合动态图

受冷空气影响,我国大部分地区出现了大幅度的降温,不少地区 24 h 降温达 10℃以上,同时陆地和沿海地区及海上出现了 6～7 级偏北大风,海上平均风力达 7～8 级。

随着冷空气入侵,12—14 日东北大部分地区降了雪,个别站达大到暴雪,13—15 日长江以北广大地区下了雨。

从降温、大风出现的幅度及范围来看,均够全国性寒潮标准。

(2)1970 年 11 月 10—14 日寒潮过程的特点

①500 hPa 图上,整个过程环流为槽脊移动型,是东亚大槽重新建立的过程。过程前期,影响槽是从欧洲西南部移来的小槽,11 月 10 日这个槽已移到乌拉尔山南部,并有-40℃冷中心相配合,槽后有弱脊伴随移出。值得注意的是,从新地岛—喀拉海的冷低压中摆出一个小槽(中央气象台称它为赶槽),在槽线附近等高线疏散,并有-40℃冷温槽配合,这股冷空气沿西欧脊前西北气流快速东南下,追赶自欧洲东移过来的前部冷

空气,11日冷中心增强到－44℃,大有与欧洲东移过来的冷空气合并之势。12日新来的冷空气并入,使得西来槽借助有利的下坡地形在贝加尔湖西部得以加深发展。同时,青藏高原也有小槽东移,它有利于引导北方冷空气南下。

11日500 hPa图上在34区已有暖平流输送,预示这一地区高压脊将继续发展。12日脊发展东移到乌拉尔山以东地区,脊前西北气流加大,有利于引导冷空气向东南方向移动。而原在东亚沿岸的大槽已东移减弱,从上下游效应看,整个环流已开始调整。可以预计贝加尔湖西部的短波槽未来大有发展加深的可能,并东移代替原来减弱的东亚大槽,完成一次全国寒潮天气过程。

②过程初期,由欧洲移来的冷高压10日移到咸海附近,强度只有1029 hPa,中心附近气温最低仅－5℃。由于从喀拉海低压中移出一个小槽,同时带出一股新鲜冷空气沿高空脊前西北气流东南下,反映到地面图上,在29区有一条副冷锋新生,并东南移动追赶从欧洲来的冷锋;在咸海,冷高压中心向东北东方向移动,强度随之增强到1039 hPa,当高空两股冷空气合并时,对应地面副冷锋并入前部主锋中,地面冷高压中心猛增到1052 hPa,加上冷空气堆夜间移至萨彦岭－阿尔泰山一带,有利的山地地形引起的强烈辐射冷却作用也是冷高压中心强度猛增的原因之一。这时在冷高压中心附近一些测点的气温最低值已降到－24℃,已具备了寒潮冷高压的强度。13—14日地面冷高压中心增强到1052 hPa,并随着高空西北气流向东南移动,推动着冷高压前沿的冷锋南下(15日冷锋进入南海)。

四、寒潮南下的预报着眼点

冬半年从欧洲东移的低槽是常见的,但并不是每个低槽都能引起寒潮爆发。只有当西来低槽移过萨彦岭和阿尔泰山后有利的下坡地形下得到加深后,才能引导北方冷空气向南爆发。

这次寒潮过程中西来的影响槽移经萨彦岭和阿尔泰山时,正值从新地岛与喀拉海摆出来的新鲜冷空气追来与西欧移来的冷空气合并促使冷空气强度增强,并借助于有利的下坡地形得以加深。而槽后的高压脊,脊后有暖平流输送,同时暖温脊落后高度脊,高压脊发展加强,造成脊前西北气流的加大,加速北方冷空气南下,与此同时,正好从青藏高原上移过一小槽,小槽槽前等高线疏散有利于过山后的西风槽向南加深,共同引导北方冷空气南下。

700 hPa和850 hPa低层流场的分布,也有利于北方冷空气的南下。11日08时,700 hPa和850 hPa上,从贝加尔湖到我国新疆北部,有一较强的锋区,高压脊前冷平流较强,趋势直指蒙古和我国西北地区。12日08时,高空锋区东部已东南移到我国东北地区西北部,锋区西端已到哈密,并且锋区后部的冷温度中心强度也增强,在850 hPa上由－20℃的冷中心增强至－24℃,随着冷空气的南下,冷温度中心继续增强到－29℃。

一般情况下,西方路径的寒潮强度是较弱的。这次西方路径的冷空气活动,本身冷空气位置偏南,又经长途跋涉,气团变性,但是由于有了北方新鲜冷空气的补充,造成了这次强寒潮过程。

此次寒潮天气过程综合动态图如图 7.10 所示。

五、思考题

①试说明寒潮过程中地面锋面和冷高压中心的活动特点。

②结合本个例说明 500 hPa 上的高度槽是如何对地面锋面活动起作用的。

③在预报寒潮南下时的着眼点是什么?

实习十二　长波计算和分析

一、目的

学会应用长波原理,辨认并判别长波是前进或后退,利用长波调整来预报短波槽的发展。

二、要求

①学会绘制连续性图的方法。

②应用地转风公式来求 u 值。

③学会辨认长波。

④计算连续几天 500 hPa 图上的波长及静止波长,判别其是前进或后退。

⑤利用长波调整原理来分析 1970 年 11 月 12—15 日寒潮爆发的原因。

三、资料

1970 年 11 月 7 日 08 时至 15 日 08 时 500 hPa 高度场上,(35°~65°N,30°~160°E)区域内每隔 10 个经纬度上的高度值(单位:dagpm),见表 7.1。

四、实习步骤

(1)用纬向平均高度廓线表达出长波槽脊的演变情况

1)原理

纬向平均高度廓线实际上是高度随经度变化的曲线,而高度数值是沿纬圈读取,通常不是只取某个纬圈,而是取相邻两个纬圈的高度平均值,所以它代表某个纬带内平均长波情况。然后,将连续几天的纬向平均高度,顺序点绘在一张图上,并将长波槽脊系统连成一条线,表示出它们随时间移动的情况。

2)操作方法

①纬带的选择:为了表示这次西风带槽脊活动情况,我们在 500 hPa 图上选择了 $(35°\sim65°N,30°\sim160°E)$ 区域来表达长波移动、演变情况。

②读数:沿所取纬带内的纬圈,每隔 10 个经度读取一个高度值(内插读取)(资料见表 7.1)。

③目的:为了平滑掉短波槽脊,显示出长波移动情况,我们采用了四点法,网格取法见图 6.27,其中 d 为步长,取 10 个经纬度,求平均公式为:

$$\overline{H} = \frac{1}{4}\sum_{n=1}^{4}H_n$$

即中心 O 点的高度值为周围四个点的高度值和的平均。

表 7.1 连续性图资料(纬向平均高度廓线)

		40°E	50°E	60°E	70°E	80°E	90°E
	55°N	529	532	531.75	531	534	636.75
7	45°N	552.25	557.5	560.75	561.25	559	560.25
日	$\sum H$	1081.25	1089.5	1092.5	1092.25	1093	1097
	H	540.625	544.75	546.25	546.125	546.5	548.5
		100°E	110°E	120°E	130°E	140°E	150°E
	55°N	539.5	541.25	538.5	532.75	529.75	528
7	45°N	563	560.5	554.5	549.75	540.25	543
日	$\sum H$	1102.5	1101.75	1093	1082.5	1070	1071
	H	551.25	550.875	546.5	541.25	535	535.5
		40°E	50°E	60°E	70°E	80°E	90°E
	55°N	526.75	529.5	536.75	539.5	541.5	538.25
8	45°N	547.5	554	561.75	567	564.75	562.5
日	$\sum H$	1074.25	1083.5	1098.5	1106.5	1106.25	1100.75
	H	537.125	541.75	549.25	553.25	553.125	550.375
		100°E	110°E	120°E	130°E	140°E	150°E
	55°N	537.25	538.5	537.25	530.5	528	523.5
8	45°N	561.5	557.5	555	551.25	543.75	542.25
日	$\sum H$	1090.75	1096	1092.25	1081.75	1071.75	1065.75
	H	549.375	548	546.125	540.875	535.875	532.875

续表

		40°E	50°E	60°E	70°E	80°E	90°E
	55°N	527	524.25	525.25	533.75	541.25	544.25
9	45°N	549	547.25	552	556.5	565.5	566.75
日	ΣH	1076	1071.5	1077.25	1090.25	1106.75	1111
	H	538	535.75	538.625	545.125	553.375	555.5

		100°E	110°E	120°E	130°E	140°E	150°E
	55°N	539.5	531	528.5	529	526	522.75
9	45°N	559.25	552.75	548.5	548.25	548.25	545.5
日	ΣH	1098.75	1083.75	1077	1077.25	1074.25	1068.25
	H	549.375	541.875	538.5	538.625	537.125	534.125

		40°E	50°E	60°E	70°E	80°E	90°E
	55°N	532.25	530	528.25	528	531.75	535.25
10	45°N	552	553	552.25	554.25	557	561.75
日	ΣH	1084.25	1083	1080.5	1082.25	1086	1097
	H	542.125	541.5	540.25	541.125	544.375	548.5

		100°E	110°E	120°E	130°E	140°E	150°E
	55°N	537.25	535.5	525.75	522.5	523.75	525.75
10	45°N	562.75	553.25	543.75	538.75	544.25	548.5
日	ΣH	1100	1088.75	1069.5	1061.25	1068	1074.25
	H	550	544.375	534.75	530.625	534	537.125

		40°E	50°E	60°E	70°E	80°E	90°E
	55°N	533.75	536.75	536.5	533.25	531.25	531.25
11	45°N	552	555.5	556	558	556.5	554.25
日	ΣH	1087.75	1092.25	1092.5	1091.25	1087.75	1085.5
	H	542.875	546.125	546.25	545.625	543.875	542.75

		100°E	110°E	120°E	130°E	140°E	150°E
	55°N	528.25	529.25	527.75	521.75	521.5	529.25
11	45°N	555.25	554.25	546.75	539.25	538.75	546.25
日	ΣH	1083.5	1083.5	1074.5	1061	1060.25	1075.5
	H	541.75	541.75	537.25	530.5	530.125	537.75

续表

		40°E	50°E	60°E	70°E	80°E	90°E
	55°N	525.25	536.75	545	548.5	542.25	543.75
12	45°N	552.5	557.25	560	562.25	562	556.25
日	$\sum H$	1077.75	1094	1105	1110.75	1104.25	1091
	H	538.825	547	552.5	555.325	552.125	545.5

		100°E	110°E	120°E	130°E	140°E	150°E
	55°N	528.5	521.5	516	516.25	512.75	513.25
12	45°N	548.25	548	551.25	548.5	540.25	520.5
日	$\sum H$	1076.75	1069.5	1067.25	1064.75	1053	1033.75
	H	538.375	534.75	533.625	532.375	526.5	516.875

		40°E	50°E	60°E	70°E	80°E	90°E
	55°N	537	528.5	532.25	543.25	552.5	546
13	45°N	555	546.5	555.75	564.25	568.25	557.5
日	$\sum H$	1092	1075	1088	1107.75	1120.75	1103.5
	H	546	537.5	544	553.875	560.375	551.75

		100°E	110°E	120°E	130°E	140°E	150°E
	55°N	533	524.25	513.5	509.25	508	511
13	45°N	550.75	535.5	531.25	540.5	550.75	545.25
日	$\sum H$	1083.75	1059.75	1044.75	1049.75	1058.75	1056.25
	H	541.875	529.825	522.125	524.825	529.375	528.125

		40°E	50°E	60°E	70°E	80°E	90°E
	55°N	548.5	546	533.25	527.5	543.5	552
14	45°N	570.5	563.25	551.25	555.25	566.25	566.25
日	$\sum H$	1119	1109.25	1084.5	1082.75	1109.75	1118.25
	H	559.5	554.625	542.25	541.375	554.825	559.125

		100°E	110°E	120°E	130°E	140°E	150°E
	55°N	538	538.25	521.25	507	500.5	511.25
14	45°N	548	548.25	531.75	520.5	532.75	553
日	$\sum H$	1086	1086.5	1053	1027.5	1033.25	1064.25
	H	543	543.25	526.5	513.75	516.625	532.125

续表

		40°E	50°E	60°E	70°E	80°E	90°E
	55°N	557	545.25	534.5	530.5	534.25	532
15	45°N	570.25	573.5	569.25	560.5	559.25	562.75
日	$\sum H$	1027.25	1118.75	1103.75	1091	1093.5	1094.75
	H	513.625	559.375	551.825	545.5	546.75	547.375
		100°E	110°E	120°E	130°E	140°E	150°E
	55°N	541	540.5	524.5	507.25	500.5	504.25
15	45°N	559	556	542.75	523.25	516.25	520.75
日	$\sum H$	1100	1096.5	1067.25	1030.5	1016.75	1025
	H	550	548.25	533.625	515.25	508.375	512.5

例如,求(40°E,55°N)这点平均高度值,则:

$$H = \frac{1}{4}(513 + 519 + 557 + 527) = 529(\text{dagpm})$$

以此类推。

④将 45°～55°N 纬带上求得的平均高度值,按同一经度再求一次数学平均值,得出沿 50°N 纬度附近长波活动情况。例如,11 月 9 日,(40°E,55°N)处平均高度为 527 dagpm,(40°E,45°N)处平均高度为 549 dagpm,则:

$$H = \frac{527 + 549}{2} = 538(\text{dagpm})$$

用此法求出沿 50°N 纬圈上从 40°～150°E 的平均高度数值,然后将得到的 50°N 纬圈上的各平均高度值点在以纵坐标为 50°N 纬带上各平均高度值,横坐标为 40°～150°E(每隔 10 个经度点一个纬度上的高度值)的坐标纸上,从 11 月 7—15 日,可绘制出一组曲线,每根曲线表示了每天沿 50°N 平均高度分布廓线,参考高空图,从逐日廓线上定出逐日长波槽脊连续演变位置。

注意,坐标间距选取应考虑以下两点:

①横坐标不要取得太大,否则波谷、波峰不清楚;

②两个时刻之间的纵坐标的滑动距离要取得适当,滑动距离以两条曲线不相交为宜。

(2)判别长波是前进或后退

1)用等压面地转风公式求 u 值:

$$\overline{u} = \frac{9.8}{f}\frac{\Delta H}{\Delta n}$$

$$f = 2\omega\sin\varphi, \varphi = 50°N$$

$$\Delta n = 30 \text{ 个纬距}(35° \sim 65°\text{N})$$

式中：ΔH(dagpm)可以用每天 500 hPa 上 35°N 纬圈上平均高度值减去 65°N 纬圈上平均高度值得出其逐日值(资料见表 7.1)。

2)求 L 波长

①取 50°N 附近的长波活动情况，须求出 50°N 处地球周长。

$$C' = 2\pi r = 2\pi R \cos\varphi$$

式中：R 为地球平均半径，$\varphi=50°$N。

②取 10 个经度弧长

$$\frac{C'}{360} \times 10 = \frac{C'}{36} (\text{km})$$

③在每天平均高度廓线上可读取波长(经度数以 10 个经度为单位)n 个，则 $L=n$ 个经度数$\times \dfrac{C}{36}$(km)。

3)求 L_s 波长

$$L_s = 2\pi\sqrt{\frac{u}{\beta}}, \beta = \frac{2\Omega\sin\varphi}{R}$$

比较 L 与 L_s 波长，判别其前进或后退。

(3)列表 $L, \overline{u}, \overline{u}_C, L_s$ 和 C 等参数的计算结果

将逐日 $L, \overline{u}, \overline{u}_C, L_s$ 和 C 等参数的计算结果列在表 7.2 中，并应用长波调整原理来说明 1970 年 11 月 12—15 日寒潮爆发的原因。

表 7.2　各参数逐日演变情况一览表

	7 日	8 日	9 日	10 日	11 日	12 日	13 日	14 日
L								
$\overline{u}$								
$\overline{u}_C$								
L_s								
C								

第 8 章　大型降水过程的分析

§8.1　中国大型降水过程及暴雨概述

8.1.1　中国的大型降水过程

这里所讲的大型降水过程主要是指范围广大的降水过程,包括连续性或阵性的大范围雨雪及夏季暴雨等。在我国东部大多数地区都有较明显的雨季和干季之分,所谓雨季即为连阴雨雨期。

我国各地雨季起讫时间不同,东部地区各地的雨期,基本由主要的大雨带南北位移所造成,而大雨带的位移又与西太平洋副高脊线、100 hPa 上青藏高压、副热带西风急流以及东亚季风的季节变化有关。据统计,候平均大雨带从 3 月下旬至 5 月上旬停滞在江南地区(25°~29°N),雨量较小,称为江南春雨期;5 月中旬到 6 月上旬(25d 左右)停滞在华南,雨量迅速增大,形成华南雨季的第一阶段,称为华南前汛期盛期;6 月中旬至 7 月上旬(约 20d),则停滞在长江中下游,称为江淮梅雨;从 7 月中旬至 8 月下旬(约 40d),停滞在华北和东北地区,造成华北和东北雨季。这时华南又出现了另一个大雨带,是由热带天气系统所造成的,形成华南雨季第二阶段,称为华南后汛期;从 8 月下旬起大雨带迅速南撤,9 月中旬至 10 月上旬停滞在淮河流域,雨量较小,称为淮河秋雨期。此后,全国降水全面减弱。

8.1.2　中国的暴雨

在我国,暴雨通常是指 24 h 降水量(R_{24})≥50 mm 的降水事件。暴雨还常常进一步划分为暴雨、大暴雨和特大暴雨(如附录 5 所示),在这种情况下"暴雨"专指降水强度为 50 mm<R_{24}≤100 mm 的降水事件。对于一次降水过程而言,往往连续数日,若累积降水量≥400 mm 称之为大暴雨过程,若累积降水量≥800 mm 则称为特大暴雨过程。

中国地域广阔、气候多样,各地的降水有明显的地理、气候特征,且各地抗御洪涝的自然条件各异,因此,有时各地都有本地的暴雨定义或标准。例如,在华南地区,降水强度一般较大,泄洪条件一般较好,因此,R_{24}≥80 mm 才称为暴雨。而有些地区降水量气候平均较小,因此,R_{24}不到 50 mm 便称为暴雨。如东北地区有时把 R_{24}≥30 mm 称为暴雨,西北地区把 $R_{24} \geqslant 25$ mm 就称为暴雨。一般来说,各地以当地年总降水量气候平均值的 1/15 作为暴雨的标准,凡 $R_{24} \geqslant$ 年总降水量的 1/15,便称为暴雨。

形成暴雨要求有充分的水汽、强烈的上升运动,而且降水要持续较长的时间。在特定的天气形势下,当天气尺度系统移动缓慢或停滞,很容易形成特大暴雨。我国的特大暴雨和连续暴雨除由单纯的热带天气系统引起的以外,多发生在夏季副高北部的副热带锋区上,并与两类稳定的长波流型:稳定纬向型和稳定经向型密切相关。前者的特征是东亚上空南支锋区比较平直,副高脊呈东西向,在平直西风带中,不断有小槽东移,低空有东西向切变线,地面为静止锋。后者的特征是副高呈块状,位置偏北而稳定,其西侧长波槽稳定,槽前维持明显的经向偏南气流,低空有南北向或东北—西南向切变线。在稳定的大形势背景下,短波槽、低涡、气旋等天气尺度系统的活动,造成一次次的短期暴雨过程,而在一定的天气尺度系统的背景下,许多中、小尺度系统发生、发展造成一次次的短时暴雨过程。行星尺度、天气尺度和中小尺度系统的共同作用便造成了持续性的暴雨过程。

§8.2　江淮梅雨

8.2.1　江淮梅雨及其环流特征

每年夏初,在湖北宜昌以东 28°~34°N 的江淮流域常会出现连阴雨天气,称为江淮梅雨。梅雨降水一般为连续性的,但常间有阵雨或雷雨,雨量有时可达暴雨。

典型梅雨一般出现在 6 月中旬至 7 月上旬,有的年份梅雨远早于典型梅雨,平均开始日期为 5 月 15 日,称为早梅雨或迎梅雨,有的年份无梅雨,称为空梅。

典型江淮梅雨的形成有其明显的环流特征:

①在高层(100 hPa 或 200 hPa),主要的环流特征是江淮上空有一暖性反气旋。这是从青藏高原东移过来的南亚高压。高压的北侧和南侧分别有西风急流和东风急流。

②在中层(500 hPa),主要的环流特征是西太平洋副高脊线稳定在 22°N 左右,印度东部或孟加拉湾一带有稳定的低槽,长江流域盛行西南风,并与来自北方的偏西气流构成气流汇合区。在高纬,欧亚大陆呈现阻塞形势。有三类情况,第一类是有三个阻塞高压(三阻型),自东向西分别位于亚洲东部雅库茨克一带,西伯利亚的贝加尔湖一带以及欧洲东部一带。在这些阻高南部中纬地带(35°~45°N)是平直西风带,且有锋区配合,并不断有短波槽生成东移。第二类是有两个阻高(双阻型),西阻位于乌拉尔山附近,东阻则在雅库茨克附近。两个阻高之间为一宽广的低压槽,35°~45°N 为平直西风带。第三类是只有一个阻高(单阻型),这个阻高一般位于贝加尔湖北方,而东北低槽的尾部可伸至江淮地区上空。"双阻型"在梅雨期和后期容易出现,一般称其为"标准型"。

③在低层,850(或 700)hPa 有江淮切变线,其南侧有西南风低空急流。切变线上常有西南低涡东移。在地面则有静止锋,并有静止锋波动,产生江淮气旋。

8.2.2　1991 年的江淮梅雨

1991 年江淮梅雨从 5 月 19 日起就早早地开始,而一直到 7 月 13 日才迟迟结束。长时间的梅雨,使江淮地区降雨量比常年同期多达 1~3 倍,因此造成这一地区特大洪涝灾害。

根据研究,1991 年西太平洋副高脊线在 5 月 25 日向北移,稳定到 20°N 以北。副高脊线稳定到 20°N 以北的时间提早 20d 左右,这是这一年梅雨早的原因之一。原因之二是 1991 年青藏高原季节性增暖也比常年早。增暖早的原因可能与 1990—1991 年冬、春两季青藏高原积雪偏少有关。同时在 1991 年 7 月 1 日前西太平洋地区的 ITCZ 长期不活跃,使副高活动不容易偏北,而长期维持在一定位置上,这可能是梅雨维持时间很长的原因之一。但由于受北方冷空气的侵入,副高也有过几次南压,造成梅雨几次中断。分析研究还表明,1991 年 4—5 月在孟加拉湾地区曾出现过两次强热带风暴,可能有利于这一地区水汽积聚。水汽通量的分析表明,在每次梅雨活跃时段中孟加拉湾和南海都有水汽输入大陆,其中以孟加拉湾水汽输送为主。在梅雨期间,每当青藏高原北部有低压系统云系东移并与梅雨锋云系相连接时,便有一个 α 中尺度系统发展并引起暴雨。中尺度天气分析表明,每次暴雨过程中都有很多中尺度雨团活动,它们的移动路径集中,因此往往造成局地暴雨和洪涝。这种短期暴雨过程在整个梅雨期发生多次,1991 年 7 月 6 日的江淮暴雨过程便是其中的一次。这次暴雨过程与一个中尺度气旋的发生、发展紧密相连。

§8.3　降水条件的诊断分析

形成较强降水要求具备两个基本条件,即有充沛的水汽和较强的上升运动。这里介绍它们的诊断方法。

8.3.1　水汽条件的分析

在日常降水天气分析中,对水汽条件的分析最主要关心低层大气的湿度。大气湿度的大小可用比湿、露点温度来表示,温度露点差、相对湿度则表示空气的饱和程度。同时还须注意湿层厚度。在南方,要形成暴雨一般都要求 850 hPa 比湿达 14 g/kg 以上或 700 hPa 比湿达 8 g/kg 以上。很多强降水过程发生时 850 hPa 上常有湿舌由南向北伸展。

产生降水的水汽主要是从外部流入的。水汽平流是表示水汽水平输送的物理量。

在 850 hPa 或 700 hPa 图上绘制等露点线或等比湿线,再根据等高线与等比湿线相交的情况来判定水汽平流的大小。风速大、等比湿线密集且与风向接近正交,则表示有较强的水汽平流。

水汽凝结量主要来自水汽通量散度的贡献。因此在进行降水条件分析时,常须计算水汽通量散度值的大小。水平方向的水汽通量散度 A 的表达式为:

$$A = \nabla \cdot \left(\frac{1}{g}\boldsymbol{V}q\right) = \frac{\partial}{\partial x}\left(\frac{1}{g}vq\right) + \frac{\partial}{\partial y}\left(\frac{1}{g}vq\right) \tag{8.1}$$

并可用下式来表示实际计算:

$$A_O = \frac{m}{2d}\left[\left(\frac{1}{g}uq\right)_D - \left(\frac{1}{g}uq\right)_B + \left(\frac{1}{g}vq\right)_A - \left(\frac{1}{g}vq\right)_C\right] \tag{8.2}$$

式中:A_O 表示 O 点的水汽通量散度,$A_O > 0$ 为水汽通量辐散,$A_O < 0$ 为水汽通量辐合,A_O 的单位为 $g/(s \cdot cm^2 \cdot hPa)$,$u$、$v$ 分别为风的水平分量,q 为比湿,下标 A、B、C、D、O 分别为正方形网格的格点,d 为网格距(图 8.1),m 为地图投影放大系数。

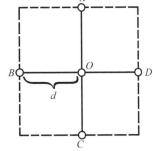

图 8.1　正方形网格示意图

8.3.2　垂直运动的分析

垂直运动不仅直接与云雨等天气现象相联系,而且其分布和变化对天气系统的发展也有重要影响。垂直运动速度一般只通过计算求得。计算方法很多,常用的有积分连续方程法、ω 方程法、绝热法、从降水量反算垂直速度等。其中,积分连续方程法(即运动学法)应用最多。该法原理是,根据连续方程可推得,任意等压面 P 上的垂直速度 ω_P 为起始等压面 P_0 上的垂直速度 ω_{P0} 与两层之间的平均散度 $\overline{D}$ 与气压差 $(P_0 - P)$ 的乘积之和,即:

$$\omega_P = \omega_{P0} + \overline{D}(P_0 - P) \tag{8.3}$$

式中:$\overline{D} = \frac{1}{2}(D_{P0} + D_P)$,而

$$D_P = \frac{m}{2d}(u_D - u_B + v_A - v_C) \tag{8.4}$$

利用(8.3)式便可在求得各层散度之后,自下而上一层一层地算出各层的垂直速度。但是这样算出的垂直速度必须进行订正,因为计算误差随高度升高而积累,到了大气上界就不能满足 $\omega_{上界} = 0$ 的边界条件。订正的方法是人为地令其满足边界条件 $\omega_{地面} = 0$ 及 $\omega_{上界} = 0$,然后将由此引起的与计算值的差值线性地分配至各层,从而得到各层的误差订正值。具体方法和步骤是:首先按公式(8.5)算出各层 ω_K:

$$\omega_K = \omega_{K-1} + \overline{D}_K \cdot \Delta P$$

$$\omega_N = \omega_0 + \sum_{i=1}^{N} \overline{D}_K \cdot \Delta P \tag{8.5}$$

式中：$K=1,2,\cdots,N$ 为层次序号，N 为最高层序号。然后，按公式(8.6)求出各层经订正后的垂直速度 ω'_K：

$$\omega'_K = \omega_K - \frac{K}{N}(\omega_N - \omega_T) \tag{8.6}$$

其中，$\omega_T = \omega'_N$，ω'_N 为经过修订后的最高层垂直速度。若最高层为 100 hPa，并设订正后的 100 hPa 垂直速度为 0，则 $\omega_T = 0$。但是，由于 ω 进行了订正，散度 D 也必须随之订正，最后由于散度订正又必须修改 ω，所以最后的计算公式为：

$$D'_K = D_K - \frac{K\omega_N}{M\Delta P} \tag{8.7}$$

$$\omega'_K = \omega_K - \frac{K(K+1)}{2M}\omega_N \tag{8.8}$$

$M=\frac{1}{2}N(N+1)$，它是一个只与总层数 N 有关的常数。关于计算垂直速度的详细讨论可参见《天气学原理和方法》一书的第 11 章。

实习十三　梅雨天气过程个例分析

一、目的要求

(1)天气图的分析

要求较准确地分析梅雨期间 500、700、850 hPa 及地面图上的关键系统。500 hPa 图上注意高纬阻高、长波槽、低纬副高、孟加拉湾槽的分析；中纬则注意平直环流、中短波槽位置的确定，特别注意短期内对所在测站有影响的上游短波槽的分析；700、850 hPa 图上，要能准确确定出江淮切变线、切变线上西南涡的位置；地面图上能准确定出梅雨锋及梅雨锋上的气旋波。

(2)天气过程方面

能够描述 500 hPa 大环流形势，进一步认识大尺度系统对梅雨所起的作用及其对天气尺度、中间尺度系统的制约作用；加深对高、中、低空短波系统如 500 hPa 西风槽，700 hPa、850 hPa 西南涡，以及地面气旋波、切变线、梅雨锋、低空急流等系统的相互配置及与强降水间关系的理解。

(3)了解梅雨期短期降水预报的思路

二、实习内容

(1)分析 6 张天气图

分析 1991 年 7 月 3 日 08 时和 7 月 4 日 08 时 500 hPa、850 hPa 图及地面图各一张。

(2)提供 3 张参考图

参考图见图 8.2～图 8.4。

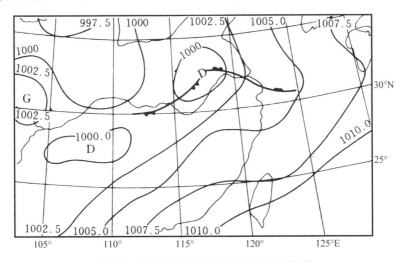

图 8.2　1991 年 7 月 3 日 14 时地面天气图

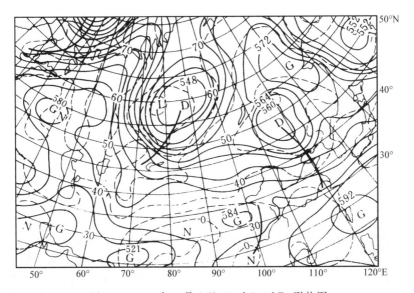

图 8.3　1991 年 7 月 2 日 08 时 500 hPa 形势图

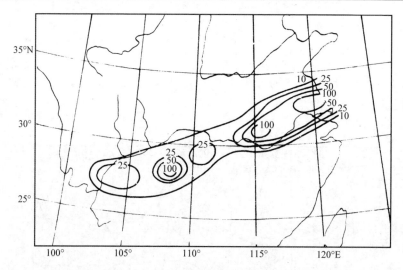

图 8.4　1991 年 7 月 3—4 日降水量图(单位:mm)

(3)制作 3 张图

①7 月 3 日 08 时 500 hPa 槽、850 hPa 低涡、地面气旋波、高低压系统配置图一张。

②7 月 3 日 08 时 850 hPa 切变线、低涡、低空急流、($T-T_d$)等综合图一张。

③500 hPa 槽线、地面波动综合动态图一张。

(4)预报

试用 7 月 3 日 08 时天气图做 7 月 3 日 08 时到 4 日 08 时南京地区降水预报。

三、分析提示

(1)降水概况

1991 年梅雨从 5 月 19 日开始到 7 月 13 日结束,历时达两月之久,造成了江淮地区特大洪涝灾害。这次梅雨过程可分为三个阶段,本个例分析的是第三阶段(6 月 28 日至 7 月 13 日)典型梅雨过程中的一次短期暴雨过程(7 月 3—4 日)。这次过程,南京日降水量达 71 mm,最大日降水量在高邮站,达 207 mm,成片暴雨区西至汉口,东至东台,南到安庆,北达盱眙(图 8.4)。

(2)环流形势特点(500 hPa 图)

①高纬:典型的双阻型,7 月 2 日东阻高位于俄罗斯雅库茨克附近,西阻高位于俄罗斯莫斯科附近,两阻高间,从巴尔喀什湖到贝加尔湖为宽广的低槽区(图 8.3)。7 月 3 日 08 时大环流形势少变,但西阻高强度有所减弱,在原阻高中心西边,瑞典斯德哥尔摩附近出现强度为 585 dagpm 的高压中心,阻高脊向西北伸。7 月 4 日 08 时,莫斯科阻高中心消失,其西边阻高加强西伸,东阻高位置少变,高纬仍为双阻型。

②中纬:阻高南部,中纬地区(30°～50°N)为平直西风环流区,对本次过程有影响的小槽,7 月 3 日 08 时位于太原、西安、重庆一线。

③低纬:西太平洋副高呈东西带状分布,120°E 处脊线在 22°N 附近,孟加拉湾为低槽。

上述环流形势为暴雨的产生提供了一个背景场,使得冷暖空气交汇于江淮流域上空,而在天气图上所能观察到的直接影响系统,却是天气尺度和中间尺度系统。

(3)影响系统

对暴雨有直接关系的天气尺度系统是:

①500 hPa 图上,7 月 3 日 08 时,太原、西安、成都一线的小槽(以下简称影响槽)。

②700 hPa、850 hPa 图上,江淮流域上空维持一切变线,并有西南涡生成东移,7 月 3 日 08 时,850 hPa 图上,低涡中心位于汉口西北侧,此时仅有环流中心,无闭合等高线。在切变线南侧有一支宽广的西南偏南风低空急流,风速均在 12 m/s 以上,大部地区为 16～18 m/s。

③地面图上,江淮流域为梅雨锋控制,梅雨锋上有气旋波生成东移,7 月 3 日 08 时波动中心位于汉口西北侧、中空西南涡的东南侧。

四、预报提示

在上述梅雨形势已经建立,且短期内无大变化的情况下,要利用 7 月 3 日 08 时天气图做 24 h 南京地区降水预报,关键是看天气尺度和中间尺度系统及它们的相互配置。根据经验,梅雨期中的大到暴雨常与梅雨锋上的气旋波对应,一次锋面波动的东移,将在波动所经路径上产生一次暴雨过程。从上面的分析已知,7 月 3 日 08 时地面图上在汉口西北侧有一地面波动形成,对应上空有西南涡,因此,预报的关键是看此波动是否东移发展,何时影响南京。根据形势预报原理,预报地面波动的移动发展,须从高空形势出发,因此要注意分析以下几点:①地面波动位于 500 hPa 影响槽什么位置? ②影响槽的温度场配置如何? 未来 24 h 东移发展与否? ③地面波动东移发展与否? ④南京位于波动的什么部位? 未来 24 h 降水情况如何? 是否有暴雨?

五、思考题

(1)描述 7 月 3 日 08 时 500 hPa 大环流形势(分高、中、低纬),说明各系统在梅雨过程中所起的作用。

(2)对 7 月 3 日 08 时至 4 日 08 时南京地区暴雨有影响的天气尺度系统是什么? 它们之间如何配置最有利于强降水的发生? 为什么?

第9章　对流性天气过程的分析

§9.1　对流性天气过程的成因分析及天气预报

　　雷暴、冰雹、飑、龙卷等由大气中旺盛对流所产生的严重灾害性天气统称为对流性天气。由气块垂直运动方程：

$$\frac{dW}{dt} = g\frac{\Delta T}{T} \tag{9.1}$$

式中：ΔT 为气块与环境温度差，T 为环境温度，W 为气块垂直速度。可知，对流运动是由浮力作用造成的。将(9.1)式等号两边分别对高度积分可得：

$$\Delta\left(\frac{W^2}{2}\right) = -\int_{P_0}^{P} R\Delta T\,d\ln P \tag{9.2}$$

(9.2)式左边为气块动能增量，右边为静力不稳定能量。(9.2)式说明，对流垂直运动动能是由静力不稳定能量释放转化而来的。因此，对流性天气的形成需要三个基本条件，即大气不稳定能量、抬升力和水汽。

　　抬升力的作用是使潜在的大气不稳定能量释放出来。抬升力可来自于天气尺度系统(如锋面、气旋、低涡、切变线等)的上升运动，也可来自中尺度系统(如中尺度切变线、辐合线、中低压等)的强上升运动或由地形抬升作用(迎风坡抬升、背风坡的波动等)和局地加热不均(海岸、湖岸与海洋、湖泊加热不同)等造成的上升运动。

　　不稳定能量的分析，可以通过求 $T\text{-}\ln P$ 图上的不稳定能量面积或计算各种稳定度指标(如沙氏指数 SI、简化沙氏指数 SSI、抬升指标 LI、最有利抬升指标 BLI、气团指标 K、总指数 TT 等)来表示。

　　根据下列方程：

$$\frac{\partial}{\partial t}\left(\frac{\partial\theta_{se}}{\partial p}\right) = \frac{\partial}{\partial p}(-\boldsymbol{V}\cdot\nabla_h\theta_{se}) - \frac{\partial\omega}{\partial p}\cdot\frac{\partial\theta_{se}}{\partial p} - \omega\frac{\partial^2\theta_{se}}{\partial p^2} \tag{9.3}$$

可知 θ_{se}(假相当位温)平流随高度的变化，是造成大气不稳定度随时间变化的重要原因之一。因此，可以通过分析上下两层等压面上的 θ_{se} 平流(或温度平流)来预报未来大气稳定度的变化，也可以用高空风分析图来预报大气稳定度随时间的变化。

　　$T\text{-}\ln P$ 图在预报对流天气方面是一个很有用的工具。下面一些经验可以应用于预报实践。

　　①当 $T\text{-}\ln P$ 图上有正不稳定能量面积，且对流上限(平衡高度或经验云顶)的温度

低于一20℃,则若发生对流,便有雷暴发生的可能,否则可能为一般阵雨天气。

②若对流凝结高度以上有较大不稳定能量面积,且预报当天下午最高气温 T_M 可能超过对流温度 T_g,即 $T_M > T_g$,则可预报有热雷暴(气团雷暴)发生的可能。

③设 0℃ 层上的气块湿绝热下降至地面时温度为 T_c,若 T_g 与 T_c 温差较大,则当雷暴发生时有发生大风的可能,大风的风力可用经验公式:

$$V \approx 2 \times (T_g - T_c) \tag{9.4}$$

来估计。

④通过计算可能的最大上升速度 W_M,可以用下式来估计可能形成的最大雹块半径 R_M 的大小:

$$R_M \approx \frac{W_M^2}{\beta^2} \tag{9.5}$$

⑤可以通过计算 SWEAT 指标的量值来估计发生龙卷的可能性。根据美国的情况,当 SWEAT 值大于 400 时,便有龙卷发生的可能。

能量天气分析方法也广泛应用于强对流性天气分析预报。在分析时可用单站能量廓线图,也可用能量天气图(主要注意能量锋和高能舌、Ω 能量系统等)。一般来说,下午或夜间发生的强对流性天气在当天 08 时的各种能量图表上就能看出征兆。

§9.2 强对流性天气过程的环流背景

强对流性天气的发生一般需要有很大的不稳定能量和很强的抬升力,这些条件常常是在一些特殊环流形势下得到酝酿和提供的。例如,逆温层(稳定层)下、前倾槽附近、高低空急流交叉点附近,高空冷涡、阶梯槽形势以及中小尺度系统都非常有利于不稳定能量的积累和增强以及产生强上升运动,因而十分有利于强对流的发生。

关于强对流性天气的有利环流背景,各地气象台都有很多经验总结。以华北地区为例,该地区的强对流性天气(如冰雹)多发生在东亚为经向型环流的条件下。尽管每次雹暴过程的高空和地面系统不同,但 500 hPa 环流形势却有下述共同特征:①东亚东部高度为负距平,西部为正距平,负距平中心在(35°~50°N,110°~125°E)范围内;②副高位置偏南或处于由强变弱逐渐南退过程;③西风带从我国新疆北部到蒙古西部有一支强西北气流(300 hPa 常达到急流强度)直达黄淮上空,同时从蒙古东部及我国华北西北部上空的低压区有正涡度平流向华北南部输送。在这种环流形势下,贝加尔湖及蒙古一带的冷空气向华北输送,使高空温度下降;同时冷空气的下沉作用又促使云层消散,有利于低层辐射增温。这种高层降温与低层增温同时出现的机制,引起大气层结稳定度的急速下降,导致华北一带出现大范围的对流不稳定区,从而为强对流性天气的发生、发展创造了条件。在暖季,上述形势建立 24~48 h 之后,华北上空的大气层结就能达到足以造成强对流性天气的不稳定程度。若是在一次西风槽降水过程后建立上述形势,则更有利于强对流性天气的发生。

造成华北强对流性天气的影响系统,在500 hPa面上,主要是华北冷涡、横槽、阶梯槽、低槽、西北气流等,极少数为暖切变线北抬;但造成大范围降雹系统主要是华北冷涡与横槽。产生强对流性天气的基本形势则主要有冷涡型、横槽型、涡前低槽型、阶梯槽型及西北气流型等五种。

(1)冷涡型

造成华北降雹的冷涡,大多数从贝加尔湖经蒙古东部向东南方向移动,少数从河套向偏东方向移动。当日08时冷涡中心位于(37°~46°N,114°~125°E)区内时,当日午后到傍晚华北就可能出现冰雹等强对流性天气。

对冷涡强对流性天气的预报,关键是正确预报出冷涡的路径和进入关键区(即图9.1中虚线框内地区)的时间。冷涡南下常有两种形势:①我国新疆到贝加尔湖以西为一发展的高压脊,雅库茨克附近有一阻高,当乌拉尔山附近有低槽快速东移时,由于槽前暖平流加强,促使新疆高压脊迅速向北发展与雅库茨克高压连接,脊前贝加尔湖东部上空东北气流大为加强,从而迫使蒙古东部的冷涡折向东南方向移动(图9.1);②我国西部到贝加尔湖的高压脊强而稳定,贝加尔湖以东到我国华北上空的低槽内有南北两个低涡中心,相邻两低涡在移动中发生逆时针互旋运动时,北面一个冷涡也会向南移动进入关键区,并造成强对流性天气(图9.2)。

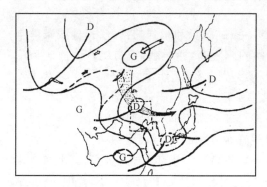 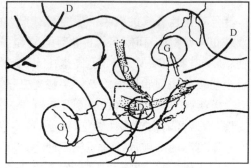

图9.1　高空冷涡南下形势之一(图中虚线框　　　　图9.2　高空冷涡南下形势之二
为冷涡降雹关键区,黑色箭矢为冷涡移动路径)

高空冷涡造成的强对流性天气,一般发生在午后到傍晚,多出现在低涡中心东南方3~6个纬距、$T_{850}-T_{500}>24℃$的区域内。冷涡属深厚系统,移动较慢,且涡区不断有小槽活动,在大气层结不稳定时,每次小槽活动都可能引起强对流发生。因此,冷涡从进入到移出关键区期间,华北可连续数日出现短时雷雨、冰雹天气,并可能一天两次或三次降雹。1964年6月12—14日山东连续出现大范围降雹即为典型一例(图9.3)。

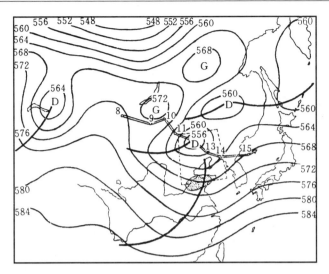

图 9.3　1964 年 6 月 12 日 08 时 500 hPa 形势及低涡移动路径

（图中圆圈为 08 时低涡中心位置，上方数字为日期，阴影区为 12 日下午雷雨、冰雹区）

（2）横槽型

横槽造成的强对流性天气多数发生在蒙古高压脊前偏北气流中快速南下的小横槽影响下。当高空横槽内正涡度明显加大出现低涡，或有低涡并入横槽，构成横槽与冷涡相结合的形势时（图 9.4），往往引起华北大范围降雹。横槽造成的强对流性天气主要发生在配合横槽南下的北方冷锋过境前后，持续时间较短，一般不会连续发生。横槽强对流性天气的强弱，取决于高空锋区的强弱和地面温度的高低。

（3）涡前低槽型

此型主要特征是东亚大陆上空有一经向度大的低槽缓慢东移，槽内有低涡中心在蒙古一带。槽后从西伯利亚有一支强的西北气流超越主槽线直抵黄河下游，结果在低涡的东南方形成一个前倾槽，强对流性天气就发生在这个前倾槽影响下（图 9.5）。若根据主槽或冷涡预报，则往往失之过晚。此类强对流性天气以强风暴为主，局部有暴雨和冰雹出现。

（4）阶梯槽型

此型指在亚洲东部中纬度地区上空的长波槽里接连出现两个或多个短波槽，且后一个槽在前一个槽的西北部，其波长不超过 1000 km，移速很快，通常第一个槽过后相隔 24 h 左右，第二个槽过境，阶梯槽引起的强对流性天气，主要发生在第二个槽的前部，这正好与涡前槽的情况相反（图 9.6）。当第一个低槽过后，建立了西北气流，有利于高层降温和低层辐射增温，加剧了层结不稳定性；当第二个低槽逼近时，便可爆发大范围强对流性天气。

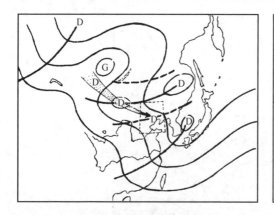
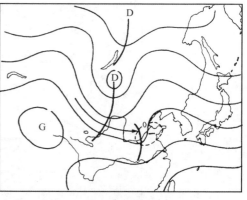

图 9.4　冷涡与横槽结合降雹图　　　　　　　图 9.5　涡前低槽降雹形势
（图中粗断线为前 24 h 及后 24 h 的槽线位置）　　（图中虚线为沙氏指数负值区）

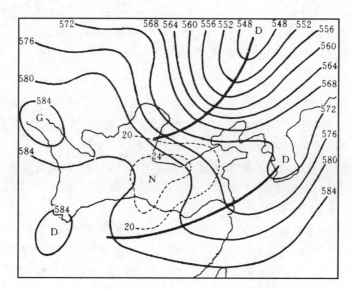

图 9.6　1974 年 6 月 17 日 08 时 500 hPa 阶梯槽形势
（图中虚线为同时间 850 hPa 等温线）

（5）西北气流型

此型出现大范围强对流性天气的概率较小，多为局部降雹，主要出现于山东半岛及鲁中山区。其形势特征为：东亚沿海有一深而稳定的长波槽，山东处于槽后西北气流中。当西北气流中的小股冷空气南下时，若对流层中层有明显的垂直风切变，近地面层有明显增温区，则午后至傍晚，在地面辐合区或有地形抬升作用的地区，就可能出现局部强对流性天气。

归纳强对流性天气过程模式的目的，在于使预报员对发生强对流性天气的环流形势有一个清晰的概念,以便在日常预报中能及时发现强对流性天气的征兆并引起警惕。但能否出现强对流性天气则须进一步对强对流性天气发生、发展条件做细致分析。例如,还须分析各种稳定度指标的分布图及中小尺度天气图等,然后进行综合判断才能做出决定。

§ 9.3　强对流性天气过程的实例

9.3.1　1962 年 6 月 8 日淮北冰雹过程

1962 年 6 月 8 日,鲁南、皖北及苏北发生了一次雷雨、冰雹天气过程,其中淮北有 20 多个县下了冰雹,雹块大的如拳头、鸡蛋,小的如红枣、白果。严重地区积雹四指深(约 6 cm),洼地则达 30 cm 之多,降雹时伴有 8～9 级强烈阵风。冰雹最早出现在微山湖附近,然后有规律地由北向南传播,一直到淮河及洪泽湖一带,其所经全程约 300 km,历时约 9 h(15—23 时),见图 9.7。

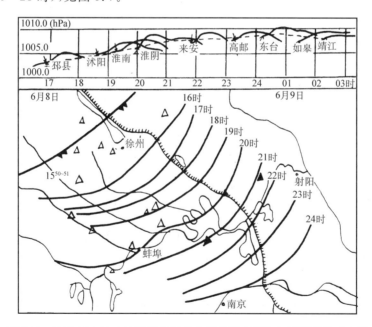

图 9.7　1962 年 6 月 8 日降雹地区分布及雷暴高压和气压涌升线动态图

(1)大尺度分析

这次过程发生前几天的高空图上,欧亚大陆中纬地带为两槽一脊形势。中亚为一高压脊,东亚沿海 120°E 附近为一深槽,华北为一冷涡,槽后不断有冷空气补充南下,地面则有气旋发展东移,6月6日苏北曾发生过一次冰雹过程。由于气旋东移,其后部冷空气被引导南下。6月7日08时,500 hPa上在贝加尔湖以东的冷槽南移,到20时就与原在渤海、黄海的冷槽相连,并在31、50、54区形成一个闭合的大低压。6月8日08时,低压中心强度达557 dagpm,槽后还有一块负ΔH_{24}区,最强达-9 dagpm,并顺着偏北气流向南移动,使低槽进一步加深。在低压区内还有冷中心存在,其强度在6月7日20时达-26℃,6月8日08时为-22℃。最大负变温中心6月7日20时在中蒙边境,强度达-10℃,6月8日08时南移至山西西北部,强度为-8℃。冷平流范围很广,山东、河南、安徽及江苏北部都出现了负变温。

以上是500 hPa高空的情况。而在低层850 hPa上,暖中心在郑州附近,强度为20℃。山东、山西、河南、安徽及江苏北部等地受暖中心影响,出现大片正变温区。在华北、内蒙古、河套一带具有负变温,但与500 hPa上远伸至长江流域的降温区相比,则850 hPa上的降温区比500 hPa上的降温区远为偏北,这样就使黄河以南地区气层变得不稳定。在地面图上,6月7日20时冷锋位于天津-潼关一线,6月8日08时移到济南-开封一线,锋面上有穿心低压,强度为1003.5 hPa。6月8日20时,冰雹已经发生时的高空、地面形势如图9.8~图9.10所示。以上所述的天气形势特点说明,这是一次夏季高空冷空气活动引起的强烈对流性天气过程。

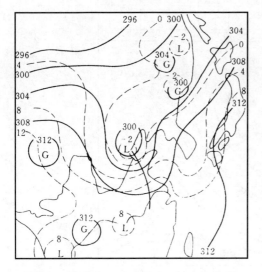

图9.8　1962年6月8日20时700 hPa图

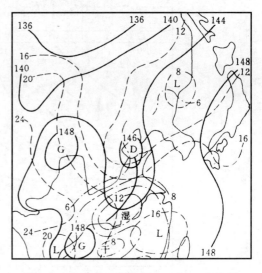

图9.9　1962年6月8日20时850 hPa图

（点划线为等比湿线）

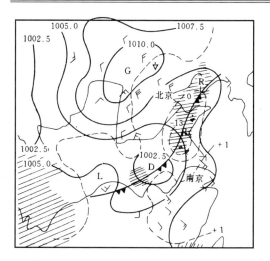

图 9.10　1962 年 6 月 8 日 20 时地面图
（虚线为等 ΔP_3 线）

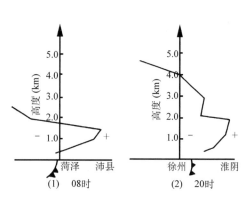

图 9.11　南北风(v)分量零线位置
随高度的变化

这次天气过程中,在淮北地区上空的天气系统还有以下一些特点,它们可能是为什么该地区发生了冰雹,而不是一般雷电天气的原因。

①前倾槽。图 9.11～图 9.13 都证明了在淮北地区存在着前倾槽。在前倾槽上风向有明显的垂直切变(图 9.11),有利于造成同一地区高层干冷空气平流和低层暖湿空

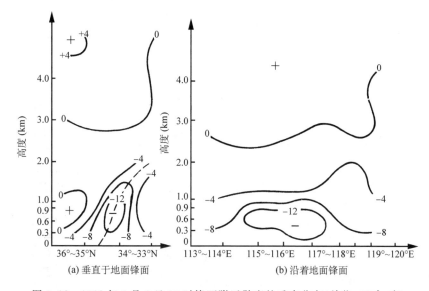

图 9.12　1962 年 6 月 8 日 20 时锋面附近散度的垂直分布(单位:$10^{-5}\,s^{-1}$)

气平流,从而使不稳定层结得到发展。前倾槽上
还有强的辐合,而且槽线上的辐合区也随高度前
倾(图9.12)。辐合最强的地区即下雹地区。雷暴
主要发生在700 hPa槽线与地面锋之间的区域,而
冰雹则主要发生在前倾槽与地面锋之间(图9.13)。

②不稳定度。在下雹地区的探空曲线上,从6
月7日20时就开始有很大的正不稳定能量或较
强的对流性不稳定(图9.14)。用$T_{850}-T_{500}$、沙氏
指标SI、简化的沙氏指标SSI及R(300 hPa与
850 hPa风速之比)等指标定量地表示稳定度进行
分析,结果是6月7日20时及6月8日08时,济
南、郑州、徐州及阜阳等地$T_{850}-T_{500}$均较大(达
30℃左右)。6月8日08时的SI分布,在黄河与
长江之间一般都小于+3℃,其中阜阳地区$SI=$

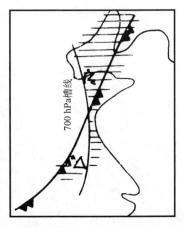

图9.13　1962年6月8日20时700 hPa
槽线与地面锋的位置及天气区的分布图
(图中阴影代表降水区)

$-0.3℃,SSI=10.7℃,R=16/5$;徐州$SSI=10℃,R=42/8$。根据徐州及阜阳的高空
风分析可知,垂直方向上2 km以下为暖平流,2 km以上为冷平流,因此使不稳定度继
续加强,并使不稳定区东移。6月8日20时,在发生冰雹的淮北地区,SI普遍小于-
3℃。万县、宜昌一带SI负值也较大(图9.15),那里也有强烈的天气。

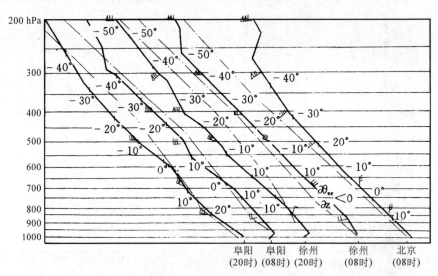

图9.14　1962年6月8日北京、徐州、阜阳的探空曲线

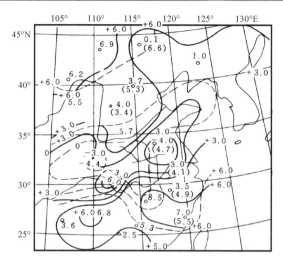

图 9.15　1962 年 6 月 8 日 08 时（虚线）及 20 时
（实线）SI 分布图（括号中的数值为 08 时 SI 值）

③0℃层高度 H_0 和 −20℃ 层高度 H_{-20} 以及两者的高度差（$\Delta H = H_{-20} - H_0$）。6 月 8 日 08 时，徐州、阜阳的 H_{-20} 都较低（高度约 400 hPa），由于高层 H_{-20} 继续保持较低，图 9.16 表明，在 6 月 8 日 20 时下雹的淮北地区 H_{-20} 较低、ΔH 最小。

H_0 及 H_{-20} 都是表征积雨云内部结构的特征高度。H_{-20} 反映了高层冷空气的强度，ΔH 则表示 H_0 与 H_{-20} 之间这一气层的稳定度（以温度

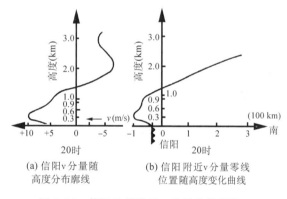

(a) 信阳 v 分量随　　　(b) 信阳附近 v 分量零线
高度分布廓线　　　　位置随高度变化曲线

图 9.16　信阳及其附近 v 分量及其零线
位置随高度的分布

垂直递减率 r 表示）的大小。ΔH 越小表示气层 r 越大，越不稳定。由本例可见，"中高层不稳定"这一条件有利于冰雹的形成。这一点和堡状高积云等对冰雹有指示性的观测事实是一致的。

ΔH 的大小还可以反映过冷水浓度的大小。因为过冷水主要存在于 H_{-20} 与 H_0 之间，设过冷水总量为 Q，则对于单位面积 ΔS 的气柱的过冷水平均浓度为：

$$\overline{A} = \frac{Q}{\Delta H \Delta S}$$

当 Q 一定时，$\overline{A}$ 与 ΔH 成反比。即 ΔH 愈小则过冷水浓度愈大。而在上升气流速度相同的情况下，一般来说过冷水浓度愈大，愈有利于冰雹形成。

④低空急流。6月8日东南沿海正处在副高西北部,因此在2 km以下的低空为一致的西南风。最大风速轴线在青岛、徐州、汉口一线,急流中心高度离地面约600 m,急流中心风速达20.7 m/s。

6月8日20时850 hPa上的湿舌与低空急流轴线非常配合,说明低空急流造成水汽平流的作用是显著的。另外,由图9.16可见,由于低层强偏南气流楔入偏北气流之下,在其楔入地区风的垂直切变很大,有利于加强低层扰动,促使对流发展。

⑤水汽。由图9.9可见,下雹的淮北地区正处在长江中游湿中心的北部。湿中心比湿为12 g/kg左右。由于低空西南气流对水汽的水平输送,使淮北地区低层湿度较大。可是在6月8日上午以前,该地区高层湿度不大,因此气层表现为对流性不稳定。

由于前倾槽上较强的垂直运动以及随后因巨大的不稳定能量的释放而引起的强烈对流的作用,加上低层又有丰富的水汽来源,因此水汽垂直输送是很大的,从而使积雨云得以强烈发展。6月8日20时淮北地区积雨云的云顶高度一般都达11～12 km(图9.14),以至远远超过H_{-20},而成为强大的冰雹云。

(2)中尺度分析

根据(114°～122°E,32°～36°N)范围内200余站的资料进行中尺度天气分析发现,在1962年6月8日的雷雨、冰雹过程中有一些中尺度系统起了作用。

6月8日14时,在冷锋前温度高、湿度大、辐合强的地带(即鲁南一带),开始出现对流云;16时锋前出现了雷暴区,对应在气压场上出现了一个中尺度的冷性高压脊;17时形成闭合的冷性"雷暴高压",并开始强烈发展。在雷暴高压前部有一个狭长地带,在这个地带内,水平温度梯度和气压梯度很大,辐合强烈,气旋性涡度也很大(其量级均为$10^{-4} s^{-1}$),狭长地带内都发生雷暴和飑,有的地方下了冰雹,这个狭长地带就是"飑线"所在(图9.17,图9.20)。飑线过境时,各站天气非常猛烈,气象要素发生剧变。首先气压可以涌升,在自记曲线上逐渐形成一个"雷暴鼻",然后风向急转,出现大风,接着相对湿度陡升,气温猛降,最后降水开始(图9.21)。这条飑线形成于穿心冷锋前的低压暖区中,当其形成后就逐渐远离冷锋,在同一气团中和雷暴高压一起不断向前传播,一直到24时以后在长江附近消亡。这样便构成了它从发生、发展到消亡的近10 h的生命史。其间在发展强盛阶段,飑线前部有一个暖性中低压出现,它与雷暴高压组成一对"气压偶"。而同时在雷暴高压后部则出现了"尾流低压",飑线前有强的辐合上升运动,飑线后则有强的辐散下沉运动。穿过雷暴高压、飑线的垂直剖面图表明,飑线具有类似锋面的结构,坡度较大(图9.22)。

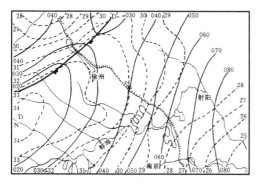

图 9.17　1962 年 6 月 8 日 14 时地面图

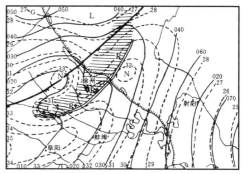

图 9.18　1962 年 6 月 8 日 16 时地面图

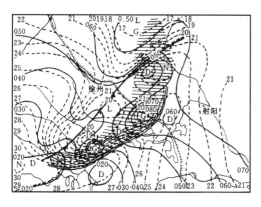

图 9.19　1962 年 6 月 8 日 20 时地面图

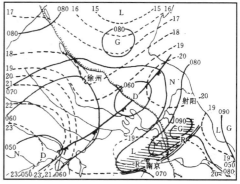

图 9.20　1962 年 6 月 8 日 24 时地面图

我们来看飑线和冰雹之间的关系。由图 9.7 可见,冰雹随飑线一起向前推移,冰雹发生的时间主要是在飑线过境的时刻或飑线过境之后,即冰雹主要落在飑线附近或飑线后面的雷暴高压内。飑线和冰雹之间的这种关系可由图 9.23 得到解释。图 9.23 表明,大雹主要落在飑线附近,小雹落在飑线后面或前面。但是在飑线前面落下的小雹,往往由于在闷热气层中的下落过程中被融化而不能落到地面。

由图 9.7 还可见到,飑线一直存在到 24 时,而冰雹在 22 时以后就不再发生了。这显然是因为 22 时以后飑线已大大减弱的缘故。此外,如果更细致地研究冰雹的地区分布,还可发现冰雹的分布不是均匀的,例如,有的地区山的南侧下雹而北侧却未下,说明冰雹的发生还受到地形等局地条件的影响。

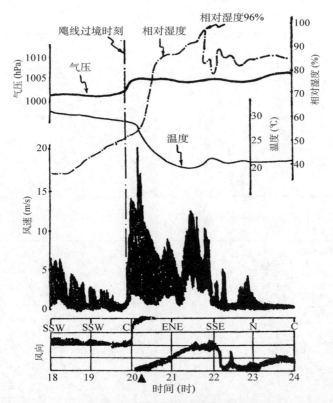

图 9.21　一次冷锋强雹暴经过某地时地面气象要素变化曲线

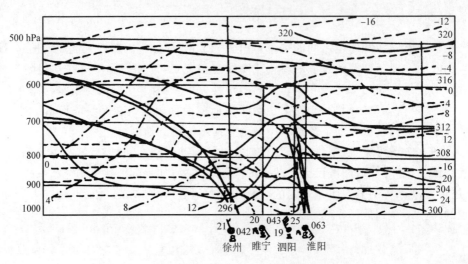

图 9.22　1962 年 6 月 8 日 20 时锋面和飑线垂直剖面图
（图中实线为等 θ 线,虚线为等 T 线,点划线为等比湿线）

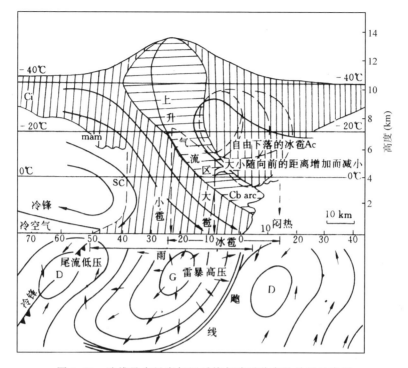

图 9.23　飑线及中尺度气压系统与冰雹分布的关系示意图

　　联系大、中尺度的分析表明,雷暴高压和飑线的移动有着一定的规律性,即基本上是沿着 700 hPa 的引导气流方向及向着最不稳定的地区移动的。飑线在移动过程中又起了冲击力的作用,不断促使它前部的气层发生强烈对流,从而使雷雨、冰雹区不断向前推移。因此可以通过预报中尺度系统的移向来预报雷雨、冰雹区的移向。

　　上述中尺度系统演变过程还可以通过分析湿度场、流场、温度和风的变量场以及云系和云量分布图(图 5.5)等来进一步表现。

　　综上分析说明,这一次强烈的雷雨、冰雹天气过程在大、中尺度分析中都表现出一些特殊性。它发生在夏季高空冷空气南下的大形势下,并具有前倾槽、不稳定层结、较低的 H_{-20}、较小的 ΔH、低空急流和水汽来源等有利因素。冰雹发生在地面冷锋前的飑线的附近或其后部,并随飑线向前推移。

9.3.2　1975 年 6 月 6 日皖北一次超级单体雹暴过程

　　1975 年 6 月 6 日下午在安徽宿县地区发生了一次超级单体雹暴过程。下面介绍这次过程的形势背景、超级单体雹云的形成和演变过程以及探空分析和雷达回波分析。

　　(1)形势背景

　　1975 年 6 月 6 日 08 时,500 hPa 等压面上北方为一冷涡,中心位于蒙古。皖北处于高空西北气流控制下,天气晴朗,气团较不稳定。河北、山东为沙氏指数(SI)负值区,徐州 $SI＝0℃$。由于高层有弱冷平流,低层(850 hPa)有暖舌自西南向东北方向伸展(图 9.24), 加之晴空地面非绝热加热作用明显,因而层结有趋于更不稳定的倾向。宿县附近的尹集 有南京气象学院大气物理系(今南京信息工程大学大气物理学院)设的临时探空点,14 时 探空资料表明 SI 已达$-2℃$,在 650 hPa 以下,层结有很大的对流性不稳定(图 9.25)。

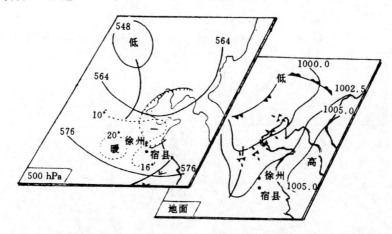

图 9.24　1975 年 6 月 6 日 08 时 500 hPa 及地面形势图(图中 500 hPa 上实线为等 高线;虚线为 850 hPa 等温线;锯齿线为 $SI＝0℃$ 的等值线;线内为 SI 负值区)

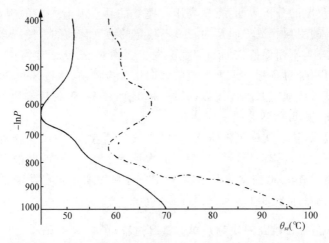

图 9.25　1975 年 6 月 6 日 14 时 20 分宿县尹集的 θ_{se} 垂直廓线 (图中点划线为 1974 年 6 月 17 日 13 时南京的 θ_{se} 垂直廓线)

在 08 时地面图上,气压场形势呈东高西低,低中心位于东北境内。德州、安阳一线 的冷锋锋消。皖北地区当天没有明显的锋面影响,处于单一的变性气团之中。但在鲁南至皖北一带,地面有一"V"字形低槽,槽中有近于南北向的辐合线,14时,辐合线移至菏泽、光化一带,宿县北部正处在 V 形槽的气旋性曲率最大部位的前部。

(2)超级单体雹云的形成及演变过程

宿县地区北部由于受地面 V 形槽和辐合线的影响,当天 17 时左右,在宿县与萧县交界的老龙脊和乾山以东的符离集至夹沟一带开始出现了很多对流云,并且发展十分迅速。17 时 28 分左右宿县雷达站发现在符离集方向有一高约 11 km 的强回波,同时在测站西北至东北方向几十千米范围内还有很多小块回波。17 时 42 分尹集雷达站也观测到在测站西北方的符离集至夹沟一带有很多小块回波。18 时 15 分左右很多小回波消失,大回波则变大、加强(图 9.26)。这可能是由于当地有较强的小范围辐合作用存在,使小回波向大回波聚集的结果,也可能是由于大对流单体发展时周围下沉气流抑制了其他较小对流单体的结果。

上述孤立的大块回波形成后,18 时 43 分至 19 时 23 分移动较为缓慢,随后则较快地向东南方向的泗县一带移去(图 9.27)。整个过程经历了约四五个小时,云体移动上百千米。其间,在 19 时前后,云体发展最为强盛,回波中心强度达 30 dBz 以上,最高回波顶的高度达 12.9 km。根据当时各消雹点的观测和调查报告,当天宿县地区有不少地方下了冰雹,最大雹块直径约为 2.5 cm。

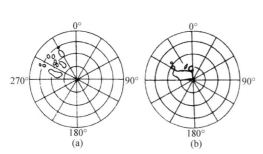

图 9.26　1975 年 6 月 6 日 17 时 42 分(a)及 18 时 15 分(b)的雷达平面位置显示器(PPI)上回波图(南京气象学院尹集临时雷达站观测;距离:每圈 20 km)

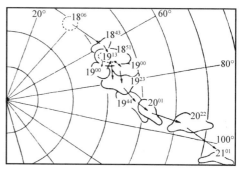

图 9.27　1975 年 6 月 6 日 18—21 时的强回波动态图(宿县临时雷达站观测;距离:每圈 10 km)

(3)临近雹云发生时的探空资料分析

在雹云发生前,14 时 20 分左右在尹集施放了探空气球,分析结果见图 9.28。这次探空距雹云发生时间(17 时左右)只有两个多小时,因此所反映的大气层结十分接近雹云发生时刻的大气层结。分析表明,此雹云临发生前的层结及雹云发生后其环境和内部的结构有下列特征。

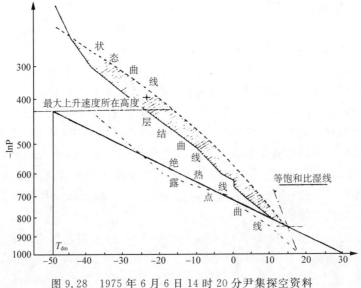

图 9.28 1975 年 6 月 6 日 14 时 20 分尹集探空资料

①雹云发生前,650 hPa 以上气层有较大的对流性不稳定($\partial \theta_{se} / \partial p \approx 0.7℃/10$ hPa)。不过和 1974 年 6 月 17 日南京的强风暴前的对流性不稳定($\partial \theta_{se} / \partial p \approx 1.5℃/10$ hPa)相比(图 9.25)则不算太强。

②从层结曲线与露点曲线的配置来看,跟 1974 年 6 月 17 日南京的强风暴过程前期相似,两条曲线在低层靠得很近,在较高层则互相分开,形成"喇叭形",另外也有一个逆温层存在,位置约在 650 hPa。

③这次探空观测虽无测风记录,但由徐州 08 时的测风记录可知,在 10720 m 上空风速为 40 m/s,1421 m 高度上风速为 4 m/s,风速垂直切变为 $3.9 \times 10^{-3} s^{-1}$。说明这个雹云有较强的垂直切变的环境。不过,一般强雷暴都有较强的垂直切变环境,切变值通常为 $2.5 \times 10^{-3} \sim 4.5 \times 10^{-3} s^{-1}$,极端值可达 $8.0 \times 10^{-3} s^{-1}$ 左右。因此,相对于一般强雷暴而言,这个雹云的环境垂直切变强度只是中等的。

④如以状态曲线表示云中温度的垂直分布,则可知云中零度层高度约为 4.4 km(环境的 0℃层高度约为 3.8 km),云中的 $-10℃$、$-20℃$、$-30℃$ 及 $-40℃$ 层的高度分别为 6.3,7.8,9.1 和 10.4 km(云外则分别为 5.7,7.2,8.4 和 10.0 km)。云顶温度为 $-45℃$ 左右。A. J. Chisholm(齐硕姆)曾将风暴按能量大小划分为低、中、高能风暴三类。低能风暴的云顶温度 $T > -40℃$;中能风暴的云顶温度 T 为 $-60℃ < T < -40℃$;高能风暴的云顶温度 $T < -60℃$。按此标准,本例应属于中能风暴的范围。

⑤由状态曲线还可见,云中负温区厚度约 8.5 km,暖层(即温度高于 0℃的层次)厚约 4.4 km,-20 dBz 的强回波顶高约 7.5 km,强回波顶上的云中温度约为 $-25℃$,

云外温度为-30℃左右。

⑥根据 14 时 20 分尹集的探空分析可得:自由对流高度 P_k=830 hPa,最大上升速度所在高度 P_m(根据经验 P_m 位于层结曲线与状态曲线之间最大温差 ΔT_m 所在的高度)为 400 hPa;P_k 上的温度 T_k=288 K;ΔT_m=6 K;由 P_k 沿干绝热线上升到 P_m 时的气块温度 T_{dm}=223 K。将上述数据代入下列经验公式:

$$W_m = \sqrt{2\eta R \Delta T_m(\ln p_k - \ln p_m)} \tag{9.6}$$

式中:W_m 为最大上升速度,η 为有效系数,$\eta = \dfrac{T_k - T_{dm}}{T_k}$,$R$ 为比气体常数,$R \approx 2.87 \times 10^{-1}$J/(g·℃)。由(9.6)式可算得 W_m=23.8 m/s。

根据苏联资料,最大上升速度 W_m 与最大雹块半径 R_m 有如下关系:

$$R_m = W_m^2 \cdot \beta^{-2}$$

式中:β=2.2×10^{-3}cm$^{1/2}$·s^{-1}。将上面算得的 W_m 值代入上式,得 $R_m \approx 1.2$ cm,即直径 D_m=2.4 cm,这与实况是基本相符的,因此也说明用(9.6)式算得的最大上升速度 W_m 和实况是相接近的。就算得的 W_m 值来说,这个雹云也只是中等强度。

以上对层结稳定度、环境风垂直切变的强度、云顶温度、云内温度以及云中最大上升速度等方面的分析,都说明这个雹云属于中等强度的风暴云。

(4)雷达回波特征的分析

19 时 03—08 分,增益分别衰减 0、5、10、20 及 30 dBz,摄下五张 RHI 回波照片,据此绘成一张回波强度分布图(图 9.29)。由图可见,有三个重要的回波特征:①有一个"前伸悬垂体回波"(简称"前悬回波");②有一个向上突起的弱回波区。由于前悬回波向

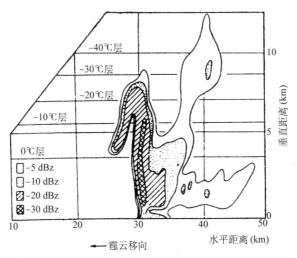

图 9.29　1975 年 6 月 6 日 19 时 03—08 分 RHI 图
(宿县临时雷达站观测;方位:65°)

下拖拉,使弱回波区围成一个半圆拱形;③有一个强回波核心。在弱回波区与强回波核之间,回波强度的梯度很大,此处即回波"墙"。

K. A. Browning(布朗宁)等曾指出超级单体雹云具有上述三种回波特征,并对其所对应的云中结构给出了解释:弱回波区对应强斜升气流区,前悬回波对应雹胚帘,回波核则对应强降水区。A. J. Chisholm等把弱回波区划分为"有界"弱回波区(BWER)和"无界"弱回波区两类:弱回波区被前悬回波包围成半圆拱形的称为有界弱回波区,弱回波区没有被前悬回波包围成半圆拱形的则称无界弱回波区。一般来说,有界弱回波区的结构常出现在特别强盛的超级单体中。

在本例中,这个孤立的雹云个体较大(直径约 20 千米)、高度较高(最高回波顶高12.9 km)、历时较久(四五个小时以上)、移动上百千米而且又具有上述三种雷达回波特征。纵观这些特征,这个孤立的雹云确实也算得上一个较为壮观的"超级单体"雹云了。它的结构在很多方面与 K. A. Browning 等总结的模型是相似的,但是这是一个气团内的孤立的雹云,而且如上所述它属于中能风暴,只有中等强度,但它却呈现有界弱回波区的结构,这是一个引人注目的特点。说明有界回波结构也可能出现在中能风暴之中。

9.3.3 1974 年 6 月 17 日我国东部强飑线过程

1974 年 6 月 17 日,我国东部地区发生了一次强飑线过程。山东、江苏、安徽等省的大部分以及浙北、赣北、鄂东的部分地区,自北向南先后受到飑线的侵袭。飑线经过各地时,风力一般在 8 级以上,其中约有 40 多个县市风力达 10 级以上,20 多个县市达11 级以上,南京附近 10 多个县市达 12 级以上。此外,约有 20 多个县市还发生了冰雹(图 9.30,图 9.31)。飑线过境时,气压、温度、湿度等气象要素也都有剧烈的变化。例如,飑线经过南京时,南京当地在 10 min 内气温下降 11℃,相对湿度升高 29%,1 h 内气压涌升 8.7 hPa,降水 34 mm(图 9.32)。下面主要对这次强飑线过程的成因进行分析和讨论。

(1)大形势背景的主要特点

当天 08 时,即飑线过程即将爆发的前期,各层形势有以下几个重要特点。

①300 hPa 上,河套以北有一支西北风急流,长江以南至朝鲜半岛有一支西南风急流。黄河、长江之间为两支急流之间的弱风带(图 9.33)。

②500 hPa 上,我国东部沿海呈"阶梯槽"形势。有强锋区配合的北支槽紧随在南支槽之后,北槽槽前及南槽槽后均为西北风,两槽之间仅有微弱的反气旋曲率(图9.34)。

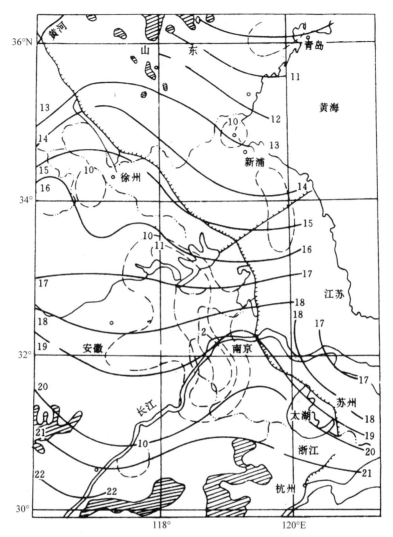

图 9.30　1974 年 6 月 17 日极大风速分布及风力急增开始时间等时线图

（图中阴影区为山地；虚线为等风级线）

③在高层南、北槽之间,低层 850 hPa 上为一暖舌。地面为一低压,山东北部有一低压中心。低压后部,冷锋位于锦州－济南一线。低压前部,离地 600~1000 m 有一西南风强风带。

（2）大范围不稳定区的成因

当天 08 时,在长江、黄河之间为一大范围的不稳定区。沙氏指数 SI 均为负值,$I=\Delta\theta_{se\,700-850}\leqslant-10℃$。其中徐州、南京一带最不稳定,$I\leqslant-18℃$。这个大范围的不稳定区是强对流性天气能在大范围内发生、发展的最基本的条件之一。

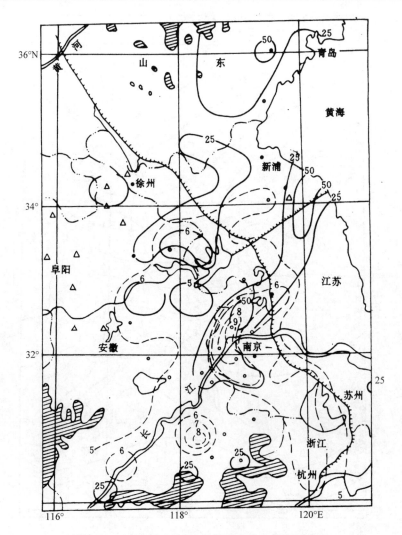

图 9.31　1974 年 6 月 17 日等雨量线和等变压线图
(图中阴影区为山地;实线为等雨量线;虚线为等变压线;·表示重灾区;△表示冰雹)

　　考察一下这一不稳定区的形成历史可以发现,08 时在上述不稳定区的范围内,I 的 12 h 变量均为较大的负值,其中最大负值达 $-10℃$。这说明,从 6 月 16 日 20 时至 17 日 08 时这 12 h 内,上述区域内不稳定度急剧增大。由于不稳定度是在夜间加大的,因此可以断定形势演变起了主要作用。不稳定度增大的主要原因有以下几个方面。

　　①高层干平流,低层湿平流。1974 年 6 月 17 日 08 时,500 hPa 上,南支急流左侧的干舌有两个干中心。一个在苏北沿海,一个在湖北一带。显然,由于前一个干中心东移,造成了安徽、江苏一带高层降湿(08 时 500 hPa 上 ΔT_{d24} 值,安庆为 $-7℃$,阜阳为

−15.2℃,南京为−12℃,射阳为−9℃)。

　　当天 08 时,除高层干平流外,低层离地 600~
1000 m 的高度上有一支强西南风,风力达 6~8 m/s。
与其相对应的是,在 850 hPa 上有一湿舌向北一直
伸展到山东境内。这说明,在山东以南地区,低层
有较强的湿平流。由于高层干平流,低层湿平流,
因而造成鲁、苏、皖一带不稳定度增大。

　　②下沉逆温层。17 日 08 时,在南支急流左侧,
即南支槽槽后脊前的大片地区,因下沉运动而造成
一个广阔的下沉逆温层,其厚度为 30~150 hPa(图
9.35),高度为 800~700 hPa,南面略高,北面略低,
高度随时间降低。

　　下沉逆温层的存在起了储存不稳定能量的作
用。上面说过,离地 600~1000 m 有强西南风带,但
在 850 hPa 上却成了弱风区。这说明在低层,风速垂
直切变很大,湍流较强。可以认为,850 hPa 上的湿
舌并非 850 hPa 上平流的结果,而主要是其下层的湿
平流和下层与 850 hPa 之间水汽的湍流输送的结果。
既然低层有较强的湍流存在,那么,若非有下沉逆温
层的阻挡作用,不稳定能量是难以储存的。

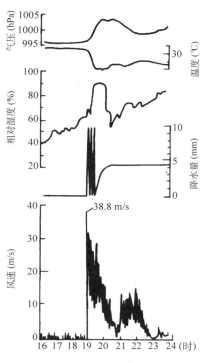

图 9.32　1974 年 6 月 17 日南京
各要素的变化

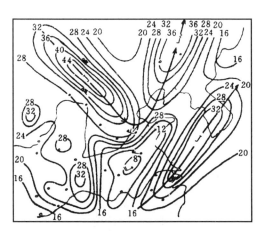

图 9.33　1974 年 6 月 17 日 08 时 300 hPa
风速分布图

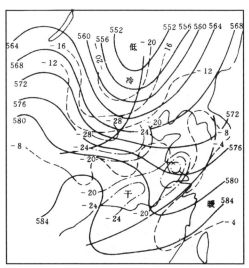

图 9.34　1974 年 6 月 17 日 08 时 500 hPa 形
势图(图中虚线为等温线;点划线为等露点线)

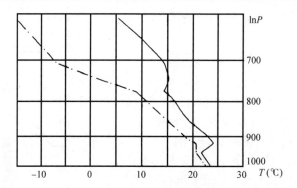

图 9.35　1974 年 6 月 17 日 08 时南京层结曲线及露点曲线

（图中实线为层结曲线；点划线为露点曲线）

一般来说，下沉逆温层范围较广，高度较高，厚度较大，存在较久，不易破坏，这对爆发对流是不利的。但当下沉逆温层下储存了大量的不稳定能量时，若有强冲击力冲破逆温层，则对流便将激烈爆发。

当天 08 时，很多地方还存在辐射逆温层，在低层湿度较大处有辐射雾出现。辐射逆温层存在时间短暂，作用不大。但辐射雾的出现标志着当地湿度较大。因此当天在辐射雾出现地区，一般风力较大，这看来并非偶然的巧合。

（3）强对流的触发机制

①高空强锋区和阶梯槽。北方强冷空气南下无疑是这次强对流的最主要的触发机制。在 17 日前，北方建立横槽使冷空气堆积，并形成强锋区（水平温度梯度达 16℃/5 个纬距），随后横槽逐渐转竖、加深，导致冷空气进入南槽槽后，从而沿偏北气流南下。使北槽加深的因子很多，主要的有：a. 北槽为不对称的疏散槽；b. 槽线上有偏北风（正的地转风涡度平流）；c. 温度槽落后于高度槽（槽线上有正的热成风涡度平流）；d. 北槽正处于从蒙古高原下坡的过程中。阶梯槽形势是造成北槽槽线上吹北风以及槽前气流疏散的重要原因，因此阶梯槽起了使北槽加深，并使强冷空气南下的作用。

②地面中低压。中尺度分析表明，6 月 17 日 08 时前后，雷暴天气最早是从山东北部的中低压东部的切变线上爆发起来的（图 9.36）。这是因为在这一地区地面涡度较大，且这一地区地面丘陵起伏，摩擦的作用产生了上升运动（地面上升速度 $W_0 = K_0 \zeta_0$，K_0 为摩擦系数，ζ_0 为地面涡度），从而引起雷暴天气。

中低压在南移过程中逐渐加深，雷暴区（雷暴高压）也逐渐扩大、加强（表 9.1）。显然，这是因为中低压区辐合上升的空气进入雷暴区，支持强对流发展的结果。可见，中低压的作用既是对流的触发机制，又是支持对流发展的因素。

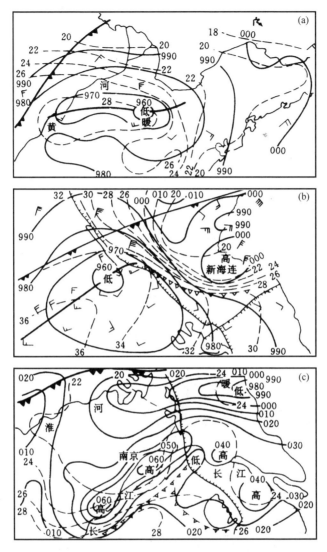

图 9.36　1974 年 6 月 17 日 08 时(a)、14 时(b)、20 时(c)
中尺度地面天气图

由于中低压起着重要的作用,因此研究它的发生原因十分必要。由地面(1000 hPa)
高度 H_0 的局地变化公式:

$$\frac{\partial H_0}{\partial t} = \frac{\partial \overline{H}}{\partial t} - \frac{R}{9.8} \ln \frac{p_0}{p} \left[-\overrightarrow{V} \cdot \overline{\bigtriangledown T} + \overline{(\gamma_d - \gamma)\omega} + \frac{1}{C_p} \frac{\mathrm{d}\overline{Q}}{\mathrm{d}t} \right] \tag{9.7}$$

可见,在不考虑摩擦、湍流等因子的情况下,1000 hPa 高度的局地变化取决于平均层高
度的局地变化、地面到平均层的平均温度平流、平均的绝热变化以及平均的非绝热变化

（依次为方程右边的第 1～4 项）。

表 9.1　1974 年 6 月 17 日中低压及雷暴高压的变化

		12 时	16 时
中低压	中心气压(hPa)	980	960
	相对涡度($\times 10^{-5}\,\mathrm{s}^{-1}$)	+13	+17
	散度($\times 10^{-5}\,\mathrm{s}^{-1}$)	−10	−14
雷暴高压	中心气压(hPa)	1007	1020
	相对涡度($\times 10^{-5}\,\mathrm{s}^{-1}$)	−9	−10
	散度($\times 10^{-5}\,\mathrm{s}^{-1}$)	+7	+15

08 时,在山东北部上空,500 hPa 为弱的负涡度平流,这是不利于地面涡度增大的。同时,由于在早晨,非绝热项作用不大,且由于雷暴还只是零星发生,绝热项的作用也较小。因此可以认为,在 08 时前后,对中低压发生、发展起重要作用的因子主要是平均温度平流项的作用。这就是说,在低层从河南一带伸向山东的暖舌是 08 时前后造成山东一带中低压发生、发展的主要原因(经验也常常表明,鲁南、苏北、皖北一带发生强对流性天气的前期,在 850 hPa 上,郑州一带常有一较强的暖中心,并有暖舌向东伸展)。

08 时以后,对流逐渐发展起来,雷暴区逐渐扩展,因此造成中低压发展的因子,除暖平流外,绝热项的作用也增大。同时,因北槽向南加深,槽前正涡度平流也使地面中低压得到发展。

③锋和飑线。6 月 16 日 08 时至 17 日 08 时,北方冷锋平均移速为 20～25 km/h。6 月 17 日 08—14 时,冷锋加速南移,平均移速约为 40 km/h。但是 12—20 时,冷锋却又减速,平均移速减小为 20 km/h。由此可见,在 6 月 17 日 14 时前后,冷锋经历了加速—减速这样一个演变过程。

冷锋由加速转为减速,有利于激发较强的重力波。雷达回波分析表明,在 14 时以前,雷暴区一直局限在中低压东部地区,而在中低压西部却无对流发生。可是 15 时前后,在中低压西部突然出现了强回波带,经衰减 20 dBz 后,可以看出,西部的回波带比东部的回波带长而强。这条很快形成的强回波带(飑线)可以认为是由于冷锋由加速转为减速而激发出来的。

飑线的传播过程是雷暴云新陈代谢的过程。从这个意义上说,飑线本身也是一种触发机制。

(4)飑线的强度及移速、移向

①飑线的移速和强度。雷暴高压冷丘和飑线的推移方式类似于异重力流的传播方式。系统移速 C 与风速 V 有以下关系:

$$C = \frac{V}{1 + \sqrt{\rho_1/\rho_2}} \tag{9.8}$$

式中：ρ_1、ρ_2 分别为暖、冷气团的密度,当 $\rho_2 \geqslant \rho_1$ 时,$C=V$。一般来说,雷暴愈强,风速愈大,其移速也将愈快。6 月 17 日 15 时以后,由于中低压东、西两侧都形成飑线,两条飑线相交构成一个"人"字形回波带。回波带是由许多回波单体侧向排列而成的,在波状回波的波顶处,雷暴的个体最大,高度最高(达 18 km 以上)。由于中气旋波顶上的雷暴最强,其移速也最快,因而回波带经历了"人"字形—"一"字形—"V"字形的演变。17 时 40 分左右,南京北方的回波带已逐渐呈现明显的"V"字形(图 9.37)。这说明,南京地区受到原在中低压(中气旋)波顶上的最强的雷暴的正面袭击,这是为什么南京天气强烈的原因之一。当然,南京天气的强烈还与南京的不稳定度较大以及处在南支急流附近、风速垂直切变较大有关。这些因子都是使对流加强的有利因子。此外,中低压的辐合作用造成对流云汇集也是使对流加强的有利因子。这些原因的综合结果使南京当天的天气达到异常强烈的程度。

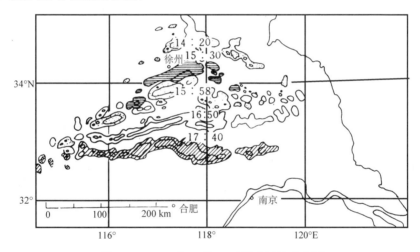

图 9.37　1974 年 6 月 17 日雷达回波动态图

②雷暴高压和飑线的移向。由图 9.38 可见,6 月 17 日雷暴高压超压大值区的移动呈一反气旋式路径。其原因有三个方面：a.20 时高空风场表明,700～500 hPa 上,安徽南部一带为反气旋式流场,吹东北风；b.苏南、皖南均为山地,地形阻挡作用使雷暴主体主要沿长江河谷地带移动(图 9.39)；c.强风暴本身的"右移"作用。

综上分析表明,造成这次大范围的强对流性天气过程的基本条件是有一个大范围的强度较大的不稳定区和有多种强抬升力作为触发机制。造成这些条件的主要是大形势背景的作用。由于在整个过程的发生、发展中,北支槽或南支槽,北支急流或南支急流都起着作用,因此可以说这次过程是南、北支系统共同作用的产物。此外,这次过程中,中低压等中尺度系统起了重要作用,因此,这次过程也是大、中尺度系统共同作用的产物。

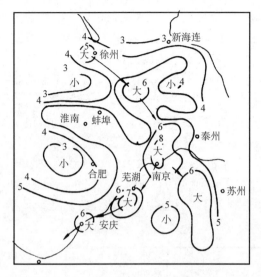

图 9.38　1974 年 6 月 17 日雷暴高压
超压分布图

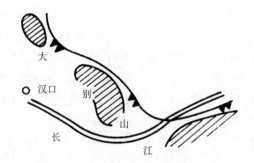

图 9.39　地形对飑线移动的影响
示意图

实习十四　雷雨、冰雹天气过程个例分析

一、目的要求

通过雷雨、冰雹天气过程的个例分析，了解对流性天气过程的主要预报着眼点在于分析大气的稳定度以及分析水汽条件和启动力条件。掌握中尺度分析方法，了解对流性天气发生、发展的过程及其伴随的中尺度系统的特征。

二、实习内容和资料

（1）分析三张大尺度天气图

分析 1975 年 5 月 30 日 08 时地面图、850 hPa 和 500 hPa 图各一张。

并做以下工作：

①在 30 日 08 时的 500 hPa、850 hPa 图上，分析（110°～125°E，25°～45°N）范围内的等 ΔT_{24} 线；

②分析 30 日 08 时 850 hPa 图上述范围内的干湿平流；

③计算并分析上述范围内的 $\Delta \theta_{se500-800}$ 场；

④求出上述范围内 SI 分布，并分析等值线；

⑤分析南京 30 日 08 时探空、测风资料（资料见表 5.1）。

(2)分析中尺度天气图

中尺度天气图一套共 9 张:1975 年 5 月 30 日 13—21 时,其中有 6 张参考图:1975 年 5 月 30 日 13—16 时及 20—21 时(图 9.40)。

3 张须分析的图:1975 年 5 月 30 日 17—19 时。

分析内容:①气压场;②温度场;③天气区、飑线。

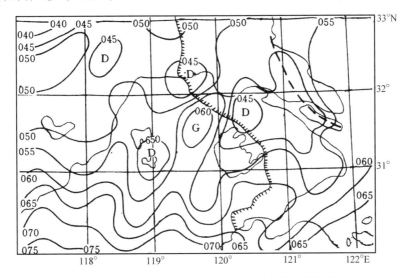

图 9.40(a)　1975 年 5 月 30 日 13 时中尺度天气图

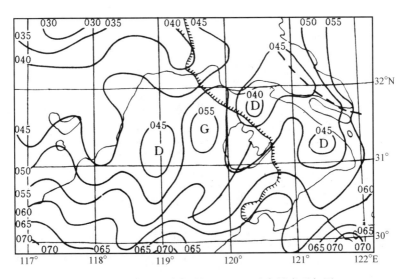

图 9.40(b)　1975 年 5 月 30 日 14 时中尺度天气图

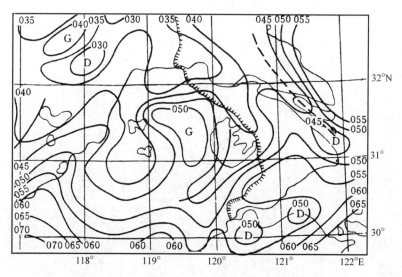

图 9.40(c) 1975 年 5 月 30 日 15 时中尺度天气图

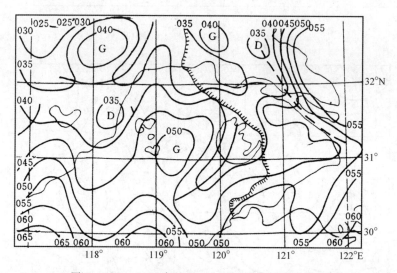

图 9.40(d) 1975 年 5 月 30 日 16 时中尺度天气图

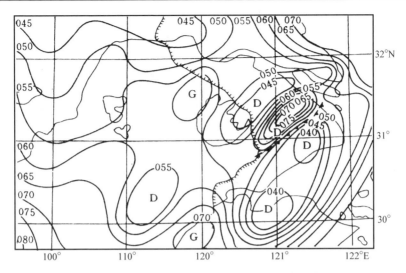

图 9.40(e)　1975 年 5 月 30 日 20 时地面中尺度图

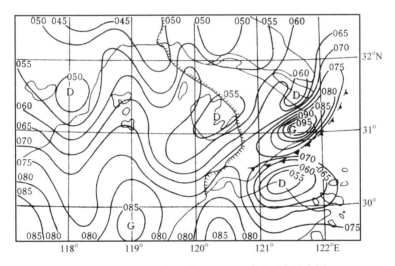

图 9.40(f)　1975 年 5 月 30 日 21 时地面中尺度图

三、资料订正

在中尺度天气图上,5 月 30 日 17 时下列测站气压可不考虑:凤阳、青阳、望江;5 月 30 日 18 时下列测站气压可不考虑:句容、青阳、九江;5 月 30 日 19 时,九江气压可不考虑。

四、实习内容的有关提示和说明

(1)分析等 ΔT_{24} 线,可先算出各站的 ΔT_{24} 值,然后填在空白图上,最后每隔 2℃ 分析一根等值线,并标出极值中心。

(2)分析 30 日 08 时 850 hPa 图上的湿度平流,可首先根据 T_d 值(图上只有 $T-T_d$ 值),由附表 15 换算成 q 值,然后用紫色笔分析等比湿线:2g,4g,…最后分析湿度平流。

(3)关于 $\Delta\theta_{se500-850}$ 场的分析,可在空白图或素描图上进行,其步骤如下:

①先框出须查算的范围;

②由 850 hPa 或 500 hPa 图上的 T、$T-T_d$ 值分别查附表 9 或附表 11 得 θ_{se850} 和 θ_{se500} 的值(有一位小数);

③计算 $\Delta\theta_{se500-850}$,注意因为当 $\Delta\theta_{se}/\Delta p>0$ 时,层结为不稳定,所以当 $\Delta\theta_{se500-850}<0$ 时,层结也是不稳定;

④每隔 4℃ 分析一根等值线。

(4)SI 的求法及分析

①$SI=T_{500}-T_{S500}$。T_{S500} 为 850 hPa 上的空气块先后依 r_d 和 r_v 上升到 500 hPa 时的温度。T_{S500} 的求法有两种:一为借助于 T-$\ln P$ 图;另一种为直接查表,见附表 7。

②SI 的分析,最好分析 -6,-3,0,3 四根等值线,因为据统计,SI 与对流性天气有下列关系:$SI<-6$,可能有严重的雷暴;$-6<SI<-3$,可能有强雷暴;$-3<SI<0$,可能有雷暴;$0<SI<3$,可能有阵雨;$SI>3$,无雷暴或阵雨。

五、天气图分析的有关提示和说明

(1)大尺度天气图

30 日 08 时地面图上,冷锋南下,迅速变性消失。在射阳、阜阳、驻马店一线残留下一条弱切变,必须分析出来。

(2)中尺度天气图

①分析规定

• 气压场每隔 0.5 hPa 分析一根等压线(黑色笔);

• 温度场每隔 1℃ 分析一根等温线(红色笔);

• 飑线用蓝色双线分析;

• 天气区按大尺度天气图的规定分析。

②分析原则

• 纯粹的局地性现象可不考虑,等值线分析要平滑;

• 保持每张图的连续性;

• 在中小尺度系统中地转关系不好,允许风场和气压场有一定夹角。

（3）分析步骤

①分析天气区，大致确定飑线的位置；

②浅描等压线；

③分析等温线；

④描实等压线。

六、思考题

（1）江苏地区 5 月 30 日 08 时是属于哪种类型的雷暴形势？未来 12 h 内该形势能否维持？

（2）此次高空降温主要发生在冷涡的何部位？

（3）南京地区稳定度演变如何？水汽条件是否有利于雷暴发生？抬升力条件是否具备？5 月 30 日下午能否发生雷暴？

（4）飑中系统的温、压场有何特征？

实习十五　能量计算和分析

一、实习目的

（1）掌握单位质量湿空气的总温度和总湿位温的计算。

（2）了解总能量形势图、总能量剖面图以及单站总能量廓线图的制作与使用。

二、总能量的计算公式

单位质量的湿空气，其总能量由四部分组成：感热能、潜热能、位能和动能。感热能和潜热能也统称内能。总能量 E_t 的表达式为：

$$E_t = C_p T + Lq + AgZ + A\frac{V^2}{2} \tag{9.9}$$

在日常工作中，一般不直接分析总能量，而是分析与总能量相对应的总温度 T_t。根据能量和热量的关系，又根据热量和温度的关系，可求得总能量 E_t 在定压的情况下所相当的温度为：

$$T_t = T + \frac{L}{C_p}q + \frac{A}{C_p}gZ + \frac{A}{C_p}\frac{V^2}{2} \tag{9.10}$$

式中：T_t 为总温度，A 是热功当量，C_p 是比定压热容，L 是单位质量的水在相变时释放（或吸收）的热量。若将它们相应的值代入算出系数 A/C_p 和 L/C_p，则（9.10）式变为：

$$T_t = T + 2.5q + 10Z + 5 \times 10^{-4}V^2 \tag{9.11}$$

(9.11)式是能量计算中最常用的总温度计算公式,其中,T_t 以 ℃ 为单位,V 以 m/s 为单位,Z 以 km 为单位,q 以 g/kg 为单位,T 也以 ℃ 为单位。

三、总能量图的制作与使用

目前使用的总能量图有以下几种。

(1)总能量形势图

它又按地面、850 hPa、700 hPa 等不同高度做成相应高度上的总能量形势图。

现以 700 hPa 为例,当按公式(9.11)计算出 700 hPa 上各站所对应的 T_t 以后,可将各站的 T_t 值填在空白图上,然后进行等值线分析,研究高能中心、低能中心、高能舌、低能舌与天气变化的关系。

(2)总能量剖面图

在根据探空和测风记录求取了各站各高度上的总温度以后,可参照剖面图的做法,制作总能量剖面图:纵坐标以 P、横坐标以水平剖线上的测站为坐标,填入 T_t 值并进行等值线分析。按照总能量在绝热、不计摩擦的定常运动中是守恒的原则,可以用总能量剖面图来分析大气的垂直运动状况。

(3)单站总能量廓线图

以 P 作纵坐标,T_t 作横坐标,点出测站上空 T_t 随 P 的分布,就得单站总能量廓线图。分析总能量廓线的分布形式,可以判断大气层结的稳定度(见本书第 3.5 节)。

四、关于湿静力总温度的计算和使用

由于动能项的相当温度很小,所以在一般情况下,可以略去动能项。略去动能项后的总温度称为湿静力总温度,以 T_σ 表示:

$$T_\sigma = T + 2.5q + 10Z \tag{9.12}$$

湿静力总温度与 θ_{se} 很类似,所以使用 θ_{se} 分析问题和解决问题的地方,均可同样使用 T_σ 来实现。

五、实习内容

(1)计算 1975 年 5 月 30 日 07 时南京站各标准层上的 T_t 和 T_σ,并做比较。

(2)试做上述时次的阜阳站总能量廓线图。

六、资料

见表 5.2。

第 10 章　台风天气过程的分析

§ 10.1　台风概述

10.1.1　台风的定义和名称

台风是发生在热带海洋上空的一种具有暖中心结构的强烈气旋性涡旋。热带气旋可按其中心附近最大风力进行分类,我国中央气象台曾将热带气旋分为三级:热带低压(最大风速 10.8~17.1 m/s,即风力 6~7 级),台风(最大风速 17.2~32.6 m/s,即风力 8~11 级)以及强台风(最大风速≥32.7 m/s,即风力≥12 级)。从 1989 年开始,我国采用世界气象组织规定的统一标准,将热带气旋分为四级。即热带低压(风速<17.2 m/s,风力<8 级);热带风暴(风速 17.2~24.4 m/s,风力 8~9 级);强热带风暴(风速 24.5~32.6 m/s,风力 10~11 级);台风或飓风(风速≥32.7 m/s,风力≥12 级)。中国气象局中央气象台规定,从 2006 年 6 月 15 日起实施,将台风进一步区分为台风、强台风和超强台风三个等级,具体标准如表 10.1 所示。

表 10.1　台风等级划分及其相应属性

名称	属性
热带低压(TD)	底层中心附近最大平均风速 10.8~17.1 m/s,即风力 6~7 级
热带风暴(TS)	底层中心附近最大平均风速 17.2~24.4 m/s,即风力 8~9 级
强热带风暴(STS)	底层中心附近最大平均风速 24.5~32.6 m/s,即风力 10~11 级
台风(TY)	底层中心附近最大平均风速 32.7~41.4 m/s,即风力 12~13 级
强台风(STY)	底层中心附近最大平均风速 41.5~50.9 m/s,即风力 14~15 级
超强台风(Super TY)	底层中心附近最大平均风速≥51.0 m/s,即风力 16 级或以上

在国外,通常用一些特殊名称来命名台风,如 Alex、Betty、Cary、Yancy 等,从 2000 年起我国和太平洋地区国家也采用特殊名称来命名台风,如"悟空"、"爱丽丝"等(附录 6)。而在 2000 年以前,我国则用编号的方法来命名每一个台风。编号按以下规定进行。

①在 180°E 以西,赤道以北的西太平洋和南海海面上出现的中心附近最大风力达到 8 级或以上的热带风暴,由北京气象中心按其出现的先后次序进行编号并负责确定其中心位置。

②编号用四个数码,前两个数码表示年份,后两个数码表示出现的先后次序。例如"9012"表示 1990 年出现的第 12 个到达编号标准的热带气旋,简称为 1990 年第 12 号台风。

10.1.2　台风的定位

当已编号的台风出现在 150°～180°E 的洋面时,每天进行两次定位(00 时,12 时,世界时);当进入 150°E 以西洋面时,每天进行四次定位(00 时,06 时,12 时,18 时,世界时);当进入北京气象中心的台风警报发布区(15°N 以北,130°E 以西的海域)后,每天再增加两次定位(09 时,21 时,世界时)。

台风定位的方法有飞机定位、雷达定位和卫星定位等多种方法。

飞机定位有穿眼飞行定位和非穿眼飞行定位两种,定位平均误差仅 18 km,说明精确度很高,但飞机定位依赖特殊设备和技术。

雷达定位主要依靠沿海岸设置的 10 km 台风雷达警戒线,雷达定位的精度也较高,平均误差在 40 km 以内,但由于一般雷达有效探测距离仅为 400 km,所以,只有在台风靠近沿海时雷达定位才能发挥作用。卫星定位是目前最常用的台风定位方法,因为卫星观测有广阔的视野和较高的精度。

卫星定位主要是根据台风云系的特征来进行的。当台风有"眼"时,可根据眼的特征来定位(图 10.1)。小而圆的眼即为台风中心,大而圆的眼可将眼区的几何中心视为台风中心。不规则的大眼,要仔细分析红外云图上的眼区,台风中心可定在最黑区的几何中心上。

(a) 不规则的大眼　　　(b) 大而圆的眼,直径≥60 km　　(c) 小而清晰的圆眼,直径≤60 km

图 10.1　卫星云图上台风眼的种类

当台风无明显眼区时,可根据台风云带所显示的环流来确定台风中心。若环流中心处在密蔽云区内部(图 10.2),当出现对称的近似圆形的密蔽云区时,取它的几何中心为台风中心;当密蔽云区中出现弧状云隙或裂缝时,取云缝内密蔽云区的中央部位为台风中心;在密蔽云区中有干舌侵入时,取干舌的端点为台风中心。若环流中心在密蔽云区外部(图 10.3),可见光云图上浓密云区外部出现半环形和螺旋状积云时,其云线的曲率中心可定为台风中心,或将红外云图上浓密云区外部或边缘附近出现的圆形无云区定为台风中心,或将螺旋云带曲率中心定为台风中心,当出现两条或两条以上的螺旋云带时,台风中心通常可定在这些云带中间的晴空区内(图 10.4)。

(a) 不规则形　　　　(b) 多边形或椭圆形　　　　(c) 圆形

图 10.2　卫星云图上中心浓密云区的形状

(a) 环流中心在强对流云区之外　　　　　　　　(b) 环流中心在强对流区边沿

(c) 环流中心在强对流云区内部

图 10.3　卫星云图上发展中的热带风暴(或弱台风)环流中心位置

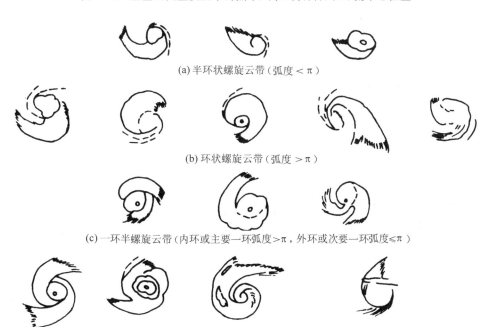

(a) 半环状螺旋云带(弧度＜π)

(b) 环状螺旋云带(弧度＞π)

(c) 一环半螺旋云带(内环或主要一环弧度＞π，外环或次要一环弧度≤π)

(d) 双环螺旋云带(外环或次要一环弧度＞π)　　(e) 中心为圆形强对流云带
　　　　　　　　　　　　　　　　　　　　　(围绕眼区或环的密蔽强对流区)

图 10.4　卫星云图上各种螺旋云带

10.1.3　台风的强度

台风的强度以台风中心附近的最低海平面气压和最大风速来表征。

台风中心的海平面气压(p_0),可由飞机在台风眼中投掷下投式探空仪来测量,误差值仅为 ± 5 hPa。还可以利用 700 hPa 的高度(H_{700})和温度(T_{700})值,根据下列经验公式之一来推算:

$$p_0 = 645 + 0.115 \times H_{700}$$
$$p_0 = 642.7309 + 0.1156 \times H_{700} \qquad (10.1)$$
$$p_0 = 600.8477 + 0.114 \times H_{700} - 0.4004 \times T_{700}$$

此外,若能知道台风中心附近地面最大风速,则可由表 10.2 查得中心海平面气压。台风中心气压和台风最大平均风速 V_{max}(单位:km/h)有下列关系式:

$$V_{max} = 6.7(1010 - p_{min})^{0.644} \qquad (10.2)$$

表 10.2　台风中心附近最大风速与最低海平面气压的关系

最大风速(m/s)	海平面气压(hPa)	最大风速(m/s)	海平面气压(hPa)
13	1004	43	964
15	1001	49	954
18	997	55	942
20	992	61	928
25	987	68	914
30	982	75	900
36	973	85	885

台风中心附近的最大风速可以通过雷达回波、卫星云图来确定。用雷达测定台风回波最小螺旋角,就可以根据最小螺旋角来查算最大风速。用卫星云图确定最大风速主要是依据一些经验判据。例如,当符合下列判据时,可确定台风中心风速≥60 m/s:①有一个清晰的小而圆的眼;②中心附近强对流云区的面积大于 4×4 纬距;③云系结构紧密。当符合下列判据:①有圆形眼,但眼区范围较大;②中心附近有强对流云区;③云系结构紧密时,则可确定台风中心风速为 40~60 m/s。

台风中心附近最大风速还可以通过公式(10.2)来计算,或根据 700 hPa 高度、最低海平面气压及台风所在纬度(Φ_0)来计算。当最大持续风速≤45 km/h,用下列公式:

$$V_{max} = \left(12 - \frac{\Phi_0}{8}\right)(1007 - p_0)^{1/2} \qquad (10.3)$$

当最大持续风速>45 km/h,用下列公式:

$$V_{max} = \left(19 - \frac{\Phi_0}{5}\right)\left(364 - \frac{H_{700}}{28}\right)^{1/2} - 20 \qquad (10.4)$$

还有其他经验方法,在此不一一列举。

台风强度随时间而变化,多数情况是缓慢的变化,少数情况下有急剧的变化。Holliday(霍利迪)和 Thompson(汤普森)把在 24 h 内台风中心气压下降 42 hPa 以上的情况称为台风的爆发性发展,台风的爆发性发展往往会造成更为严重的灾害。

§ 10.2　台风的路径

10.2.1　典型路径和特殊路径

台风路径是台风天气分析和预报中最关心的问题之一,因为不同的路径会对各地产生不同的影响。

在西太平洋地区,台风移动大致有三条路径(图 10.5):第一条是偏西路径,台风经过菲律宾或巴林塘海峡、巴士海峡进入南海,西行到海南岛或越南登陆。有时,进入南海西行一段时间后会突然北抬到广东省登陆,对我国影响较大。第二条是西北路径,台风向西北偏西方向移动,在台湾省登陆,然后穿过台湾海峡在福建省登陆。或者向西北方向经琉球群岛在江浙一带登陆。这种路径也叫作登陆路径。第三条是转向路径,台风从菲律宾以东的海面向西北移动,在 25°N 附近转向东北方,向日本方向移动。这条路径对我国影响较小,但若转向点靠近我国大陆时,也会造成一定影响。以上三条路径是典型的情况,不同季节盛行不同路径,一般盛夏季节以登陆和转向路径为主,春秋季则以西行和转向为主。

除了上述典型的台风路径外,有时还会出现很多奇异路径。对我国影响较大的台风异常路径主要有以下几种形式(图 10.6)。

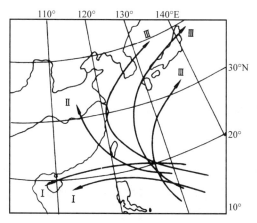

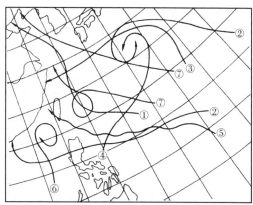

图 10.5　台风的典型路径(Ⅰ 为西行路径;　　　　　　图 10.6　台风异常路径的几种形式
　　　　　Ⅱ 为西北路径;Ⅲ 为转向路径)

①黄海台风西折。台风移到黄海,在正常情况下都是呈抛物线状转向东北方向移去,但有些情况下,台风沿 125°E 附近北上到黄海时会突然西折,袭击辽鲁冀沿海地区。它主要出现在 7—8 月,为我国北方沿海夏季的主要灾害性天气之一。

②南海台风北翘。当西太平洋西行台风进入南海后,正常路径是继续稳定西行,但有一些台风到南海北部后方向急转,路径北翘,正面袭击广东。这类路径在春末、盛夏和秋冬都可出现。这是华南台风预报中值得注意的一个问题。

③倒抛物线路径。这类台风一般生成在较高纬度,或者生成纬度较低、但有一段偏北移动的路径,以后偏西行折向西南,呈倒抛物线形。这类路径出现在 6—8 月,对我国台湾和东南沿海有较大影响。

④回旋路径。当两个台风同时存在,而且距离足够接近时,常常见到它们互相作逆时针方向回旋(图 10.7),并存在互相吸引的趋势。这类台风路径有显著的季节性,全部发生在夏季(7—9 月),尤其是盛夏。

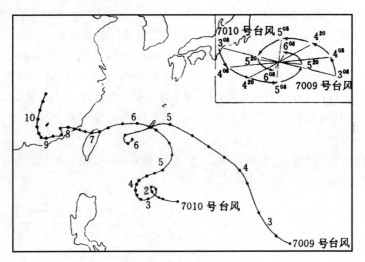

图 10.7　两次典型的台风回旋路径及相对转动廓线

⑤蛇形路径。台风在前进过程中,有时会出现左右摆动的蛇形路径,根据其路径总趋势大致可分为两类,即北移过程中的东西摆动和西移过程中的南北摆动。这种路径主要出现在 7—9 月。

⑥打转路径。台风打转是其移向急变的一种方式。这类路径是台风异常路径中出现最多的一种,几乎全年都有可能发生。它有顺时针打转和逆时针打转两种路径,在西太平洋地区台风逆时针打转的次数远多于顺时针打转。

⑦高纬正面登陆。台风生成以后朝西北方向移动时,一般在华东沿海登陆,但也有少数台风在较高纬度(30°～35°N)一直向西北方向移动而正面登陆朝鲜和我国辽宁一

带。这类路径次数不多,全部出现在 7—8 月。

10.2.2　影响台风移动的因子

决定台风移动的动力可分为内力与外力两种。台风的内力主要是由与台风本身的旋转、气流辐合和上升运动相联系的地转偏向力引起的。台风内力的大小和台风的半径,涡旋内空气的辐合、上升运动以及切向风大小成正比,与台风中心所在纬度成反比。在单纯的内力作用下,台风中心移动轨迹是由振幅不同而周期一样的正弦波和余弦波相叠加的复杂摆线。台风的外力则主要有环境(平均气流)的气压梯度力和地转偏向力以及摩擦力等。

分析和预报台风移动的天气学方法,主要是根据天气图分析,从环流形势入手,结合经验和指标来对台风移动路径做出判断。

台风西移的典型形势是副高强盛、长轴呈东西向,脊线稳定在 25°～30°N。

台风转向的典型形势是在我国东部沿海有稳定的长波槽或发展的低槽,台风易从副高西南边缘绕过副高脊线而进入西风带。

西北移台风的典型形势是台风处在稳定而深厚的东南气流控制下。

至于很多台风异常路径,情况复杂,有的是由于双台风作用,更多情况则是由于引导气流不明显,9012 号台风便是如此。

9012 号台风在登陆后的移动路径是十分奇特的。该台风在 1990 年 8 月 13 日晚在关岛以北的太平洋洋面上生成后向西偏北方向移动,15 日加强成强热带风暴,17 日发展为台风,19 日上午台风中心折向西行,在我国台湾基隆登陆,打了一个小转后,进入台湾海峡,速度减慢,强度减弱,20 日上午减弱为热带风暴,在福建省福清沿海第一次登陆,之后旋转入海,21 日上午在莆田沿海第二次登陆,以后回旋少动,22 日中午在晋江沿海第三次登陆(图 10.8)。

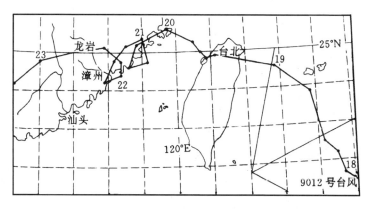

图 10.8　9012 号台风的移动路径图

9012 号台风在福建省反复回转和登陆期间,台风环流处于大陆高压、东部副高和赤道高压三个反气旋合围之中(图 10.9),因此没有明显的引导气流,这可能是造成这次台风的奇特路径的原因之一。

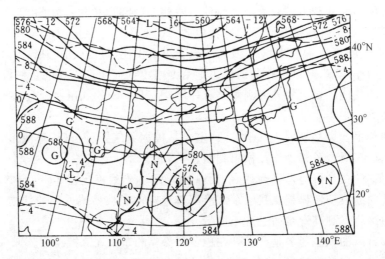

图 10.9　1990 年 8 月 20 日 08 时 500 hPa 形势图

此外,地形的影响有时也会形成一些奇特的路径变化。图 10.10 给出了台风经过台湾岛附近时短期路径预报的一些经验规则(王志烈等,1987),可见台湾岛有时可引起台风路径的变化。

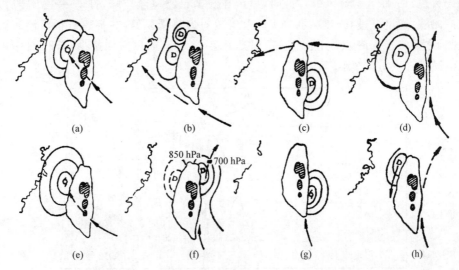

图 10.10　台风经过台湾岛附近时短期路径预报规则

10.2.3　用卫星云图判断台风路径

近年来,卫星云图,特别是静止卫星云图经常被用来判断台风移动路径,并积累了如下一些经验。

(1)有利台风西行的环境云场

副热带晴空区为东西走向,强度较强,呈黑色。台风位于晴空区南侧或东南侧,一般距北侧锋面云带 10 个纬距以上,台风中心距副高晴空区的西脊点 12〜15 个经度以上,如图 10.11 所示。

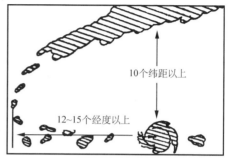

图 10.11　西行台风的环境云场

(2)有利台风向西北移动的环境云场

有利于这种路径的环境云场有两类:

①台风中心位于带状副高晴空区的西南侧,黑色晴空区南北宽 6〜10 个纬距,台风云系中心距晴空区西端 12 个经度以内,如图 10.12a 所示。

②副高反映的晴空区有两环,东环呈带状,西环为东北-西南走向;台风位于东环副高晴空区的西南侧,距西北方锋面云系 10 个纬距以内,少数情况下距离也可略大一些,如图 10.12b 所示。

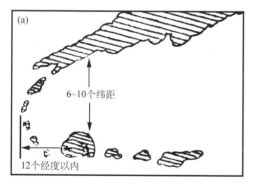
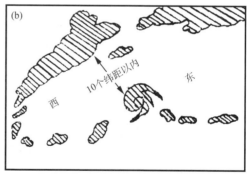

图 10.12　有利台风向西北移动的环境云场

(3)有利台风北上的环境云场

①台风位于副高晴空区的西侧或南侧,重要的是台风东面有一明显南伸的黑色晴空区,此时台风云系中心距北侧晴空区的西端点约 6〜8 个经度或更小,如图 10.13a 所示。

②晴空区有两环,西环弱而小,东环呈块状。台风云系位于东环晴空区的西南侧,但其东南方的黑色晴空区比第一种情况显得更强、更明显。这种情况下,即使台风离西北方锋面云系很远,台风也将北上,见图 10.13b。

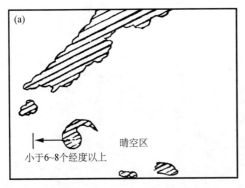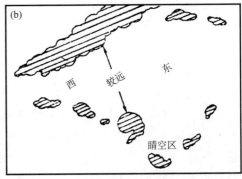

图 10.13　有利台风向偏北移动的云系特征

（4）有利台风转向东北的环境云场

主要特征是台风云系由原来的"9"字形转变为"6"字形，与锋面云系相接，如图10.14 所示。一般在云系转变为"6"字形后18～24 h，台风开始转向东北或静止少动。这里，"6"字形前部的锋面云系尾端伸展到台风中心所在经度以西的这一特点是重要的。如锋面云系只在台风所在经度以东，同时东移速度较快时，锋面和西风槽往往很快越过台风，台风则进入槽后折向偏西方向。

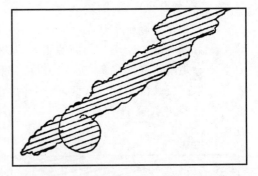

图 10.14　有利台风转向东北的云系特征

§10.3　台风暴雨

台风的灾害主要是由台风大风、暴雨和风暴潮所造成的。其中大风和风暴潮主要影响台风附近地区，而暴雨则往往会影响到更大范围，甚至远离台风的地方。

台风暴雨包括台风环流引起的暴雨和台风与周围系统相互作用造成的暴雨。所谓台风环流暴雨，是指出现在台风环流内部，离台风中心数十至上百千米的台风眼壁周围的云墙内的暴雨。台风与很多其他系统作用也可以引起暴雨，例如，台风与西风槽结合、与南支槽结合、台风与副高邻近、台风与热带系统相结合等都会引起暴雨。图10.15 表示台风环流邻近副高时的暴雨分布情况。图 10.16 表示在台风倒槽附近产生的暴雨的情况。

台风暴雨还与台风附近的中尺度系统的活动有关。在台风外围常常有许多中尺度系统如中尺度辐合线、中尺度气旋等，台风暴雨常常与这些中尺度系统相联系。图10.17 表示在 9012 号台风附近的中尺度系统。此外，台风暴雨还与地形有关。

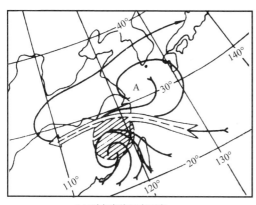

(a) 副高脊线呈东西向　　　　　　　　　　　　　(b) 副高脊线呈南北向

图 10.15　台风环流邻近副高时的暴雨分布

（虚线表示急流轴,据陈联寿和丁一汇,1979）

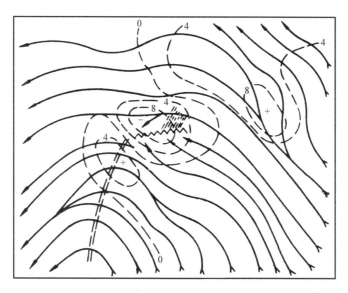

图 10.16　台风倒槽附近的暴雨

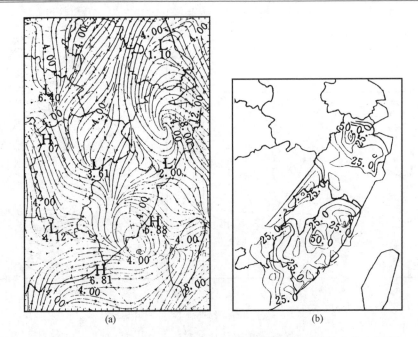

图 10.17　1990 年 8 月 20 日 23 时 9012 号台风附近地面风场上的中尺度
气旋(a)及 20 日 20 时至 21 日 08 时的降水量分布(b)

实习十六　台风个例分析

一、目的要求

通过对 1981 年 14 号台风个例的分析,初步掌握台风路径预报的基本方法,认识台风活动规律,了解台风影响的天气特点。

二、资料和方法

(1)提供 1981 年 8 月 31 日 08 时 500 hPa 形势参考图一张(图 10.18)。

(2)分析 1981 年 8 月 31 日 20 时至 9 月 1 日 08 时 500 hPa 图和地面图共 4 张。

(3)在 9 月 1 日 08 时地面图上点绘 27 日 20 时以后各时次台风中心位置。

(4)制作 8 月 29 日 20 时至 9 月 1 日 08 时的 588 dagpm 等高线、副热带高压中心位置(包括大陆副高和西太平洋副高)和有关的西风槽位置综合图一张。

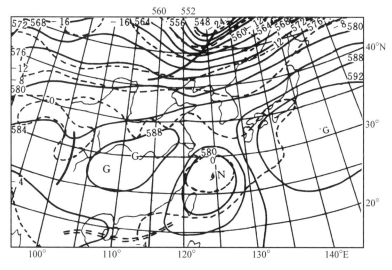

图 10.18　1981 年 8 月 31 日 08 时 500 hPa 形势图

三、天气图分析提示

（1）分析地面图时,重点要画好台风影响的天气区(大风、降水等),认真分析台风中心附近的等压线(根据台风中心强度的气压值)以及正负变压中心和 ΔP_3 等值线。

（2）注意 31 日 20 时河套至青海湖的降水区,以及 35°N 附近弱锋面的分析,冷高压中心分别在酒泉和太原附近。

（3）锋面分析主要考虑历史连续性和高空弱锋区,夏季地面冷空气变性快,且冷空气主力偏北东移,因此锋面附近要素场对比不显著。

（4）高空图重点分析好大陆副高和西太平洋副高,以及 588 dagpm 等值线的范围走向,并注意西风带的分析。

（5）赤道辐合带位于南海北部。

四、思考题

（1）分析这次台风天气过程中台风移动路径与副热带环流形势的特点,以及它们之间的关系。

（2）分析 31 日 20 时和 9 月 1 日 08 时台风附近地面 3 h 变压场的变化,并讨论这次台风是否可能在我国登陆?

（3）试分析位于河南、山东一线的弱锋面是否有可能使台风变性?

（4）根据以上分析和所学的台风路径预报的基本知识,预报未来 6 h 台风的移动路径。

五、8114 号台风简介

（1）生成发展

8114 号台风于 1981 年 8 月 27 日 20 时生成,30 日发展为强台风,9 月 1 日 08 时达到最强,中心气压 950 hPa,中心附近最大风力 45 m/s。9 月 4 日 14 时在日本北部变性为温带气旋。

（2）移动路径

台风在热带洋面生成后,向西北方向移动,8 月 31 日 20 时到达我国近海,在 123°E 附近向北移动,移速缓慢,于 9 月 2 日 14 时转向东北。

（3）天气影响

8114 号强台风虽然未在我国登陆,但使华东沿海蒙受了较大损失。受其影响,浙江、台湾出现暴雨和特大暴雨,从台湾、福建直到山东的沿海地区都出现了强风暴潮,浙江宁波、上海等处的最高潮位都破了历史纪录。由于风大和持续时间长,又正值大潮汐,引起海水倒灌,淹没了不少农田。

六、有关资料

台风中心位置和强度以及 500 hPa 副热带高压中心位置的时间演变如表 10.3、表 10.4 所示。

表 10.3　8114 号台风中心位置及强度的演变

时间	经度（°E）	纬度（°N）	中心气压 （hPa）	最大风力 （m/s）
8 月 27[20]	137.5	18.0	992	20
28[08]	135.0	19.3	990	22
28[20]	132.9	20.3	985	25
29[08]	130.5	21.9	980	30
29[20]	129.0	23.1	975	32
30[08]	127.2	24.5	970	33
30[20]	126.0	25.5	965	35
31[08]	124.7	27.3	955	40
31[20]	123.6	29.3	955	40
9 月 1[08]	123.1	30.4	950	45
1[20]	123.3	31.0	965	35
2[08]	123.9	31.9	980	30

表 10.4　副热带高压中心位置的演变(500 hPa)

时间	西太平洋副高		大陆副高	
	经度(°E)	纬度(°N)	经度(°E)	纬度(°N)
8 月 29²⁰	149.5	29.5	121.5	28.0
30⁰⁸	147.5	31.0	112.0	28.0
30²⁰	145.7	33.0	114.5	29.5
31⁰⁸	143.5	31.0	112.0	29.7
31²⁰	144.5	31.0	108.5	28.0
9 月 1⁰⁸	143.5	30.5	110.5	31.0
1²⁰	146.5	32.5	98.5	26.0

第 11 章　气象信息综合分析处理系统

中国气象局气象卫星综合应用业务系统(简称"9210"工程)是"八五"期间由国家计委批准立项的大中型项目,也是我国气象现代化建设的重要组成部分。该工程采用卫星通信、计算机网络、分布式数据库、程控交换等先进技术,建成卫星通信和地面通信相结合、以卫星通信为主的现代化气象信息网络系统,实现气象信息的中高速网络化传输和气象信息的共享。

"气象信息综合分析处理系统"的英文为 Meteorological Information Comprehensive Analysis and Processing System,简称 MICAPS。MICAPS 系统是与"9210"工程通信、数据库系统配套的支持天气预报制作的人机交互系统。

§ 11.1　MICAPS 系统概述

11.1.1　MICAPS 系统的功能

(1)业务预报员通过该系统能够检索和用字符或图形图像方式显示数据库中所有与业务预报有关的数据,并能通过该系统提供的图形编辑功能对显示的图形进行必要的编辑修改。

(2)该系统提供足够的图表和图形编辑功能及其他工具,帮助业务预报员制作预报并自动生成最终预报产品。

(3)业务预报员通过该系统界面可随时查询本地现代化业务系统中与预报业务有关的各子系统运行状态。

(4)该系统能自动产生与预报业务管理有关的各种数据,并对它们进行管理和输出。

(5)该系统提供一个二次开发环境,以便各地根据本地具体情况对该系统的各分量进行调整,或在该系统提供的基本功能之上开发新的功能。

11.1.2　MICAPS 系统的发展

自从 MICAPS 1.0 版于 1997 年正式发布,并在业务中应用以来,已经发布 MICAPS 2.0、MICAPS 3.0、MICAPS 3.1、MICAPS 3.1.1、MICAPS 3.2 等多个版本,在中国气象局各级业务部门得到了广泛应用,并在其他部门以及其他业务中得到应用。目前在全国天气预报业务中使用最多的是 MICAPS 第 3 版，以下主要以 MICAPS 3.2 为例，简要介绍其常用功能和基本界面以及操作，详细功能和操作请见《气象信息综合分析处理系统（MICAPS）第 3 版培训教材》（吴洪，2010）。最新的 MICAPS 4.0 已经在国家级部分业务单位进行了内部测试，后文只对其做简要介绍。

MICAPS 3.2 客户端在集成 MICAPS 3.1 功能的基础上，加强对实况观测资料、模式资料、特种观测资料的应用与分析，通过对软件框架的重新设计和开发，提供了更为灵活的配置界面和更为方便的交互操作方式；此外，通过改进图形引擎，提高了对基础绘图元素，如文字、图像等的显示和绘制，很大程度上提高了绘制的效率和质量。

MICAPS 3.2 客户端可以显示和处理基本气象观测数据、图像产品、数值预报格点资料以及为绘制天气图和制作预报产品而进行的交互操作，并具有常用的资料处理工具。

MICAPS 3.2 采用开放式软件框架，系统框架管理各功能模块，功能模块可以任意增加或删除。在兼容 MICAPS 3.1 二次开发接口基础上，提供了更为丰富和完善的二次开发功能。

系统提供多种气象资料分析和可视化、预报制作、分析、产品生成功能，为不同业务提供专业化版本，满足多种业务需求。

MICAPS 3.2 增加了数据检索方式，扩展了数据类型定义，增强了数据格式的适应性。

（1）系统基本功能
- MICAPS 基本数据显示功能（第 1～19 类数据，其中第 9 和 19 类数据有限支持）
- 预报制作、等值线修改、天气图分析需要的交互功能
- 打印功能
- 地面三线图绘制
- 一维图显示功能
- 玫瑰图和饼图显示
- 地图投影切换功能
- 预警信号制作功能
- 雨量累加功能
- 地面和离散点数据的统计功能
- 台风路径动画显示功能
- GPS 水汽填图和时间序列显示功能
- 风廓线资料显示功能
- 雷达资料（基数据和 PUP 产品）显示功能
- 卫星资料（标称图、AWX 格式云图及产品、GPF 格式）显示功能
- 卫星 AWX 格式云图和产品数据快速检索

- netCDF 资料显示功能
- 探空资料的时空剖面功能
- 模式资料的时空剖面功能
- 模式资料对比显示功能
- 模式资料单点时间变化显示功能
- 模式资料邮票图和切片图显示功能
- WS 报资料监视显示功能
- 基础地理信息显示功能(MIF 和 SHP 格式数据显示、高程数据显示)
- 网络数据下载与显示功能
- 云图动画功能
- 地球球面距离和球面近似面积计算功能
- 城市预报交互制作功能
- 精细化预报指导产品订正功能
- 文本文件编辑与传输功能
- 图片显示功能
- 操作日志记录功能
- 基本预报流程管理功能
- 图像保存和动画 GIF 生成功能
- 会商支持功能
- 系统配置功能(菜单修改等)
- 系统二次开发接口提供扩展功能模块开发

(2)新增功能
- 中国高精度地形功能
- 高分辨率地理信息分级显示功能
- 时间序列图功能
- 新版模式资料的时空剖面功能
- 窗口布局切换功能
- 右键菜单功能
- 模式资料曲线功能
- 地面填图分析功能
- 多屏显示功能
- 高空填图时间序列图功能
- 高空填图显示剖面功能
- 离散点数据区域统计功能

- T-$\ln P$ 多窗口显示功能
- T-$\ln P$ 交互探空功能
- 综合图分组显示功能
- 模式雨量累加

§ 11.2　MICAPS 3.2 主界面

11.2.1　系统启动

系统安装完毕,会在桌面和程序组中生成一个快捷方式,单击或双击快捷图标,即可启动 MICAPS 3.2。

11.2.2　主界面说明

系统启动后主界面如图 11.1 所示,包括标题栏、菜单栏、工具栏、图层快捷工具栏、交互工具箱窗口或资料检索窗口(综合图目录、综合图文件窗口)、图层属性窗口、显示设置窗口、图形显示区域和状态栏等几个部分。

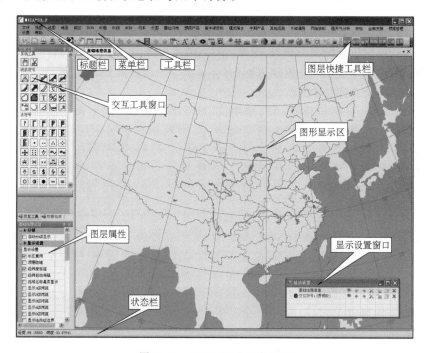

图 11.1　MICAPS 3.2 主界面

11.2.3　打开文件

　　系统提供文件名检索、参数检索、菜单(综合图)检索、资料检索窗口(综合图)检索、翻页检索等多种资料打开方式,还增加了通过资源管理器浏览将数据文件直接拖放到图形显示窗口的打开方式(每次可以拖放多个文件)。还可以通过值班任务列表打开文件。

11.2.4　图层操作

　　图层操作可以通过显示设置窗口(图 11.2)完成。

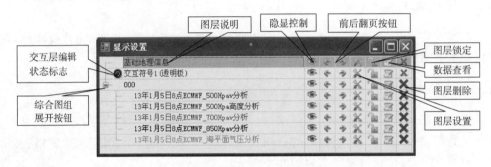

图 11.2　显示设置窗口

　　图层选择窗口和显示设置窗口显示当前图组中显示的所有图层的文字说明,可以通过这两个窗口进行指定图层的显示、隐藏、编辑、删除等操作。显示设置窗口的设置如下。

　　①在该窗口中,每个图层包含说明、显示或隐藏、打开属性编辑窗口、单层数据翻页、数据查看和图层删除按钮。

　　②在图层说明上点击鼠标左键,选中该图层,属性窗口中显示该图层属性。

　　③如果是可编辑图层(MICAPS 第 4、8、14 类数据和精细化指导预报产品),则双击进入编辑状态,或单击右键取消编辑状态,或点击右键选择窗口但不进入编辑状态。

　　④处于编辑状态的图层不能清除和动画翻页,但可以通过点击删除按钮删除。

　　⑤点击显示/隐藏按钮,可以设置图层的显示和隐藏状态。

　　⑥如果属性编辑按钮为可用状态,点击属性编辑按钮可以弹出该图层属性编辑窗口。

　　⑦在图层翻页按钮上点击向前按钮,则该图层时间向后移动,显示资料目录中上一时间的资料,点击向后按钮时间向后,显示资料目录中下一时刻的资料。

　　⑧点击查看按钮,使用写字板打开该图层对应的数据文件。

　　⑨点击删除按钮,删除该图层。

　　⑩显示设置窗口关闭后,可以通过选择菜单"视图"→"显示设置"菜单项重新显示。

11.2.5　图层属性修改

　　选择图层后,就可以修改系统窗口左下角的属性窗口中的属性,属性一般分为逻辑

(true/false)、字符串、数字和下拉列表等几种类型,逻辑型的属性可以通过点击属性前面的对钩修改,字符串和数字型属性需要直接用键盘输入,下拉列表型可以通过点击选择框右侧的向下箭头展开列表框选择。此外,字体和颜色选择属性可以通过弹出对话框选择。

11.2.6　地图操作

地图可以通过"地图"下的菜单项改变投影方式和投影参数,也可以通过键盘"Ctrl"＋鼠标右键拖动方式改变投影中心参数,如果需要快速改变地图投影,也可以使用菜单中的选择项。打开指定投影的第 13 类图像数据和 AWX 格式云图时,地图根据文件中的投影参数自动变换。一般情况下,在底图上按下左键为地图漫游(非交互操作模式下),按下右键拉框为拉框放大,按下右键可以弹出右键菜单,按住 Ctrl 右键拉框为保存拉框范围内的区域为图片,任何时候按下中键为地图漫游(若中键是滚轮的,按住中键不滚动移动鼠标时,为地图漫游,中键滚轮往前滚动为放大地图,中键滚轮往后滚动为缩小地图),双击左键放大地图,双击右键缩小地图。

11.2.7　基础地理信息

通过系统设置(设置 set. ini 文件中"读入行政边界信息"为 true)或菜单操作(选择"地图"菜单的"行政区边界"选项),在主界面图形显示窗口,随着鼠标的指向或移动,均能在状态栏中显示所在位置国内县(市)名、经纬度或国外区域经纬度。选择"地图"菜单的对应选项操作还可显示中国地形、中国高精度地形、国内地市或县(市)边界。

11.2.8　交互操作

打开第 4 类格点数据、第 14 类交互结果或选菜单"文件"→"新建"→"交互符号"层,并选择编辑该层后,点击"工具箱",出现编辑符号,可以使用各种符号进行交互操作。线条类(槽线、锋面、预报线、等值线等)符号均可以修改,选择"剪切"符号后,在底图相应符号上按下左键并移动鼠标可以移动符号或线条,按下右键则删除选择的符号或线条,交互符号层的所有交互操作均可以通过点击工具栏上的"撤销交互操作"按钮撤销或者"Ctrl＋Z"快捷键撤销。在任何时候可以按下鼠标中键移动地图。

城市预报(第 8 类数据)和精细化预报订正的交互方式请参考本书第 13 章。

11.2.9　保存

系统可以保存交互操作结果、当前显示的图片。选择菜单"文件"→"保存",可以保存交互结果,注意保存的是当前"编辑"状态下的交互图层的交互结果;菜单"文件"→"保存图片"可以保存当前显示的图片(屏幕显示范围),该图片可自动保存到指定目录,文件名自动生成。可以通过按下 Ctrl 键再用鼠标右键拉框保存选择范围的图像,此时需要输入保存的文件名。

11.2.10　退出

通过菜单"文件"→"退出"和主窗口的关闭⊠按钮退出程序。

§ 11.3　MICAPS 4.0 简介

概括来讲,MICAPS 4.0 的系统建设,力图要满足气象现代化的发展需要,建立先进、高效、智能、便捷、开放的天气预报业务平台。主要体现在高时空分辨率数据的应用、现代预报思路支持、IT 成果在预报平台上应用三个方面。

MICAPS 4.0 的总体建设目标可以用"四化"来概括:系统的现代化、系统的精细化、系统的专业化和系统的智能化。系统的现代化包括预报技术现代化的支持以及 IT 现代化的体现;系统的精细化包括高时空分辨率数据的支持、精细化预报业务流程的支持;系统的专业化包括对各专业版本的支持以及协同预报的支持;系统的智能化包括天气系统识别、天气概念模型、预报员行为智能判定等。

MICAPS 4.0 界面设计保留传统 MICAPS 界面元素,同时借鉴国外先进平台优点。重点要素突出。主界面更简洁,窗口扁平化设计。支持多种分屏方案,增加浮动窗口功能。统一风格的一级、二级界面设计。高性能 2D 图形引擎。更好的字体渲染,支持 TrueType 字体和符号。更快的渲染速度,在 0.5 s 内能渲染完 EC 细网格 0.125 间隔的数据(风场、填值),等值线渲染更快。渲染大量文字时,地图漫游依然流畅。支持异步并行渲染,充分利用多核 CPU 的优势。更加流畅的交互体验。基于加速后的图形引擎,更快的帧率给 MICAPS 4.0 带来流畅的交互体验。功能模块调优。优化界面,让界面更加友好,便于操作。大幅提高模块性能。更加丰富的数据显示方式。利用统一内存模型,将数据与样式分离开,使得多种数据渲染样式成为可能。

§ 11.4　图形显示和操作

在检索到所需要的数据并在屏幕上显示出图形图像后,就可以对这些图形图像做进一步的操作。

下面将依次说明显示设置窗口的操作以及底图、通用标量站点数据、通用标量格点数据、通用矢量格点数据、通用图像数据、气象图元数据、地理信息线条数据、站点信息数据以及专用的综合地面填图数据、综合高空填图数据、探空三维站点数据、气象传真图数据、台风路径数据、城市预报数据等的显示和操作。

11.4.1   显示设置窗口

用户进入 MICAPS 主窗口后,在窗口左下角将自动弹出一个"显示设置"窗口,而且每个显示页都有自己独立的显示设置窗口。用户利用该窗口方便地实现"隐现切换"、"特征设置"、"删除图形"及选择要编辑的图形等功能。用户不需要时,可关闭该窗口。

11.4.1.1   弹出显示设置窗口

当显示设置窗口处于关闭状态时,可利用下述两种方式之一重新弹出显示设置窗口:
①选择菜单中的"显示"→"显示设置"项。
②选择常用工具条的"显示设置"图标🖳(图 11.3)。

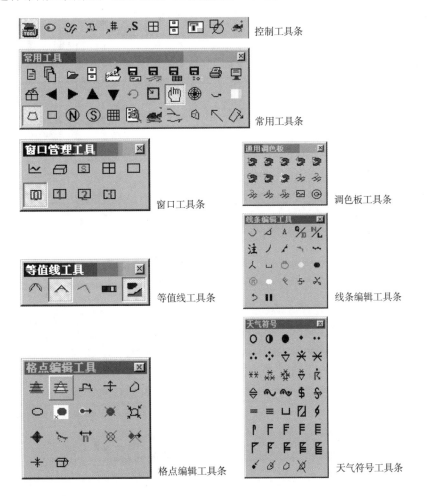

图 11.3   工具条图标及其说明

11.4.1.2 显示设置窗口部件

①窗口顶端为标题：显示设置。

②标题的下方为"显示"、"消隐"、"编辑"、"查看"、"特征"和"删除"6个按钮(图11.4)。

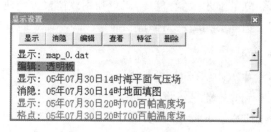

图 11.4 显示设置窗口

③在按钮的下方为当前在 MICAPS 窗口内显示的各图形的说明。每个图形的说明前面都有一个状态说明：当正常显示时，为"显示"；当消隐时，为"消隐"；当处于线条编辑或城市预报编辑时，为"编辑"；当处于格点数据编辑状态时，为"格点"。

11.4.1.3 将数据由可见变为不可见(简称"消隐")

(1)在列表框中选择要变为不可见的数据说明项

操作：把鼠标箭头移到列表框中要变为不可见的数据说明处，单击鼠标左键。

屏幕响应：该数据的说明项背景变黑。

注意：一次可以选择多个数据消隐。但若有某个不要消隐的数据已经变黑，则应再选择一次使其背景变白。

(2)选择"消隐"按钮

操作：把鼠标箭头移到窗口"消隐"按钮处，单击鼠标左键。

屏幕响应：被选择的数据图形在图形显示区中消失。

11.4.1.4 将数据由不可见变为可见(简称"显示")

(1)在列表框中选择要变为可见的数据说明项

操作：把鼠标箭头移到列表框中要变为可见的数据说明处，单击鼠标左键。

屏幕响应：该数据的说明项背景变黑。

注意：一次可以选择多个数据显示。但若有某个不要显示的数据已经变黑，则应再选择一次使其背景变白。

(2)选择"显示"按钮

操作：把鼠标箭头移到窗口"显示"按钮处，单击鼠标左键。

屏幕响应：被选择的数据图形在图形显示区中显示。

11.4.1.5　删除数据显示

（1）在列表框中选择要删除的数据说明项

操作：把鼠标箭头移到列表框中要删除的数据说明处，单击鼠标左键。

屏幕响应：该数据的说明项背景变黑。

注意：一次可以选择多个数据删除。但若有某个不要删除的数据已经变黑，则应再选择一次使其背景变白。

（2）选择"删除"按钮

操作：把鼠标箭头移到窗口"删除"按钮处，单击鼠标左键。

屏幕响应：被选择的数据图形在图形显示区中消失，并且其说明项也在列表框中消失。

注意：被删除的数据将不再能通过图形操作恢复，除非重新检索，这也是"消隐"和"删除"的区别。

11.4.1.6　编辑图形的数据文件

（1）在列表框中选择要编辑的数据说明项

操作：把鼠标箭头移到列表框中要编辑的数据说明处，单击鼠标左键。

屏幕响应：该数据的说明项背景变黑。

（2）选择"查看"按钮

操作：把鼠标箭头移到窗口"查看"按钮处，单击鼠标左键。

屏幕响应：弹出文本编辑窗口，与被选择的数据图形相应的数据文件内容将显示在窗口中，此时用户即可对其进行编辑。

11.4.1.7　关闭显示设置窗口

（1）选择"显示设置"窗口右上方的关闭按钮"×"

操作：把鼠标箭头移到关闭按钮"×"上，单击鼠标左键。

屏幕响应：显示设置窗口关闭。

（2）关于"编辑"和"特征"按钮的使用，将在后面的有关内容中描述

11.4.2　底图的显示和操作

11.4.2.1　底图的初始显示

当进入 MICAPS 系统后，系统将根据初始设置自动显示底图。底图包括海陆廓线、中国国界、长江、黄河及经纬线等。4 个显示页可以有不同的初始设置。因此，进入每个显示页都可能显示不同的底图。用户可以根据需要改变各显示页的初始设置。

11.4.2.2　底图的放大、缩小、漫游

（1）双击鼠标放大

在"鼠标放大"方式下，在窗口某处双击鼠标左键，图形将被放大一倍，同时鼠标点

击的地点将移动到窗口中心。

（2）拉窗放大

在"拉窗放大"方式下，在窗口某处按住鼠标左键，拖动鼠标到某处，抬起鼠标左键。此时鼠标移动构成的矩形范围内的图形将被放大到整个窗口。此放大方式可实现无级放大。

（3）缩小

在窗口某处双击鼠标右键，图形将被缩小一倍，同时鼠标点击的地点将移动到窗口中心。

（4）漫游

在"鼠标放大"方式下，在窗口某处按住鼠标左键，向某方向拖动鼠标到某处，抬起鼠标左键。此时图形将向鼠标移动的方向漫游。

（5）放大方式的切换

可以选择菜单中的"选项"→"拉窗放大"或"鼠标放大"项来切换两种放大方式。更常用的是点击常用工具条中的图标 ▣（拉窗放大）或 ✋（鼠标放大）来切换（图 11.3）。

11.4.2.3　旋转底图

（1）打开底图旋转功能

选择菜单中的"底图"→"旋转底图"项，或常用工具条中旋转底图图标 ↻（图 11.3），即可打开底图旋转功能。

（2）旋转底图

在窗口某处点击鼠标左键，该处的经度将自动变为标准经度，使底图发生旋转。可连续执行此操作，使底图连续旋转，直到取消底图旋转功能为止。

（3）取消底图旋转功能

底图旋转完成后，在图形窗口中点击鼠标右键，即可取消底图旋转功能。

11.4.2.4　改变底图投影

选择菜单中的"底图"来选择需要的投影项，然后选择常用工具条中需要的投影图标（图 11.3）：⌂（兰勃特投影）、▢（墨卡托投影）、Ⓝ（北半球极射赤面投影）、Ⓢ（南半球极射赤面投影）或 ⊞（经纬度线性投影）来改变底图投影。

11.4.2.5　隐现经纬线

实现经纬线的显示和消隐有两种方式：

①选择菜单中的"底图"→"经纬线隐现"项。

②选择常用工具条中"隐现经纬线"图标 ✦（图 11.3）。

11.4.2.6　改变底图填色

改变底图填色有两种方式：

①选择菜单中的"底图"→"底图填色"项。

②点击常用工具条的"底图填色"图标 ■（图 11.3）。

将弹出底图填色窗口（图 11.5）：选择"填色"前面的小方框，可以设置底图填色或不填色，点击"海洋颜色"按钮可以改变海洋的填充颜色，点击"陆地颜色"按钮，可以改变陆地的填充颜色。

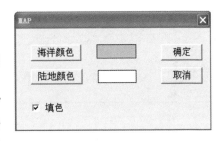

图 11.5　底图填色窗口

11.4.2.7　区域设置

MICAPS 为了方便底图设置，可以预设若干固定的底图区域。用户在进行了若干底图操作，使当前窗口内底图满足用户的需要后，可以选择菜单中的"底图"→"增加新区域"项。此时将弹出保存文件窗口，用户输入某文件名并确定后，当前窗口的底图设置将被保存在该文件中。

以后，当用户选择菜单中的"区域"项后，将弹出文件选择窗口。用户在窗口内选择过去保存的某个文件，窗口内底图将立即改变为与文件中参数对应的底图。

11.4.2.8　还原底图

当因为某种原因底图发生了混乱，或用户希望底图还原到初始状态时可选择如下的两种操作方式之一：

①选择菜单中的"显示"→"还原底图"项。

②选择常用工具条的"还原底图"图标 ⊕（图 11.3）。

11.4.2.9　底图定位

当需要知道底图中某点的经纬度（或图像定标值）时，可使用底图定位功能。可以用如下两种方式打开底图定位功能：

①选择菜单中的"显示"→"定位定标"项。

②常用工具条的"定位定标"图标 ↖（图 11.3）。

打开底图定位功能后，在显示区域内选择某一点，将弹出定位、定标窗口（图 11.6）。定位、定标窗口中显示该点的经纬度，若窗口有图像显示时，还将同时显示该点的图像定标值。当选择的点不是第一个点时，窗口内还将显示当前点与上一点之间的距离。

③关闭底图定位功能。

再次选择菜单中的"显示"→"定位定标"项或常用工具条的"定位定标"图标 ↖，或者直接点击底图定位定标窗口关闭按钮，即可关闭底图定位功能。

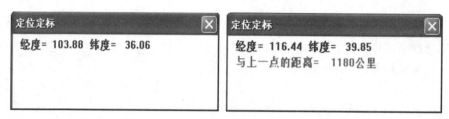

图 11.6　底图定位、定标窗口

11.4.2.10　地理信息

MICAPS 包含了一些基本的地理信息：地形高度、河流和行政边界。

用户选择菜单中的"底图"→"地形高度"项，或常用工具条的"地形高度"图标，MICAPS 将自动调入默认的地形高度图像。

当用户选择菜单中的"底图"→"主要河流"或"本国政区"，或者选择常用工具条的"河流"图标或"政区"图标时，将弹出文件选择对话框，用户选择需要的文件，即可显示相应的地理信息。

在组件的地理信息控件中可以提供更多的地理信息。

11.4.3　通用标量站点数据的显示和特征设置

MICAPS 系统可以进行通用标量站点数据的填图。最多可以同时填 4 个要素。填图时还可以同时利用填图的离散点数据画等值线。在填图的同时是否画等值线，是由填图特征设置决定的。

通用标量站点数据对应的数据类型是 MICAPS 第 3 类数据。在填图时，首先在站点的位置上填一个标识站点位置的黑点。4 个填图要素将围绕该点填数值（目前的版本是单要素填图）。4 个要素相对于该点的位置顺序依次为：右上角、左上角、左下角和右下角。

填图后，可进行填图的特征设置。下面将详细说明。

11.4.3.1　弹出填图特征设置窗口（图 11.7）

（1）在显示设置窗口选择要设置特征的图形

在显示设置窗口内，在要设置特征的图形说明上点击鼠标左键。

（2）选择显示设置窗口中的"特征"按钮

将弹出填图特征设置窗口。

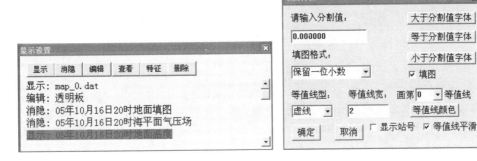

图 11.7　填图特征设置窗口

11.4.3.2　设置填图字体和格式

在填图特征设置窗口内可设置一个分割值。利用窗口右侧的 3 个按钮,可对大于、等于和小于分割值的数值分别设置字体。点击 3 个按钮之一后,将弹出 Windows 提供的标准字体选择窗口,在窗口中可选择字体、字型、大小、效果、颜色等。例如,填温度时,可设置分割值为 0,对大于、等于、小于 0 度的值分别设置字体。

在分割值下面,是填图格式的选择框。目前,可以选择的填图格式包括:填整数、保留一位小数、保留两位小数、6 h 降水模式、24 h 降水模式等。

11.4.3.3　选择填图、画等值线或显示站号

①选择字体设置按钮下方填图前面的小方块,可以控制填图或不填图,即可只画等值线不填图。

②再下面为控制画等值线的选择框。由于可以同时显示 4 个要素的填图,因此需要指定画哪个要素的等值线。选择－1 则表示不画等值线。

③选择画等值线后,可以指定等值线的线型、线宽、颜色以及是否平滑等。

④最后在窗口下方有一个显示站号的小方块,可以控制在填图的同时是否同时填站号。

11.4.4　通用标量格点数据和格点剖面数据的显示和特征设置

MICAPS 系统可以显示通用标量格点数据的等值线,对等值线进行彩色填充、填格点值。

格点剖面图数据则是在一组等值线数据基础上通过组件的功能显示格点数据的剖面图。在 MICAPS 窗口中也是显示其中某一层的等值线图形,便于进行剖面的选择。

通用标量格点数据对应的数据类型是 MICAPS 第 4 类数据。格点剖面数据对应的数据类型则是 MICAPS 第 18 类数据。

显示等值线后,可进行等值线的特征设置,下面将详细说明。与格点剖面数据对应

的等值线图形,其特征设置与通用格点标量数据类似,除了不能进行彩色填充和格点数据编辑外,其他功能相同。

11.4.4.1 弹出等值线特征设置窗口(图 11.8)

(1)在显示设置窗口选择要设置特征的图形

在显示设置窗口内,从列表中选中要设置特征项。

(2)选择显示设置窗口中的"特征"按钮

将弹出等值线特征设置窗口。

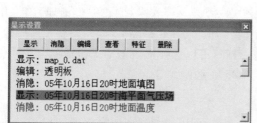

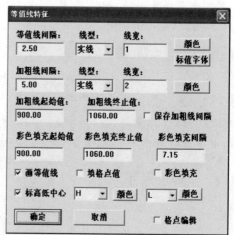

图 11.8 等值线特征设置窗口

11.4.4.2 设置等值线和加粗线的参数

窗口的上两排部件可以设置等值线和加粗线的间隔、线型、线宽、颜色和等值线标值的字体。

下面的两个编辑框可以输入加粗线的起始等值线值和终止等值线值,MICAPS 将只对这个区间之内的等值线画加粗线。

注意:一般情况下,当等值线数据调入时,系统自动把加粗线间隔设为等值线间隔的 2 倍。当在窗口内选择了"保存加粗线间隔"选择框后,系统将使用用户设置的加粗线间隔。

11.4.4.3 标高低中心

在等值线特征设置中增加了自动标高低中心的选择。选中"标高低中心"复选框,则系统在画等值线图时将自动标高低中心。在其右侧可分别输入或选择标高中心和低中心的符号和颜色。

11.4.4.4　彩色填充

选中窗口中"彩色填充"复选框,可以对等值线进行彩色填充。

在其上方可输入彩色填充的起始和终止等值线值,MICAPS 将只对这个区间内的等值线填充彩色。还可以输入彩色填充的等值线间隔,其间隔可以与画等值线的间隔不同。

(1)初始填色范围的确定

选择 MICAPS 菜单中"选项"下拉菜单里的"固定填色范围",则填色的起始值和终止值将取等值线数据文件中给定的等值线起始值和终止值。一般在不同时次的等值线数据文件中,这两个值是固定的,因此在进行翻页、动画操作时,填色范围不会发生变化。若不选择这一项,则填色范围将取数据实际的最大值和最小值。

(2)填色调色板

彩色填充的调色板在调色板文件(MICAPS 第 15 类数据)中,使用第 352～479 号颜色。最多可有 128 种颜色。在缺省调色板文件 colormap. dat 中已设置了一个缺省的填色调色板。

(3)填充颜色的选择

选择 MICAPS 菜单中"选项"的下拉菜单里的"全程颜色",可设置填色时使用的颜色范围。当不选择此项时,系统将按照彩色填充间隔从第一个颜色开始顺序向后分配填充颜色。当填色间隔数小于填色调色板中的颜色数时,系统将不能充分利用调色板中的所有颜色。当填色间隔数大于填色调色板中的颜色数时,系统在使用完调色板中所有颜色后,将从调色板的第一个颜色开始继续分配。当选择了"全程颜色"项时,系统将使填充的起始值使用第一个颜色,终止值使用最后一个颜色,中间各填色间隔使用的颜色由线性内插决定。这样,当填色间隔数小于填色调色板中的颜色数时,系统将从调色板中线性抽取颜色分配给各填色间隔。当填色间隔数大于填色调色板中的颜色数时,将有若干相邻的填色间隔使用相同的颜色。用户可根据需要选择这两个选项。

11.4.4.5　画等值线、填格点值、格点数据编辑

在窗口下方还有"画等值线"、"填格点值"和"格点编辑"三个小方块。选择它们可以分别控制是否画等值线,是否填格点值以及是否进入格点数据编辑状态。

11.4.4.6　等值线工具条(图 11.9)

MICAPS 设置了等值线工具条。通过该工具条,用户可以控制等值线的平滑方式及彩色填充的一些性质。

选择控制工具条的"等值线工具条"图标 ,弹出等值线工具条。

(1)选择平滑方式

MICAPS 提供了 3 种等值线平滑方式:样条平滑、抹角平滑和不平滑。

图 11.9　等值线工具条

　　样条平滑要求平滑后的等值线必须过等值线与网格的交点,因此比较准确。但由于其本质上是用多项式逼近等值线,其产生的等值线曲率不一定合理,有时可能会出现尖角、等值线交叉等问题。

　　抹角平滑采用抹掉折线之间的尖角的方法,因此画的线条比较平滑,不会出现尖角、交叉等问题。但等值线走的是折线尖角的内接圆弧,不能过等值线与网格的交点,因此线的误差较大,特别是折线尖角比较锐时问题更明显。

　　用户可根据情况选择合适的平滑方式。也可以选择不平滑,使用原始的折线。

　　选择平滑方式有两种方式:

　　①选择菜单中的"选项"→"样条平滑"或"抹角平滑"或"不平滑"项。

　　②选择等值线工具条中的"样条平滑"图标∧、"抹角平滑"图标∧或"不平滑"图标∧。

　　(2)显示色标

　　在彩色填充和图像显示时,可以显示色标窗口,显示颜色与定标值的对应关系,如图 11.10 所示。

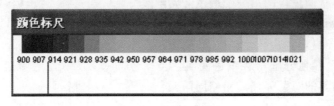

图 11.10　颜色标尺

　　打开色标窗口有两种方式:

　　①选择菜单中的"选项"→"填色显示色标"项。

　　②选择等值线工具条中"填色显示色标"图标▥。

　　关闭色标窗口须重新执行打开色标窗口的操作。

　　(3)修改彩色填充的调色板

　　在色标条上对调色板操作方式如下(在图 11.10 所示的颜色标尺上操作):

　　①平移调色板。先在某一个色块上点鼠标左键,然后在另一色块上点鼠标左键,则整个调色板将平移,使第一个色块的颜色移到第二个色块的位置。

②复制颜色。在某一色块上按住鼠标左键,缓慢向左或右方移动鼠标,则鼠标经过的色块颜色都将改变为第一个色块的颜色。

③改变颜色。在某一色块上双击鼠标左键,则弹出颜色选择对话框。选择颜色,确定后,该色块的颜色将改变为选择的颜色。

④取消操作。在色标条下方的空白处左侧有一条竖线,在竖线的右侧单击鼠标右键,将取消上一次操作。

⑤保存调色板。在竖线左侧双击鼠标右键,则将弹出文件保存对话框。输入文件名后,当前的填色调色板将被保存到一个调色板文件中。以后在等值线填色时,调入该调色板文件,则填充颜色就将按该文件改变。

(4)彩色填充叠加等值线

在彩色填充后,可以选择是否叠加等值线,有两种操作方式:

①选择菜单中的“选项”→“填色叠加等值线”项。

②选择等值线工具条中“填色加等值线”图标 ■。

11.4.5　通用矢量格点数据的显示和特征设置

MICAPS 系统可以显示通用矢量格点数据的流线。填矢量在格点上的风向杆或箭头。通用矢量格点数据对应的数据类型是 MICAPS 第 11 类数据,画流线后,可进行流线的特征设置。下面将详细说明。

11.4.5.1　弹出流线线条特征设置窗口(图 11.11)

(1)在显示设置窗口选择要设置特征的图形

在显示设置窗口内,要设置特征的图形说明上点击鼠标左键。

(2)选择显示设置窗口中的“特征”按钮

将弹出流线线条特征设置窗口。

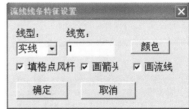

图 11.11　流线线条特征设置窗口

11.4.5.2　设置流线参数

在窗口上部可设置流线的线型、线宽和颜色。

选择流线线条特征设置窗口中的“填格点风杆”、“画箭头”、“画流线”复选框,可以分别指定系统填格点上的风杆、画格点上的矢量箭头、画流线。

11.4.6　通用图像数据的显示和特征设置

MICAPS 系统可以显示通用图像数据,对应的数据类型是 MICAPS 第 13 类数据。

要使显示的图像正确与底图叠加,图像的投影类型和标准经度都必须与底图一致。当不一致时,MICAPS 将提醒用户,并且不显示该图像。

由于改变底图投影较容易,而通过交互方式则很难准确地改变底图的标准经度。因此,显示图像时要更注意标准经度是否一致。为了显示不同标准经度的图像,可以在不同的显示页设置不同的初始底图标准经度。例如,国家卫星气象中心发布的日本 GMS 卫星云图的标准经度是 110°,而风云二号卫星云图的标准经度是 105°,因此可以将一个显示页标准经度设置为 110°用于显示 GMS 卫星云图,另一个显示页的标准经度设置为 105°用于显示风云二号卫星云图。

显示图像后,还可以改变图像的调色板。可以利用调色板工具条或图像的特征设置来改变调色板。下面将详细说明。

11.4.6.1　用图像特征设置窗口改变调色板

(1)在显示设置窗口选择要设置特征的图像

在显示设置窗口内,在要设置特征的图像说明上点击鼠标左键。

(2)选择显示设置窗口中的"特征"按钮

用户可以在"图像调色板设置"窗口(图 11.12 的右图)中的列表框里选择不同的调色板。

11.4.6.2　用调色板工具条改变调色板

选择菜单中的"选项"→"工具栏"→"通用调色板",或在控制工具条中选择"调色板工具条",弹出"通用调色板"选择窗口(图 11.12 的左图)。

图 11.12　通用调色板选择窗口和图像调色板设置窗口

调色板工具条包含了常用的调色板。这些图标从左到右、从上到下对应的调色板分别为：灰色云图调色板、彩色云图 1 调色板、彩色云图 2 调色板、与国家卫星气象中心中规模站一致的彩色云图调色板、与国家卫星气象中心中规模站一致的灰色云图调色板、水汽图灰色调色板、水汽图棕色调色板、可见光云图调色板、地形调色板 1、地形调色板 2、地形调色板 3、地形调色板 4、地形调色板 5、与天气图近似的地形调色板、雷达拼图调色板。

用户点击某个调色板图标，系统图形窗口内图像的调色板将立即改变。

11.4.6.3　显示图像定标值

要显示某一点的定标值，操作方法与底图定位的操作方法相同。要显示图像的色标，操作方法与等值线彩色填充的色标操作方法相同。

11.4.7　气象图元数据的显示

MICAPS 系统可以显示气象图元数据。气象图元数据对应的数据类型是 MICAPS 第 14 类数据，能够显示的气象图元数据包括：等值线、天气系统线条（如冷锋、暖锋等）、天气符号（如雨、雪、冰雹、大风等）、天气区（如雨区、雪区、大风区等）。

气象图元数据主要用于保存和恢复等值线图形的线条编辑、天气符号编辑等。因此，详细解释和应用参见下一节。

在显示设置窗口内，在要设置特征的图形说明上点击鼠标左键，然后点"特征"按钮，弹出图元数据特征设置窗口。若要修改线条的线型和线宽，必须在显示设置窗口内将图形设置为"编辑"，在图元数据特征设置窗口中"线型"和"线宽"中选择适当的选项，然后在图形中用鼠标左键单击需要修改的等值线，将等值线改成现在设定的线型和线宽（图 11.13）。可以这样连续修改多条等值线。

图 11.13　图元数据特征设置

11.4.8　地理信息线条数据的显示

MICAPS 系统可以显示地理信息线条的数据，地理信息线条数据对应的数据类型是 MICAPS 第 9 类数据。包括底图的海陆廓线数据、河流数据、行政边界数据等。

11.4.9　站点信息数据的显示

MICAPS 系统可以显示站点信息的数据,站点信息数据对应的数据类型是 MI-CAPS 第 17 类数据。此类数据实际上也是一种地理信息数据,其功能是能够开窗显示各站点的文字信息。

MICAPS 系统调入该数据后,将显示数据文件中包含的各测站的位置和该站的第一个文字信息(一般是测站的名字或标识)。此时用户进行如下操作即可查看各测站的完全信息。

①打开站点信息查看功能:选择菜单中的"底图"→"站点信息"项或选择常用工具条的"站点信息"图标 ▣(图 11.3)。

②在某个测站位置上点鼠标左键,将弹出窗口显示该站的信息(图 11.14)。选择测站时,如果显示站点信息的窗口已经打开,则直接在该窗口内显示新选择的测站的信息,不再打开新的窗口。

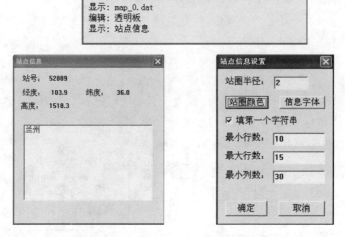

图 11.14　站点信息窗口及站点信息设置窗口

③站点特征设置:在显示设置窗口中选择"特征"按钮可以改变站点信息的显示特征。可改变的特征有站圈的半径和颜色、是否填站点信息中的第一个字符串等,还可以指定显示的"最小行数"、"最大行数"和"最小列数"来控制显示信息窗口的大小(图 11.14)。

④重复打开站点信息查看功能的操作,则站点信息查看的功能将关闭,可以正常地进行其他操作。

11.4.10　综合地面填图数据的显示和特征设置

综合地面填图数据是 MICAPS 的第 1 类数据类型,各要素是否填图、填图的位置、格式、字体、颜色等都可以由特征设置功能来设置。

11.4.10.1　弹出地面填图特征设置窗口(图 11.15)

(1)在显示设置窗口选择要设置特征的图像

在显示设置窗口内,要设置特征的图像说明上点击鼠标左键。

(2)选择显示设置窗口中的"特征"按钮

将弹出地面填图特征设置窗口。

图 11.15　填图特征设置窗口

窗口的左侧为一个 7×7 的方块矩阵,用于对要素的填图位置进行安排等操作,每个方块中可以有某要素的代码,表示该要素填在该位置上。在中心的方块中为一个圆,表示该方块为站圈位置,各要素均围绕站圈填图。

窗口右侧为要素列表,每个要素前面为它的代码(与窗口左侧对应),后面为其中文说明。

11.4.10.2　填图要素的隐现切换

在 7×7 方块矩阵中每个方块都有背景颜色,绿色表示填图,红色表示隐藏(不填)、黄色表示没有要素填在该位置。

当把鼠标移到某个方块上,点击鼠标右键,则该方块的背景色将在红色和绿色之间切换。表示该处的要素将在填图和隐藏之间切换。若该方块处无要素(黄色),则颜色不变。

选择窗口下方的"全填"按钮,则所有方块的背景色(无要素除外)都将变为绿色,表示所有要素都填。

选择窗口下方的"全隐"按钮,则所有方块的背景色(无要素除外)都将变为红色,表示所有要素都不填。

11.4.10.3　改变填图的格式、字体、颜色和位置

(1)选择要改变的要素

在 7×7 方块矩阵的某个方块上点击鼠标左键,或在窗口右侧列表框的某要素上点击鼠标左键,表示选择该要素。被选择的要素方块的左下角将出现一个蓝点,以后的操作都是针对该要素的。

(2)改变填图格式

选择要素后,在窗口下方的"填图格式"下拉框中可以选择填图格式。目前可选择的格式有:国标格式(即按国家标准的地面填图格式填该要素)、整数、保留 1 位小数的整数、保留两位小数的整数。

(3)改变字体

选择要素后,点击窗口中间的"字体"按钮,将弹出 Windows 标准的字体选择窗口。可在其中选择字体。

如果选择"所有字体"按钮,则不论选择的要素是什么,所有要素都将按照用户选择的字体填图。

(4)改变颜色

选择要素后,点击窗口中间的"颜色"按钮,将弹出颜色选择窗口。该要素将按用户选择的颜色填图。

(5)改变位置

选择要素后,点击窗口中间的"位置"按钮,然后在新的位置上点击鼠标右键,则该要素将被移动到新的位置。

11.4.10.4　在 7×7 矩阵中增加和删除要素

上述操作都是针对 7×7 矩阵中的要素,即该要素必须已经获得了一个填图位置。但有时不需要所有要素都获得填图位置,它们可以只在图 11.18 右侧的列表框中,而不在 7×7 矩阵中。此时,可通过下述操作增加或删除 7×7 矩阵中的要素。

(1)删除要素

在 7×7 方块矩阵的某个方块上点击鼠标左键,然后点击"删除"按钮。该要素就被从 7×7 矩阵中删除。

(2)增加要素

在右侧列表框中选择要增加的要素,然后点击"位置"按钮,最后在 7×7 方块矩阵的某个方块上点击鼠标右键。该要素就被放置到点击右键的方块内了。

11.4.11　综合高空填图数据的显示和特征设置

综合高空填图数据的显示对应的数据类型是 MICAPS 第 2 类数据类型,与地面填图一样,各要素是否填图、填图的位置、格式、字体、颜色等都可以由特征设置功能来设置。

11.4.12　探空三维数据的显示

探空三维数据的显示对应的数据类型是 MICAPS 第 5 类数据类型,该数据只显示各测站的站点位置和站号,其显示的图表及相应的操作则由组件中的辅助图表控件来决定。

在中短期预报中,此类数据主要用于显示探空图和站点空间剖面图。参见中、短期组件的说明。

11.4.13　气象传真数据的显示

气象传真数据的显示对应的数据类型是 MICAPS 第 6 类数据类型,MICAPS 将把数据文件中的传真图像显示在窗口中,同时窗口内的其他图形和底图都将消失。消隐或删除传真图后,其他图形将恢复。而且在一个显示页显示传真图,不影响其他的显示页。

传真图可以进行放大、缩小和漫游的操作。传真图还可以进行旋转操作。MICAPS 在显示传真图时自动将传真图逆时针旋转 90°。但有些图并不需要旋转。此时就可点击常用工具条中的"传真图旋转"图标 ⟲(图 11.3),点击一次,传真图将顺时针旋转 90°。使这些传真图能够正常显示。

11.4.14　台风路径数据的显示和特征设置

台风路径数据的显示对应的数据类型是 MICAPS 第 7 类数据类型,MICAPS 将显示台风的过去路径和预报的路径,在路径线条上还将标识日期和时间,以及两天之间台风移动的距离(单位:km)。当鼠标沿台风路径移动时,将出现一个跟踪框与鼠标一起移动,在跟踪框里显示当前鼠标位置上台风的名称、编号、日期、时间、中心最低气压、最大风速、7 级风圈半径和 10 级风圈半径。

用户可设置台风路径和预报路径的线型、线宽、颜色等,以及是否显示跟踪框,在台风路径上标识时间的密度等。

弹出台风特征设置窗口如图 11.16 所示。

①在显示设置窗口选择要设置特征的图形。

在显示设置窗口内,要设置特征的图形说明上点击鼠标左键。

②选择显示设置窗口中的"特征"按钮,将弹出台风特征设置窗口。

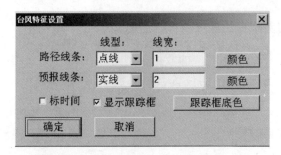

图 11.16　台风特征设置窗口

　　窗口的上面两行部件用于指定路径线条和预报线条的线型、线宽和颜色。

　　如果选择"标时间"前面的小方块,则在路径线条上将不但要标日期,还要标时间,否则将只标日期。

　　如果选择"显示跟踪框"前面的小方块,则将显示跟踪框,否则不显示。

11.4.15　城市预报数据的显示和特征设置

　　城市预报数据的显示对应的数据类型是 MICAPS 第 8 类数据类型,MICAPS 将填写各站两个时段预报的天气(符号)、气温和风。

　　与地面填图一样,各要素是否填图、填图的位置、格式、字体、颜色等都可以由特征设置功能来设置。

　　此类数据主要用于预报图的编辑,将在下一节有关内容中说明。

11.4.16　表格的显示

　　表格数据的显示对应的数据类型是 MICAPS 第 20 类数据类型,MICAPS 根据表格文件的设置弹出专门的窗口显示表格,表格内不但可以显示数字、文字等,还可显示地面填图的表格。

11.4.17　预报站点的显示

　　预报站点的数据类型是 MICAPS 第 16 类数据类型,在 MICAPS 中调入预报站点数据后,MICAPS 将显示各站点的位置,并在站点旁填该站的站号。通过其特征设置可控制是否填站号。

11.4.18　动画显示

　　动画显示实际上是通过不断地自动向后翻页来实现的。其时间匹配原则与翻页检索是一致的。

11.4.18.1　进入动画显示

进入动画有两种方式：

①选择菜单中的"显示"→"动画"项。

②选择常用工具条中的"动画"图标 ↻。

11.4.18.2　动画设置(图 11.17)

选择菜单中的"选项"下拉菜单中"动画设置"项，将弹出动画设置窗口，设置动画和向后翻页的起始日期(从当天向"后"退几天)、是否循环动画和翻页到最新时次时暂停的秒数。向后翻页或动画到最新时次时，MICAPS 将暂停数秒，同时在窗口最下方的状态栏中显示"已翻页到最新时次，暂停(若干)秒"。若不选择循环动画，系统动画到最新数据时将停止动画。

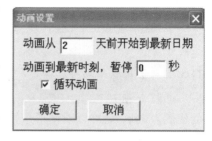

图 11.17　动画设置窗口

11.4.18.3　结束动画显示

重复进入动画显示的操作，即再次选择菜单中的"选项"下拉菜单中"动画设置"项，或选择常用工具条中的"动画"图标 ↻，即可结束动画显示。

§11.5　数据编辑

MICAPS 系统提供了通过人机交互方式进行数据编辑的功能，包括线条编辑(对等值线图的线条和符号直接编辑)、格点数据编辑(对等值线图的网格点数据进行编辑)和城市预报编辑(对城市预报图的符号进行编辑)三部分功能。这些功能可以用于创建新图形、修改天气图、编辑预报图、修改数值预报场、修改城市预报等。

11.5.1　线条编辑

11.5.1.1　指定要进行编辑的图形

在进入 MICAPS 后，系统将自动产生一个"透明板"。当其他数据都没有处于"编辑"状态时，"透明板"总是处于"编辑"状态。用户可以在"透明板"上随时进行各种线条编辑操作。当要清除"透明板"上编辑的图形时，可在显示设置窗口内选择"透明板"，然后选择"删除"按钮。当要对其他数据进行编辑时，可进行如卜操作：

①弹出"显示设置"窗口。

②在"显示设置"窗口内，在要进行编辑的数据说明上点击鼠标左键，使数据说明的

背景变黑。可进行线条编辑的数据包括等值线数据（MICAPS 第 4 类数据）和气象图元数据（MICAPS 第 14 类数据）。

③选择"编辑"按钮。此时数据说明前面的状态将变为"编辑"。

11.5.1.2　创建新图形

①选择菜单中的"文件"→"新图形"项，或点击常用工具条的"创建新图形"图标 **目**（图 11.3）。

②弹出"输入文字说明"窗口，要求输入新图形的说明文字。输入说明文字后，确定。将产生一个新的图形（MICAPS 第 14 类数据），并且自动处于编辑状态。

11.5.1.3　使用线条编辑工具条和符号编辑工具条

通过上述 11.5.1.1 或 11.5.1.2 所述的两个操作之一，确定了要编辑的图形或要创建的新图形，就可以对图形进行编辑操作。编辑操作可以通过选择菜单中的"编辑"→"线条编辑"或"天气符号"，再选择弹出的下拉菜单中各项来进行。但更常用的是利用"线条编辑工具条"和"天气符号工具条"进行，使操作更快捷、方便。在控制工具条中选择"线条编辑工具条"图标 **刀** 或"天气符号工具条"图标 **,S** 即可弹出线条编辑工具和天气符号编辑工具（图 11.18）。

图 11.18　线条编辑工具和天气符号编辑工具

线条编辑工具从左到右、从上到下各工具图标的意义为：增加新的线条、修改等值线、修改等值线线值、标高低中心、标冷暖中心、标注文字、增加槽线、增加冷锋、增加暖锋、增加静止锋、增加锢囚锋、增加霜冻线、增加高温线、增加雨区、增加雪区、增加雷暴区、增加雾区、增加大风区、增加沙暴区、删除（线条或符号）、取消（前面的操作）、暂停编辑。

天气符号编辑工具从左到右、从上到下各工具图标的意义为：晴天、多云、阴天、小雨、中雨、大雨、暴雨、阵雨、雨夹雪、小雪、中雪、大雪、暴雪、阵雪、雷暴、冰雹、轻冻雨、冻雨、扬沙、沙暴、轻雾、雾、霜冻、旋转风、台风、无风、3～4 级风、4～5 级风、5～6 级风、6～7 级风、7～8 级风、8～9 级风、9～10 级风、10～11 级风、11～12 级风、单站修改、修改区域、定义和修改区域、删除区域。

把鼠标箭头移到编辑工具条中某个图标上,鼠标旁将出现该图标的说明,同时窗口左下方的提示信息中将显示该图标操作的简要说明。

11.5.1.4　编辑操作

(1)修改线条

①选择线条编辑工具条中的"修改等值线"图标◢(图 11.18)。

②按顺序选择新线上的点:按顺序在新线的各点上点击鼠标左键。

③单击鼠标右键确认新线。

注意:新线的第一点和最后一点中至少要有一点与老线重合,重合处将显示一个黑色小方块。

(2)画新线

①选择线条编辑工具条中的"增加新的线条"图标◡(图 11.18)。

②按顺序选择新线上的点:按顺序在新线的各点上点击鼠标左键。

③单击鼠标右键确认新线。此时将弹出窗口要求输入新线的值。

④输入新线的值,并确定。

(3)修改等值线值

①选择线条编辑工具条中的"修改等值线线值"图标A(图 11.18)。

②选择要标值或改值的线条:把鼠标箭头移到要标值或改值的线条任何一点上,单击鼠标左键。此时将弹出"请输入线值"编辑框。

③输入新值:在"请输入线值"编辑框中输入要标的值或要改的新值,然后按回车键或用鼠标选择确认按钮,线条上将标新值。

(4)画槽线、锋线、霜冻线

可以画槽线、冷锋、暖锋、锢囚锋、静止锋及霜冻线等。

①选择线条编辑工具条中的相应的图标╱ ↗ ↘ ∿ ⋏ ⊔(见图 11.18 及其文字说明)。

②其他操作与画新线的操作相同,但不需要输入线值。

(5)标高、低或冷、暖中心

①选择线条编辑工具条中的相应的图标⅖ ⅘(见图 11.18 及其文字说明)。

②标高中心或暖中心:把鼠标箭头移到要标中心的位置上,单击鼠标左键。在该位置上将标出高中心符号"G"或暖中心符号"N"。

③标低中心或冷中心:把鼠标箭头移到要标中心的位置上,单击鼠标右键。在该位

置上将标出低中心符号"D"或冷中心符号"L"。

（6）画天气区

①选择线条编辑工具条中相应的图标 ⚇ ● ● ⓝ ○ ✎ ⤴（见图 11.18 及其文字说明）。

②按顺序选择天气区外围线上的点：按顺序在外围线的各点上点击鼠标左键。

③单击鼠标右键确认新线。

（7）标风符号

用于标注各种风的符号，从 3～4 级一直到 11～12 级以及旋转风。

①选择符号编辑工具条中的相应的图标（见图 11.18 及其文字说明）。

②确定风向：把鼠标箭头移到显示区中任意位置上，单击鼠标左键。然后把鼠标箭头移到风的下游某一位置，单击鼠标左键。屏幕将显示一条表示风向的直线。

③确认：在要标风符号的位置上单击鼠标右键。

（8）标各种天气符号

①选择符号编辑工具条中相应的图标（见图 11.18 及其文字说明）。

②标符号：把鼠标箭头移到要标符号的位置上，单击鼠标左键。

（9）标其他符号或说明

①选择线条编辑工具条中的"标注文字"图标 注。

②标注：把鼠标箭头移到要标注的位置上，单击鼠标左键，将弹出标注编辑框。

③输入符号或说明后确认。

（10）删除线条或符号

①选择线条编辑工具条中的"删除"图标 ✂。

②选择要删除的线条或符号：把鼠标箭头移到要删除的线条或符号上，单击鼠标左键。该线条或符号将被删除。

（11）撤消编辑操作

选择线条编辑工具条中的"取消"图标 ↺，则前一步编辑操作将被取消。可以无限次地取消，直到取消全部编辑操作。

（12）暂停编辑操作

选择线条编辑工具条中的"暂停"图标 ⏸，则系统暂时停止编辑操作。此时，用户可进行放大、缩小、漫游等编辑以外的操作，鼠标使用不会发生冲突。当用户选择前面的任何操作，系统将恢复编辑操作。

11.5.1.5　保存编辑结果

在线条编辑完成后，可以将编辑结果保存到一个文件中。不论是新创建的图形，还是修改的等值线图形，保存的文件格式均为 MICAPS 第 14 类数据格式，即直接保存图中的线条、符号等，不保存原有的格点数据。

①选择菜单中的"文件"→"保存线条"项,或常用工具条中的"保存线条"图标 ■。将弹出文件保存窗口。

②在文件保存窗口输入文件名,然后确认。

注:另外,如果要在保存编辑结果的同时产生站点值,可以先调入"预报站点文件"(MICAPS 第 16 类数据),然后再保存,则在保存时将会在文件中产生各站点的值。站点值取离该站最近的包围该站的闭合等值线的值,如果该站没有被闭合线包围,则不产生该站的值。

11.5.2　格点数据编辑

在显示等值线图形时,除了可以对它的线条进行编辑外,还可以直接对它的格点数据进行编辑。

这个编辑功能主要是用于对数值预报结果进行修改。在先进的预报流程里,数值预报及释用产品往往是制作预报的基础。预报员通过格点数据编辑功能修改数值预报结果,把自己的经验加入预报结果中,从而形成最终的预报结果。该功能的设置就是为了满足这种需要。

11.5.2.1　指定要进行格点数据编辑的图形

①弹出"显示设置"窗口。

②在"显示设置"窗口列表中选择要进行编辑的数据。

③选择"特征"按钮。此时将弹出等值线图的特征设置窗口(图 11.19)。

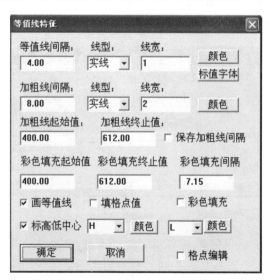

图 11.19　等值线特征设置窗口

④用鼠标点击"格点编辑"复选框,然后按确定按钮。则被选择的数据将进入格点数据编辑状态。

数据进入格点编辑状态后,在显示设置窗口中其相应状态将变为"格点",同时窗口内的等值线图上将自动叠加显示格点值。

11.5.2.2　使用格点编辑工具条(图 11.20)

确定要编辑的图形后,下面就可以对图形进行格点编辑操作。编辑操作可以通过选择菜单中的"编辑"→"格点编辑",再选择弹出的下拉菜单中各项来进行。但更常用的是利用格点编辑工具条进行,操作更快捷、方便。

在控制工具条中选择"格点编辑工具条"图标 ,即可弹出格点编辑工具条:

格点编辑工具条从左到右、从上到下各工具图标的意义

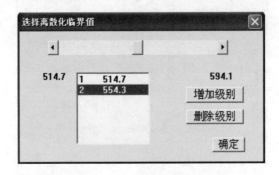

图 11.20　格点编辑工具条

为:全场离散化、雨量离散化、全场截断、修改全场值、固定区域化、等值线区域、区域外为 0、移动区域、删除区域、区域禁入、修改区域值、显示原场、填图隐现、取消区域、取消区域移动、恢复全场值、全取消等编辑操作。

下面详细描述各图标的意义和操作。

11.5.2.3　格点编辑操作

(1)全场离散化

即将整个格点场原来的连续变量分为若干等级,变成离散变量。选择"全场离散化"图标 ,弹出选择离散化临界值窗口(图 11.21)。

选择离散化临界值

| 514.7 | | 594.1 |

| 1 | 514.7 |
| 2 | 554.3 |

增加级别

删除级别

确定

图 11.21　选择离散化临界值窗口

窗口上部的水平滚动条的两端显示了整个格点场数据的最小值和最大值(如图 11.21 中分别为 514.7 和 594.1)。中间的滑块用来确定分级的临界值。

初始时将以全场平均值为界将全场值分为 1、2 两级。移动窗口中的滚动条滑块可以改变临界值。选择"增加级别"按钮可以增加新的等级。在窗口下方的列表框中显示了各等级的临界值。选择其中某一等级,再移动窗口中的滚动条滑块可以改变该等级临界值。若选择"删除级别"按钮,则将删除被选中的等级。在修改等级和临界值的同时,窗口内的图形将根据操作而改变。此功能可将原有的连续预报量变为预报等级。

等级和临界值调整完成后,按"确定"按钮,则分级的结果将被确认。以后的编辑都将针对分级的数据进行。

(2)雨量离散化

与全场离散化类似,是专门为雨量的离散化设置的。分级范围被固定为 0.0 到 200.0 mm。初始时也将按一般雨量的临界值自动将全场值分级,以方便用户。

(3)全场截断

选择"全场截断"图标 后,将弹出"选择截断临界值"窗口。移动窗口中的滚动条滑块可以改变临界值。临界值以下的格点值将全部变为 0,以上的格点值则不变。例如,数值预报的雨区有时偏大,可用此功能将其缩小,使雨区更加合理。在修改临界值的同时,窗口内的图形将根据操作而改变。

(4)修改全场值

选择"修改全场值"图标 后,将弹出"修改值"窗口,此功能将修改全场的平均值。例如,有时温度预报总是比实况偏低,可用此功能将其调高。

图 11.22 修改全场值窗口上部的水平滚动条用于调整平均值,其右侧的编辑框中显示当前的平均值。窗口下部的影响半径等参数是在修改区域值时使用的,在此处不用。

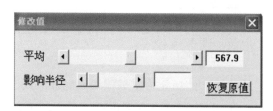

图 11.22　修改全场值窗口

移动窗口中滚动条滑块的同时全场的平均值及图形也随之改变。若要取消刚刚进行的修改,选择"恢复原值"按钮即可。

(5)固定区域化

前面的编辑操作都是对全场所有格点进行编辑。在格点数据编辑中,还可以对某一区域内的格点值进行编辑。编辑区域分为固定区域和等值线区域两种。固定区域针对那些对预报值有特殊影响的固定区域,如山区、城市热岛等。等值线区域则用于选取某天气系统。

选择"固定区域化"图标 后,用鼠标左键选择固定区域外围线的各顶点,然后按鼠标右键确认,则选定一个固定区域,区域内部将用彩色斜线填充。

(6)等值线区域

选择"等值线区域"图标○后,移动鼠标。此时随鼠标的移动将出现过鼠标箭头的等值线。到达合适的等值线时,确认。确认方法与等值线是否闭合有关。当等值线闭合时按鼠标左键确认;当等值线不闭合时按鼠标左键,则比等值线值高的一侧的区域确定为编辑区域,按右键则比等值线值低的一侧的区域确定为编辑区域。区域内部将用彩色斜线填充。

(7)区域外为0

选择"区域外为0"图标●后,把鼠标移到要保留的区域上,点鼠标左键。若为固定区域,则区域外格点值均变为缺测值。若为等值线区域,则区域外格点值将都变为与区域外围等值线相同的值。此功能用于在图中只选择自己关心的一个区域,以后的编辑将只对这个区域进行。例如,只关心某片雨区,则可以用此功能将其他雨区删除。

(8)移动区域

此功能只对等值线区域有效。选择"移动区域"图标↔后,将鼠标移到要移动的区域上,按住鼠标左键,拖动区域移动到希望的位置。此时新位置的格点值将被该区域内的值代替,而原来位置的值将由周围格点值内插得到。

此功能主要用于调整数值预报的天气系统位置,可以根据经验加快或减慢天气系统的移动速度。

(9)删除区域

选择"删除区域"图标※后,将鼠标移到要删除的区域上,按鼠标左键,该区域内的格点值将由周围格点值内插得到。

(10)区域禁入

此功能只对固定区域有效。此功能将使等值线不能进入该区域。

选择"区域禁入"图标✕后,将鼠标移到不可进入的区域上,按鼠标左键,则区域内的值将用缺测值代替。此功能主要用于删除不可预报的区域或需要另外专门预报的区域,使修改后的格点场中不包括该区的值。

(11)修改区域值

选择"修改区域值"图标✚后,将鼠标移到要修改的区域上,按鼠标左键,将弹出修改区域值窗口(参见修改全场值的说明)。移动窗口中的滚动条滑块可以改变区域内格点的平均值。移动窗口中影响半径的滚动条滑块可以改变其影响半径,即当区域值改变后,对周围格点的影响范围,影响半径以格点为单位。

(12)显示原场

修改格点值后,为了与原场比较,可选择"显示原场"图标。此时原场的等值线将用虚线叠加显示在窗口内。

（13）填图隐现

当数据进入格点编辑状态时，将自动叠加显示格点数据的填图。但有时不需要看格点值，此时就可使用本功能暂时隐藏格点数据的填图。

选择"填图隐现"图标 🔛 后，格点值的填图将消隐，再选择一次将再次出现。

（14）取消区域

选择"取消区域"图标 ⊠ 后，将鼠标移到要取消的区域上，按鼠标左键，则该区域的选择将被取消，而且在该区域进行的一切操作也同时被取消。

（15）取消区域移动

选择"取消区域移动"图标 ✖ 后，将鼠标移到要取消的区域上，按鼠标左键，则该区域的移动将被取消，区域将回到原来的位置。

（16）恢复全场值

选择"恢复全场值"图标 ✚ 后，全场的平均值将恢复原有值。

（17）全取消

选择"全取消"图标 ⊞ 后，所有的格点编辑操作将全部被取消。

11.5.2.4　翻页时自动编辑

对数值预报的编辑往往要编辑很多个场的数据。例如，要编辑未来 36 h 内逐时的温、湿、风速和降水量的预报，就需要编辑 $36 \times 4 = 144$ 个预报场。其工作量是非常大的。因此，在 MICAPS 的格点编辑功能中，设置了翻页后自动继承上一页编辑操作的功能。即对某一时次的格点数据进行编辑后，若向前或向后翻页，则新时次的格点数据将自动按已进行的编辑操作进行修改。

翻页时将自动保存已编辑的格点场数据。在第一次翻页时一般会弹出窗口要求先保存已编辑的格点场。

11.5.2.5　保存格点数据编辑结果

选择菜单中的"文件" → "保存格点值"项或选择常用工具条中的"保存格点"图标 🔛（图 11.3）。将弹出文件保存窗口，输入文件名后，确认即可。

11.5.3　城市预报编辑

当调入一个城市预报数据（MICAPS 第 8 类数据）后，便可以交互地修改各城市的预报数据。每个城市预报数据都包括 2 个时段的预报，要素包括天气、温度和风。在城市预报显示图形中每个测站中央的粉红色的点为测站位置的标识，各要素围绕测站位置填写。与地面填图一样，每个测站的数据填图的位置、字体等均可通过特征设置来调整。

图中的符号和数值都可以被编辑。下面详细说明。

11.5.3.1　指定要进行编辑的图形

①弹出"显示设置"窗口,选择要进行编辑的数据。

②选择"编辑"按钮。此时数据说明前面的状态将变为"编辑"。

进入编辑状态后,当鼠标移动到某要素的填图位置时,不论当时是否有要素填在该处,该处都将出现一个小方框来表示填图位置,以便于后面的编辑操作。

11.5.3.2　使用符号编辑工具条

确定了要编辑的图形,就可以对图形进行编辑操作。编辑操作可以通过选择菜单中的"编辑"→"天气符号",再选择弹出的下拉菜单中各项来进行。但更常用的是利用"天气符号工具条"进行,操作更快捷、方便(图 11.18)。

11.5.3.3　修改天气符号

①选择"天气符号工具条"中对应的新天气符号图标。

②标符号:把鼠标箭头移到要标符号的位置上,单击鼠标左键。该新天气符号将替换原有的符号。

11.5.3.4　修改风符号

①选择"天气符号工具条"中对应的新风图标。

②确定风向:把鼠标箭头移到任意位置上,单击鼠标左键。然后把鼠标箭头移到风的下游某一位置,单击鼠标左键。屏幕将显示一条表示风向的直线。

③确认:在要标风符号的位置上单击鼠标右键。此时,该处原有的风符号将被新的风符号替换。

11.5.3.5　修改温度值

①将鼠标移到要修改温度值的位置,单击鼠标左键。将弹出窗口要求输入新的温度值。

②输入新的温度值后,确定。该处原有的温度值将被新的温度值替换。

11.5.3.6　保存编辑结果

选择菜单中的"文件"→"保存城市预报"项或选择常用工具条中的"保存城市预报"图标 📑 。将弹出文件保存窗口,输入文件名后确认即可。

11.5.3.7　城市预报的区域修改

区域修改可成片地修改城市预报数据。修改城市预报(MICAPS 第 8 类数据)时,将使用天气符号工具条。在该工具条中有 4 个图标 ✓ ⚬ ○ ⊘ (图 11.18),分别表示单站修改、修改区域、定义和修改区域、删除区域。

①定义和修改区域。用鼠标点击该"定义和修改区域"图标 ⌂,在要定义的区域边界线的各顶点上按鼠标左键,按鼠标右键确认,将用阴影标识在图上(与格点编辑中的固定区域化相同)。

②修改区域。修改区域中任意一个测站的数据,则全区域内的所有测站都将做同样的修改。可以定义多个区域,最多可以定义 20 个区域。对于天气和风的修改在区域内所有测站将取相同的值,而对于温度的修改,则区域内所有测站将取相同的增量。例如:区域内一个站的温度被增高了 2℃,则区域内其他站的温度都将自动增高 2℃,而不是取与该站相同的值。

③单站修改。选择"单站修改"图标 ✔,修改区域内某一站的值,对该站的修改将不影响其他站。

④删除区域。恢复区域修改,可选择"修改区域"图标 ☑;若要取消某个已定义的区域,则可选择"删除区域"图标 ☒,然后在要删除的区域内部点鼠标左键。

§11.6　中短期天气预报组件的使用

MICAPS 是核心程序加组件的结构,其整体功能是由核心程序与组件的功能共同实现的。使用不同的组件将使 MICAPS 具有不同的功能,使 MICAPS 能够适应不同行业的需要。

中短期天气预报组件是适应中短期天气预报业务的需要开发的,它与 MICAPS 核心系统一起实现中短期天气预报业务中需要的各种功能。本节不对中短期天气预报组件进行全面描述,只介绍使用方法。

中短期天气预报组件由数据输入动态链接库、参数检索控件、辅助图表控件和数据分析控件组成。

数据输入动态链接库负责读取中短期天气预报业务需要的各种数据,它不与用户进行任何交互,因此本节不对其进行描述。与用户交互的主要有参数检索控件、辅助图表控件和数据分析控件,本节主要描述这三个控件的使用。

11.6.1　参数检索控件

参数检索控件用于实现数据的参数检索,其窗口中有一系列各种数据的选项。用户选择了其中一个选项,将弹出该种类数据的参数检索窗口。用户在窗口中选择需要的参数后,即在 MICAPS 窗口中显示相应数据的图形。

11.6.1.1　弹出参数检索控件

弹出参数检索控件的方式可以有 3 种,见"数据检索"一节的说明。

弹出的参数检索窗口见图 11.23 的左图。

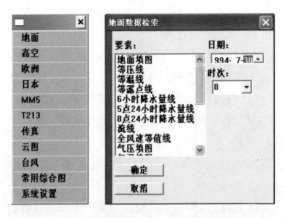

图 11.23 参数检索窗口及地面数据检索窗口

窗口中包含了中短期天气预报需要检索的常用数据的选项。选择最下面的"系统设置"选项,可以设置数据文件的顶级目录。下面以地面数据检索为例说明在窗口中操作实现参数检索方法。其他数据的检索与地面数据检索类似,只是有的增加了这些数据特有的层次、时效等选择框,有的则更为简单。

11.6.1.2 弹出数据检索窗口

选择参数检索窗口中的"地面"选项,将弹出地面数据检索窗口,见图 11.23 的右图。在窗口左侧为要素列表,可以选择要显示的要素。

11.6.1.3 日期选择

地面数据检索窗口右上部为日期选择框(见图 11.23 右图),窗口刚打开时显示当前最新的日期。用鼠标点击选择框右侧的下箭头,将弹出日期选择窗口。日期选择窗口为日历的形式,在窗口中可以选择所需的日期。

11.6.1.4 时次选择

在地面数据检索窗口中日期选择框的下方为时次选择框(见图 11.23 右图)。用鼠标点击选择框右侧的下箭头,将弹出时次列表,用户可以在列表中选择需要的时次。

11.6.1.5 文件存在指示

在地面数据检索窗口的左边为一个彩色条(见图 11.23 右图),该彩色条为红色时表示选择的数据文件不存在,不能显示。当彩色条为绿色时,则表示选择的数据文件存在,可以显示。

此功能在所有的数据检索窗口中都有,但对于数据库检索,则无法用此功能指示数据是否存在。

11.6.1.6　数据顶级目录的设置

在参数检索窗口中选择"系统设置"选项,将弹出系统设置窗口,窗口中有一个设置数据顶级目录的编辑框。MICAPS 数据通常是文件,不同种类、要素、层次的数据文件放在不同的子目录中。数据顶级目录就是各种数据子目录的最上一层目录。用户可以改变 MICAPS 数据文件的顶级目录,从而改变 MICAPS 数据参数检索的数据源。

11.6.2　辅助图表控件

有时,在 MICAPS 窗口中显示了若干图形后,可以再通过这些图形来检索或导出新的数据图表,称之为辅助图表。例如,中短期天气预报业务中常用的时间序列图、地面三线图、探空图、剖面图等,这些图表与具体行业的需求关系很密切,因此设置辅助图表控件,可显示各行业专用的辅助图表。

11.6.2.1　弹出辅助图表控件

打开辅助图表控件有两种方式:

①选择菜单中的"分析"→"辅助图表"项。

②选择控制工具条中的"辅助图表"图标 🔳(图 11.3)。

弹出的辅助图表窗口中包含了探空图、站点剖面图、时间曲线图、地面三线图、高空风时间剖面图和格点剖面图等选项,窗口最下方为"设置"选项,可以对探空图、站点剖面图等进行特征设置。下面将详细描述各图表的操作。

11.6.2.2　探空图

若在 MICAPS 窗口内已经显示了探空数据的图形,则可以利用辅助图表控件显示探空图,即温度对数压力图。其过程如下:

①弹出辅助图表控件窗口。

②选择"探空图"选项。

③在 MICAPS 窗口内用鼠标左键点击要做温度—对数压力图的站点。将弹出窗口显示该测站的温度—对数压力图(图略)。

温度—对数压力图中包含了温度和露点的垂直廓线、状态曲线以及各标准等压面上的高度、温度、露点和风的填图。在窗口右上角为 K 指数、850 和 500 假相当位温的差及沙氏指数的数值。在图中的正能量区将填充红色竖线,负能量区将填充蓝色竖线。

注:要做其他站的温度—对数压力图时,只要直接用鼠标左键点击其他要做温度—对数压力图的站点即可。窗口内的温度—对数压力图将立即改变为新选测站的图形。

11.6.2.3　站点剖面图

若在 MICAPS 窗口内已经显示了探空数据的图形,还可以利用辅助图表控件显示使用探空数据的剖面图。其过程如下：

①弹出辅助图表控件。

②选择"站点剖面图"选项。

③在 MICAPS 窗口内先用鼠标左键点击剖面的起点，然后点击剖面上的第二点……，直到剖面的终点。

④点击鼠标右键，进行确认。将弹出窗口显示沿此折线的站点剖面图（图略）。

站点剖面图中包含剖面附近各测站的各标准层高度、温度、露点和风的填图和等温线、等相当位温线、等全风速线。利用窗口上方的按钮可以隐现填图和隐现各等值线。

剖面附近的测站是根据测站到剖面的距离来选择的。距离的临界值可以利用"增加测站"和"减少测站"两个按钮来调节。选择"增加测站"按钮，距离的临界值将增大，使图中测站的数目也增加。选择"减少测站"则相反。

窗口下方还显示了地形高度的阴影。

注：要做其他地方的剖面图时，只要直接用鼠标选择新的剖面即可。窗口内的剖面图将立即改变为新剖面的图形。

11.6.2.4　时间序列图

若在 MICAPS 窗口内已经显示了通用数据的填图，则可以利用辅助图表控件显示时间序列图。其过程如下：

①弹出辅助图表控件。

②选择"时间曲线图"选项。

③在 MICAPS 窗口内用鼠标左键点击要做时间序列图的站点。将弹出该测站的时间序列图，如图 11.24 所示。

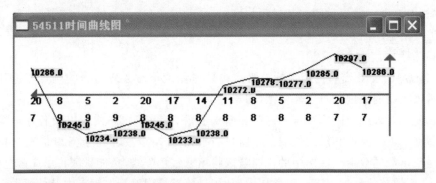

图 11.24　时间序列图

在图中横坐标为时间，按预报员习惯从右向左增加。在横坐标下有两排数字标识时间，上一排为时次，下一排为日期。显示的时次为从数据目录中最新的时次"后退"15

个时次。

纵坐标为要素值。在时间序列曲线的每个顶点上都标注了该时次的要素值。

注:要做其他站的时间序列图时,只要直接用鼠标左键点击其他要做时间序列图的站点即可。窗口内的时间序列图将立即改变为新选测站的图形。

11.6.2.5　地面三线图

若在 MICAPS 窗口内已经显示了综合地面填图,则可以利用辅助图表控件显示地面三线图。其过程如下:

①弹出辅助图表控件。

②选择"地面三线图"选项。

③在 MICAPS 窗口内用鼠标点击要做地面三线图的站点。将弹出窗口显示该测站的地面三线图(图略)。

地面三线图中横坐标为时间,按预报员习惯从右向左增加。在横坐标下有两排数字标识时间,上一排为时次,下一排为日期。显示的时次为从数据目录中最新的时次"后退"12 个时次。

纵坐标为要素值。在图中显示了压、温、露点三个要素时间序列曲线,曲线的每个顶点上都标注了该时次的要素值。而在时间下方为该站在该时次的填图。

注:要做其他站的地面三线图时,只要直接用鼠标左键点击其他要做地面三线图的站点即可。窗口内的地面三线图将立即改变为新选测站的图形。

11.6.2.6　高空风时间剖面图

若在 MICAPS 窗口内已经显示了探空数据的图形,还可以利用辅助图表控件高空风时间剖面图。其过程如下:

①弹出辅助图表控件。

②选择"高空风时间剖面图"选项。

③在 MICAPS 窗口内用鼠标左键点击要做高空风时间剖面图的站点。将弹出窗口显示该测站的高空风时间剖面图(图略)。

高空风时间剖面图中横坐标为时间,按预报员习惯从右向左增加。在横坐标下有两排数字标识时间,上一排为时次,下一排为日期。显示的时次为从数据目录中最新的时次"后退"16 个时次。

纵坐标为高度,标高度值。图中填写各高度上的风向杆。由于是使用探空图的数据做高空风时间剖面图,没有使用测风特性层的资料。各高度的风是用近似的等压面上的风代替的,其对应关系为:975 hPa—300 m;950 hPa—600 m;925 hPa—900 m;900 hPa—1000 m;850 hPa—1500 m;825 hPa—2000 m;700 hPa—3000 m;600 hPa—4000 m;500 hPa—5500 m;450 hPa—6000 m;400 hPa—7000 m;350 hPa—8000 m;300 hPa—9000 m;

250 hPa—10000 m;200 hPa—12000 m;150 hPa—14000 m;100 hPa—16000 m。

因此,做出的高空风时间剖面图与业务实际使用的高空风时间剖面图有小的差别。这点在使用中需要注意。

注:要做其他站的高空风时间剖面图时,只要直接用鼠标左键点击其他要做高空风时间剖面图的站点即可。窗口内的高空风时间剖面图将立即改变为新选测站的图形。

11.6.2.7　格点剖面图

若在 MICAPS 窗口内已经显示了格点剖面数据的图形,还可以利用辅助图表控件显示使用格点数据的剖面图。其过程如下:

①弹出辅助图表控件。

②选择"格点剖面图"选项。

③在 MICAPS 窗口内先用鼠标左键点击剖面的起点,然后点击剖面上的第二点……,直到剖面的终点。

④点击鼠标右键,进行确认。将弹出窗口显示沿此折线的格点剖面图(图略)。

格点剖面图中横坐标为剖面各点的经纬度,前为经度,后为纬度,中间用冒号隔开。纵坐标为 100 hPa 以下的各标准层气压。图中填写了各点的要素值,并分析等值线。剖面图窗口共用了站点剖面图的窗口,上面的按钮只有"隐现填图"和"隐现等值线"可用。

注:要做其他剖面图时,只要直接用鼠标选择新的剖面即可。窗口内的剖面图将立即改变为新剖面的图形。

11.6.2.8　辅助图表控件的设置

对辅助图表的若干特征可以进行设置。选择辅助图表控件窗口最下方的"设置"选项将弹出特征设置窗口,如图 11.25 所示。

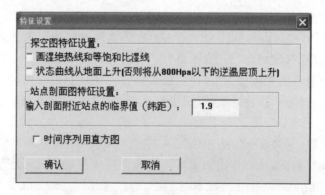

图 11.25　辅助图表特征设置窗口

辅助图表特征可设置的参数包括：探空图底图上是否画湿绝热线和等饱和比湿线，状态曲线是否从地面上升，剖面图确定剖面附近测站的临界值以及时间序列图是否用直方图。

11.6.3　数据分析工具控件

在 MICAPS 窗口中显示了若干图形后，可以再通过这些图形做进一步的分析。此控件包含了中短期天气预报业务中常用的分析工具。本控件目前包含了中短期天气预报业务中常用的两点差值、高通滤波、区域统计、拉普拉斯、梯度场、涡度场、散度场等。这些图表与具体行业的需求关系很密切，因此设置分析工具控件，显示各行业专用的分析图表。

11.6.3.1　弹出分析工具控件

打开分析工具控件有两种方式：

①选择菜单中的"分析"→"分析工具"项。

②选择控制工具条中的"分析控件"图标 。

弹出的分析工具窗口包含了两点差值、高通滤波、区域统计、拉普拉斯、梯度场、涡度场、散度场等选项。下面将详细描述各分析工具的操作。

11.6.3.2　两点差值

若在 MICAPS 窗口内已经显示了综合地面填图、综合高空规范填图、通用标量填图或通用格点标量数据等值线图时，可以利用此工具计算两点的差值。其过程如下：

①弹出分析工具控件。

②选择"两点差值"选项。将弹出"分析提示"窗口提示用户："请选择要计算差值的两个点"（见图 11.26 左图）。

③在 MICAPS 窗口内用鼠标左键点击要计算差值的两个点。将弹出窗口显示这两个点的差值（见图 11.26 右图）。

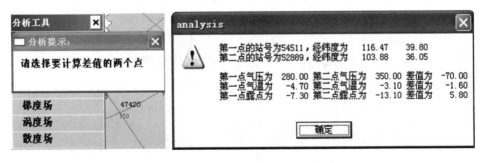

图 11.26　两点差值操作和显示窗口

　　两点差值显示窗口内显示了两个点的经纬度,若两点在测站附近,则还显示测站的站号。同时显示两点的要素值和第一点减第二点的差值。如果图形为综合地面填图,则显示气压、气温和露点三个要素的差值,如图 11.26 所示。若为综合高空填图,则显示高度、温度和温度露点差的差值。

　　注:若 MICAPS 窗口内有多个可计算两点差值的图形,在显示设置窗口中选择要计算两点差值的图形的数据说明,再选择控件窗口内的"两点差值"选项。

11.6.3.3　高通滤波

　　若在 MICAPS 窗口内已经显示了等值线图时,可以利用此工具计算等值线格点数据的高通滤波。此功能主要用于显示等值线图的高频结构,突出较小尺度的天气系统。操作过程如下:

　　①弹出分析工具控件。

　　②选择"高通滤波"选项。将弹出窗口提示用户在 MICAPS 窗口内选择一个矩形区域。

　　③把鼠标移动到滤波区域的左上角,按下鼠标左键,将鼠标向区域的右下角拖动,抬起鼠标左键。将在 MICAPS 窗口内叠加显示区域内格点数据经过滤波后的等值线图。

　　图 11.27 例示为一个海平面气压场(等值线为蓝线)叠加高通滤波结果等值线(等值线为红线)的情况。注意,滤波区域虽然是选择的矩形区域,但实际进行的滤波是在左上角经纬度和右下角经纬度构成的经纬度区域内进行的,与选择的区域有一定的区别。

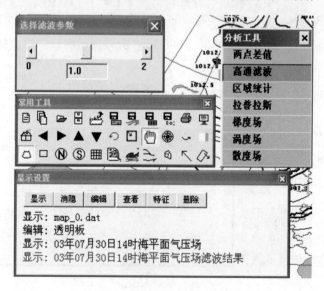

图 11.27　高通滤波操作和显示窗口

　　在显示滤波结果的同时,左上角弹出了一个"选择滤波参数"窗口,用于改变滤波系数。用鼠标左键点击窗口内滚动条两侧的箭头,即可改变系数。系数可以在 0～2 之间变化,初始值设为 1。此系数越小,滤波的截断频率越低。滤波后的结果数值已与气压值无关,只有相对的意义。

　　注:若 MICAPS 窗口内有多个等值线图形,则在显示设置窗口中选择要计算高通滤波的图形数据,再选择控件窗口中的"高通滤波"选项。

11.6.3.4　区域统计

　　若在 MICAPS 窗口内已经显示了通用标量填图、通用格点标量数据等值线图或通用格点矢量数据流线图时,可以利用此工具计算区域的统计值。其过程如下:

　　①弹出分析工具控件。

　　②选择"区域统计"选项。将弹出窗口提示用户在 MICAPS 窗口内选择一个矩形区域。

　　③把鼠标移动到区域的左上角,按下鼠标左键,将鼠标向区域的右下角拖动,抬起鼠标左键。将弹出窗口显示区域统计结果,如图 11.28 所示。

图 11.28　区域统计结果显示窗口

　　区域统计结果显示窗口内显示区域的经纬度范围。注意,统计区域虽然是选择的矩形区域,但实际进行的统计是在左上角经纬度和右下角经纬度构成的经纬度区域内进行的,与选择的区域有一定的区别。

　　若为格点数据,则还要显示区域内的格点数。若为站点数据,则显示区域内的站点数。

　　若为标量数据,则显示的统计值包括:区域内的平均、最大、最小值,以及区域内的平均梯度和最大梯度。

　　若为矢量数据,则显示的统计值包括:区域内风速、涡度和散度的平均、最大和最小值。

　　注:若 MICAPS 窗口内有多个可计算区域统计的图形,在显示设置窗口中选择要计算两点差值的图形数据说明,再选择控件窗口内"区域统计"选项。

11.6.3.5　拉普拉斯、梯度场、涡度场和散度场

　　若在 MICAPS 窗口内已经显示了等值线图或流线图时，可以利用这些工具计算等值线格点数据的拉普拉斯和梯度场、流线格点数据的涡度场和散度场。这四种分析工具的操作过程类似，操作过程如下：

　　①弹出分析工具控件。

　　②选择控件窗口中相应的选项。将弹出窗口提示用户在 MICAPS 窗口内选择一个矩形区域。

　　③把鼠标移动到区域的左上角，按下鼠标左键，将鼠标向区域的右下角拖动，抬起鼠标左键。将在 MICAPS 窗口内叠加显示区域内格点数据计算的物理量的等值线图。

　　注意，计算区域虽然是选择的矩形区域，但实际进行的计算是在左上角经纬度和右下角经纬度构成的经纬度区域内进行的，与选择的区域有一定的区别。

　　注：若 MICAPS 窗口内有多个等值线或流线图形，在显示设置窗口选择要计算物理量的图形数据说明，再选择控件窗口中相应的选项。

§11.7　气象卫星组件的使用

11.7.1　气象卫星组件的安装

　　气象卫星组件由参数检索控件实现，包含三个 ocx 控件文件（分别对应三个组件位置）：getdata.ocx，getdata1.ocx，getdata2.ocx。

　　MICAPS 安装以后，气象卫星组件的三个 ocx 控件文件自动复制到 MICAPS 工作目录下的 groups\weixing 子目录下。

　　要使用气象卫星组件，必须复制相应的 ocx 参数检索控件到控件注册的目录下，即如果把气象卫星组件作为第一个组件使用，则必须把 getdata.ocx 拷贝到控件注册的目录下；如果要把气象卫星组件作为第二个组件使用，则必须把 getdata1.ocx 拷贝到控件注册的目录下；如果要把气象卫星组件作为第三个组件使用，则必须把 getdata2.ocx 拷贝到控件注册的目录下。

11.7.1.1　注册安装法

　　运行 MICAPS 附带的注册程序 tstcon32.exe。依次打开菜单中的"File"→"Register Controls"，然后在弹出的窗口中点击"Register"按钮，接着在"打开"对话框中选择要注册的卫星组件控件后点击"打开"按钮（操作过程见图 11.29）。

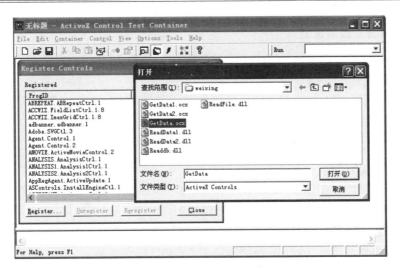

图 11.29　气象卫星注册安装窗口

11.7.1.2　管理安装法

MICAPS 中附带了一个参数检索控件管理程序 GroupSetup. exe,安装 MICAPS 时自动安装在了相应的目录中。运行 GroupSetup. exe(图 11.30),MICAPS 系统已经缺省安装了中短期组件,要将气象卫星组件最为第二个组件使用,则选择组件列表中的第二行,并输入组件名称和路径,点击添加按钮,气象卫星组件就安装完成了。

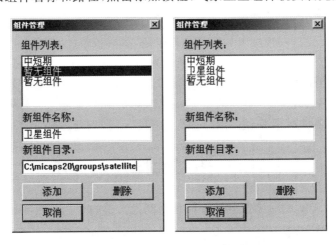

图 11.30　安装气象卫星组件过程

11.7.2　气象卫星组件配置

气象卫星组件参数检索控件的配置非常简单,只需要用户设置存储气象卫星产品数据所在路径即可。设置的数据存储路径在 Windows 系统的注册表中,设置后,MICAPS 系统每次启动会自动读入设置参数。

11.7.3　气象卫星组件的使用

气象卫星组件可以识别目前所有规范的气象卫星产品,使通过"9210"系统分发的气象卫星产品可以方便地在 MICAPS 系统中应用。目前气象卫星的产品主要包括两大类:气象卫星云图产品和气象卫星数值反演产品。

气象卫星云图产品包括:
- 按通道划分可分为:红外、水汽、可见光通道。
- 按投影方式划分可分为:兰勃特、墨卡托、等经纬度和极射赤面投影。
- 按卫星划分可分为:FY-2、FY-1、欧洲卫星和多星拼图等。

气象卫星数值产品包括:
- OLR
- TBB
- 积雪
- 海温
- 云迹风产品

使用气象卫星组件时,点击相应产品的按钮,然后在弹出的对话框中选择所需的时间、卫星和投影方式,列表中即可显示出所选择的产品,最后点击确定按钮即可将云图在 MICAPS 核心程序中显示,并可以与其他气象数据叠加显示,便于天气分析。

其他气象卫星数值产品的显示和应用同上面图像产品的应用完全类同,产品的显示方式为数值产品的等值线,之后的应用达到了完全的无缝连接,用户可方便地使用。

§11.8　图形的保存及打印

本节叙述把 MICAPS 系统的图形保存为图像文件的方法及图形的打印功能。

11.8.1　图形保存为图像文件

MICAPS 窗口内的图形随时可以保存为一个图像文件,保存的图像文件格式可以是 BMP、JPEG、GIF 或 Windows MetaFile(元文件)。

保存图像有两种方式:

　①选择菜单中的"文件"→"存图"项。

　②选择常用工具条的"保存图像"图标 （图 11.3）。

　此时将弹出文件保存窗口,在窗口中输入文件名,同时在窗口最下方的选择框内选择保存文件的类型,选择"保存"按钮,即可将当前 MICAPS 窗口内的所有图形保存到指定的图像文件中。

11.8.2　图像文件的后台生成

　通过设置 MICAPS 运行参数,可以在不弹出 MICAPS 窗口的情况下,直接在后台生成图像文件。

　在后台运行 MICAPS 的命令为:

　micaps20 ＜初始化文件名＞ ＜综合图文件名＞ ＜图像格式指示码＞ ＜图像文件名＞

　运行上述命令后,MICAPS 将不弹出窗口,直接生成命令行指定的图像文件。

　图像文件中的图形,底图将按初始化文件的内容显示。初始化文件的格式为 MI-CAPS 第 19 类数据格式。图像在 X 和 Y 方向的分辨率按初始化文件中指定的终止 X、Y 坐标与起始 X、Y 坐标之差来决定。其他图形特征与窗口显示时选择的图形特征一致。

　图像文件中显示的数据图形由命令行指定的综合图决定。

　图像文件的格式由命令行中的图像格式指示码决定,指示码与图像格式的关系为:1-BMP、2-JPEG、3-GIF、4-Windows MetaFile、5-MICAPS 图元文件(不是图像,是 MI-CAPS 第 14 类数据)。

11.8.3　图形打印

　MICAPS 窗口内的图形可以直接被打印输出。

　选择菜单中的"文件"→"打印"项或选择常用工具条的"打印"图标 （图 11.3）,即可弹出打印窗口。

　另外,选择菜单中的"文件"→"打印设置"或"打印预览"项,将弹出打印设置窗口或打印预览窗口。在窗口中可以设置各种打印参数或预览打印效果等。

§11.9　一维图形和三维图形

　前面各节描述了二维图形的显示、操作等。二维图形的显示、操作是 MICAPS 系统的主要功能,各种操作都是在 MICAPS 二维显示窗口内进行的。本节则重点叙述 MICAPS 一维图形和三维图形的显示和操作。

11.9.1 一维图形

有许多气象数据,如气候统计数据,往往要使用一维图来显示。常用的一维图包括折线图、直方图、饼图和玫瑰图等。

MICAPS 有一个独立的一维图显示程序提供了上述显示功能。下面详细描述一维图显示程序的使用方法。

11.9.1.1 打开一维图显示程序

可利用如下方法之一打开一维图显示程序:

①在 Windows 桌面上用鼠标左键双击一维图显示程序的图标。

②在 DOS 窗口中运行 micaps1d 命令。

③在 MICAPS 二维显示窗口中,选择菜单中的"窗口"→"一维窗口"项。

④在 MICAPS 二维显示窗口中,选择窗口管理工具条的"一维窗口"图标ピ(图11.3)。

11.9.1.2 一维窗口的部件

一维显示程序的窗口如图 11.31 所示。

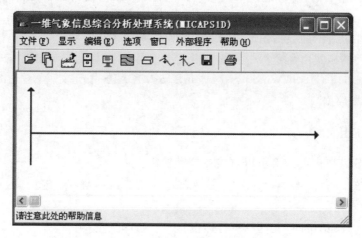

图 11.31 一维气象信息综合分析处理系统窗口

一维窗口中包括如下部件:

• **标题**:位于整个窗口的顶部。

• **菜单**:位于标题下的一排文字。

• **工具条**:位于菜单下方的一串图标。

• **图形显示区**:刚进入系统时,显示缺省坐标轴。

• **提示信息显示区**:在整个窗口的下方,显示各种说明信息。

下面说明一下各部件的作用。

(1)标题

标题文字为：一维气象信息综合分析处理系统（MICAPS1D）

(2)菜单（图 11.32）

| 文件(F)　显示　编辑(E)　选项　窗口　外部程序　帮助(H) |

图 11.32　一维气象信息综合分析处理系统菜单

菜单包括若干项，项与项之间用空格隔开。当用户把鼠标箭头移到某一项上后，单击鼠标左键，则该项即完成相应的工作。各项的作用简述如下：

- **文件**：包括文件名或综合图检索数据、数据和图形存储等功能等。
- **显示**：目前包括弹出"显示设置"窗口功能。
- **编辑**：包括修改单点值、移动单点、取消全部编辑等功能。
- **选项**：目前暂时不用。
- **窗口**：可以弹出二维和三维窗口。
- **外部程序**：包括外部程序的管理和调用功能。
- **帮助**：显示 MICAPS 帮助信息。

(3)工具条

一维窗口内只有一个工具条（图 11.31）。从左至右各图标的意义分别为：打开文件、打开综合图、定义综合图、参数检索、辅助图表、分析工具、显示设置、二维窗口、三维窗口、修改单点值、移动单点、保存、打印。

11.9.1.3　一维数据的检索

与二维图形类似，一维数据也有文件检索、参数检索和综合图检索三种数据检索方式。其中参数检索与二维图形的参数检索共用一个参数检索控件。因此，在检索数据时应注意是否是一维数据。如果检索的是一个二维数据，则将不显示任何图形。目前在中短期组件中参数检索不能检索一维数据。

11.9.1.4　一维图形的显示和操作

目前，一维图形显示程序可以显示折线图、直方图、饼图和玫瑰图 4 种图形。

(1)折线图的显示、操作和编辑

折线图显示例子如图 11.33 所示。

有两种方法弹出显示设置窗口对折线图进行各种操作和编辑：

①选择菜单"显示"→"显示设置"项。

②点击工具条的"显示设置"图标▣（图 11.31）。

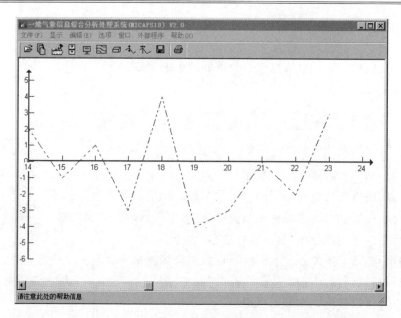

图 11.33　折线图

如图 11.34 所示,显示设置窗口上方为一排按钮。与二维窗口一样,当用鼠标左键点击了某一数据的说明,使其背景变黑后,再选择这些按钮,就可对图形进行各种处理。各按钮的意义如下:

- "显示"按钮和"消隐"按钮与二维窗口一样可以对图形进行隐现切换。
- "编辑"按钮可以使图形进入编辑状态。
- "查看"按钮将弹出写字板窗口显示与图形对应的数据文件。
- "标尺"按钮可以在背景上增加显示该数据的坐标线。
- "特征"按钮将弹出特征设置窗口,可以对该图形特征进行设置。
- "删除"按钮,则将该图形删除。

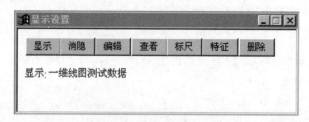

图 11.34　显示设置窗口

折线图的特征设置窗口如图 11.35 所示。

图 11.35 折线图特征设置窗口

折线图可以进行如下的特征设置：

①在"类型"选择框内可以改变折线的线型。可以选择实线、虚线、点线、点划线、双点划线等。

②选择"颜色"按钮，将弹出颜色选择窗口，可以改变折线的颜色。

③在"起始水平坐标"、"水平坐标宽度"、"起始垂直坐标"和"垂直坐标宽度"四个注释的左侧都有一组上、下按钮。选择这些按钮，即可改变图形显示窗口内折线起始的水平坐标、水平坐标的宽度、起始的垂直坐标和垂直坐标的宽度。

折线图进入"编辑"状态后，在折线的各个顶点上将显示一个小方块 ■，作为编辑标识。此时即可对图形进行编辑。目前，编辑操作只有修改单点值和移动单点两个：

①选择菜单中的"编辑"→"修改单点值"或工具条的"修改单点值"的图标 ⬈ 后，将鼠标移到要修改的点上的小方块上，按住鼠标左键。然后上下拖动鼠标，则该点将随鼠标移动。单点的纵坐标即被修改。

②选择菜单中的"编辑"→"移动单点值"或工具条的"移动单点值"的图标 ⬈ 后，将鼠标移到要修改的点上的小方块上，按住鼠标左键。然后左右拖动鼠标，则该点将随鼠标移动。单点的横坐标即被移动。

注：多个折线图、折线图与直方图之间可以叠加显示。当叠加显示时横坐标上的标值将按数据显示的前后次序从上到下显示，且颜色与折线的颜色相同。

（2）直方图的显示、操作和编辑

直方图的显示、操作和编辑与折线图类似，如图 11.36 所示。

直方图与折线图有如下几点不同：

①直方图中，每个点的矩形高度为从起始垂直坐标到该点的垂直坐标；占据的横坐标位置与是否有多个直方图叠加有关。当没有叠加时，占据从该点的横坐标到下一个点的横坐标，有 N 个直方图叠加时，则为该点的横坐标到下一个点的横坐标的距离除以 N。注意：一般应尽量选择具有相同横坐标的直方图进行叠加，若互相叠加的直方图横坐标不同，则很可能出现互相覆盖的情况。

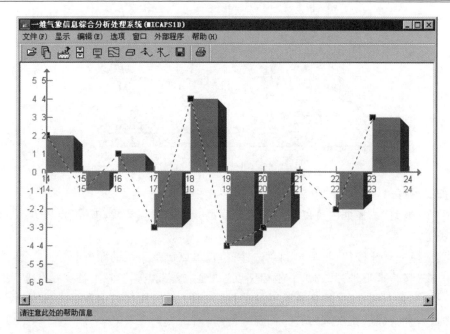

图 11.36　直方图的显示、操作和编辑示例

②在特征设置中,直方图可以选择的类型为:实心矩形、上斜线矩形、直交线矩形、斜交线矩形、下斜线矩形、横线矩形、竖线矩形、立体矩形。

(3)饼图和玫瑰图的显示

当选择了一个饼图或玫瑰图数据后,MICAPS 将弹出一个专用的窗口形成该图。饼图和玫瑰图只能显示和进行隐现切换、删除等操作,不能进行任何其他操作和编辑。

11.9.1.5　一维窗口的辅助图表和分析工具

一维窗口的辅助图表和分析工具均共用二维窗口的控件。因此在使用时应注意它们是否是用于一维数据的。在中短期组件中没有支持一维数据的辅助图表和分析工具。

11.9.1.6　一维图的后台运行

一维图程序也可以后台运行。即不弹出窗口,直接生成图像文件。其使用方法与二维图类似。运行命令为:

micaps1d ＜初始化文件＞ ＜综合图文件＞ ＜图像格式参数＞ ＜图像文件＞

但有如下两点不同:

①一维图的初始化文件格式与二维图不同(例子文件为 para1d.dat)。其格式为:

窗口左上角 X 坐标　左上角 Y 坐标　X 方向点数　Y 方向点数　综合图目录

②程序启动时的第三个参数:图像格式参数,没有 GIF 格式和第 14 类数据格式。即 1 为 BMP、2 为 JPEG、3 为 WMF 格式。

11.9.1.7　弹出二维或三维窗口

弹出二维或三维窗口有两种方式：

①选择菜单中的"窗口"→"二维窗口"或"三维窗口"项。

②选择工具条的"二维窗口"图标 或"三维窗口"图标 。

11.9.2　三维图形

为了对气象数据进行三维立体的观察，MICAPS 提供了三维图形显示功能。目前三维图形只能做格点数据的等值面和立体云图显示。

11.9.2.1　打开三维图显示程序

可利用如下方法之一打开三维图显示程序：

①在 Windows 桌面上用鼠标左键双击三维图显示程序的图标 。

②在 MICAPS 二维显示窗口中，选择菜单中的"窗口"→"三维窗口"项。

③在 MICAPS 二维显示窗口中，选择窗口控制工具条的"三维窗口"图标 。

11.9.2.2　三维窗口的部件

三维显示程序的窗口如图 11.37 所示。

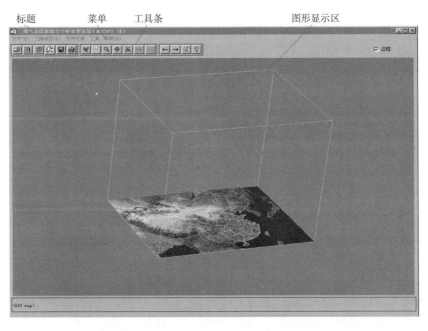

图 11.37　三维气象信息综合分析处理系统窗口

三维窗口中包括如下部件：
- **标题**：位于整个窗口的顶部。
- **菜单**：位于标题下的一排文字。
- **工具条**：位于菜单下方的一串图标。
- **图形显示区**：刚进入系统时，显示缺省图形（图 11.37）。
- **提示信息显示区**：在整个窗口的下方，显示各种说明信息。

下面说明一下各部件的作用。

（1）标题

标题文字为：三维气象信息综合分析处理系统（MICAPS 3D）。

（2）菜单（图 11.38）

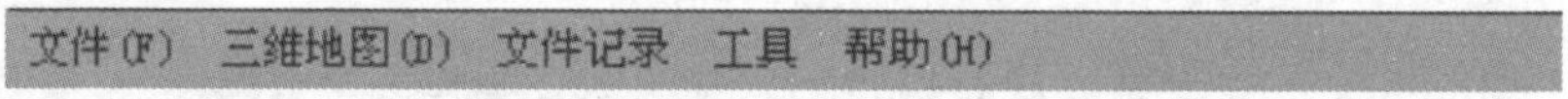

图 11.38　三维气象信息综合分析处理系统菜单

菜单包括若干项，项与项之间用空格隔开。当用户把鼠标箭头移到某一项上后，单击鼠标左键，则该项即完成相应的工作。各项的作用简述如下：
- **文件**：包括文件名、打印和存储等功能。
- **三维地图**：包括放大、缩小、漫游、复位和改变视点等功能。
- **文件记录**：包括前后翻页和动画等功能。
- **工具**：包括各种系统设置功能。
- **帮助**：显示 MICAPS 帮助信息。

（3）工具条（图 11.39）

图 11.39　三维气象信息综合分析处理系统工具条

三维窗口内工具条从左至右各图标的意义分别为：打开文件、格点数据检索、云图数据检索、综合图、保存、打印、复位、旋转、缩放、平移、固定、行政区、河流、前一时次、后一时次、动画、关于。

11.9.2.3　工具条的使用

- **打开文件**：将弹出文件检索窗口，可进行文件检索。
- **格点数据检索**：将弹出格点数据检索窗口，可以进行格点数据检索。
- **云图数据检索**：将弹出云图文件检索窗口，可以进行云图的参数检索。
- **综合图**：将弹出综合图检索窗口，可以进行综合图检索。

- **保存**:将弹出文件保存窗口,可以将三维图形保存为 JPEG 格式的图像文件。
- **打印**:可以打印窗口内图形。
- **复位**:图形还原,在经过旋转、放缩、平移、改变视点等操作后,可还原为初始状态。
- **旋转**:图形旋转,选择此图标后,在窗口内任意一点按鼠标左键,然后拖动鼠标,可使图形向任意方向旋转。
- **缩放**:图形缩放,选择此图标后,在窗口内任意一点按鼠标左键,然后上下拖动鼠标,可使图形放大或缩小。
- **平移**:图形平移,选择此图标后,在窗口内任意一点按鼠标左键,然后拖动鼠标,可使图形向任意方向平移。
- **固定**:图形固定,选择此图标后,图形不作任何操作,是为了固定图形,使之不发生任何变化。
- **行政区**:行政区开关图标,可以随时进行操作,在底图上清晰叠加或删去行政区划边界,显得更加直观。
- **河流**:河流开关图标,可以随时进行操作,在底图上清晰叠加或删去黄河和长江图形。
- **前一时次**:选择此图标后,窗口内图形将变为前一个时次。
- **后一时次**:选择此图标后,窗口内图形将变为后一个时次。
- **动画**:选择此图标后,将弹出"动画"窗口,可以选择动画显示方式。
- **关于**:显示系统监制和研制单位。

§11.10 系统维护

在 MICAPS 系统软、硬件维护中要注意的一些问题,主要是:系统连续业务运行中,软硬件资源的维护问题;系统业务运行中的安全问题;MICAPS 系统软件可能遇到的问题及处理。

11.10.1 系统资源维护

(1)MICAPS 系统在业务运行中,系统管理员要定期检查系统资源

①用资源管理器检查磁盘空间是否充足。

②用任务列表检查是否有异常的进程长时间运行。

③检查网络是否畅通。

(2)当系统资源不足时,应及时进行处理,使 MICAPS 能正常运行

①磁盘空间不足时,可以使用 del 命令和 cf 应用程序删除多余的文件。删文件时

可参考下列顺序,直到磁盘空间够用为止:

　　a.实现某些功能时产生的临时数据。

　　b.缩短传真图保留时间。

　　c.缩短雷达图像保留时间。

　　d.缩短云图保留时间。

　　e.一般用户存储的图像。

　　f.一般用户自己定义的综合图。

　　g.其他数据(例如,MICAPS 规定实时数据保留 10 天,磁盘空间不够时,可以缩短这个时间)。

　　②当 MICAPS 运行速度太慢,发现有异常进程时,及时与有关人员联系,并删除该进程。

　　③网络不通时,应及时与网络管理员联系。故障排除后,应使用系统状态监视程序的"补调数据"按钮,或在 DOS 外壳中手工运行 transdat 1 命令,补调所有数据。

11.10.2　系统安全

　　MICAPS 是面对所有值班预报员的,而预报员在业务使用时有可能由于误操作造成系统的损坏。因此,有必要对 MICAPS 系统的关键部分加以保护。在 MICAPS 系统成功安装并本地化后,建议系统管理员采取如下一些保护措施。

　　①为每个值班预报员或每个预报班建立一个连接用户。可以共享 MICAPS 帐户中的软件和数据,但自己产生的数据或定义的综合图等放在各自的目录中。这样可以避免预报员之间互相干扰、误删数据。

　　②把 MICAPS 软件的关键程序和数据改为只读。这样可以防止预报员误删这些数据。一般来说,datatran、combine、micapssh、colormap 等子目录中的文件均应改为只读。但修改后应在预报员用户中进行测试,若有数据文件确实需要预报员修改,则再将这些数据文件改为可读写。

　　③在本地 MICAPS 系统基本定型后,应做好备份。以后系统每次修改后,均应及时备份。

　　④建议将数据处理程序和 MICAPS 图形显示程序安装在不同的计算机上,这样也可以避免预报员的误操作影响数据处理程序的运行。

11.10.3　MICAPS 软件维护

11.10.3.1　缺数据时的故障查找

　　(1)检查 mtimer 是否正常运行

　　①检查 mtimer 是否正常运行,若没有则运行 mtimer 的快捷方式启动该进程或重

新引导操作系统建立该进程。

②检查 ws. dat 文件 transdat. exe 程序是否被放入时间表内,若没有则将其加入时间表内。

③在调数据的时间观察 transdat 程序是否被自动启动。

(2)检查 transdat 程序是否能正常运行

手工运行 transdat 命令,检查 transdat 程序是否能正常运行。若不能正常运行则:

①检查 transdat. tab 文件内容和格式是否正确。

②检查 netrc 中的参数是否正确。

③检查格式转换程序有关的批处理程序和参数文件是否正确,特别是日期代码和路径是否正确。

④如果上述均正常,则应与网络管理员一起检查网络和服务器工作是否正常。

11.10.3.2　图形显示和编辑程序出现故障时

当图形显示和编辑程序出现故障时,详细记录故障情况,上报 MICAPS 系统的研制和监制单位。

第 12 章　　绘图软件包 NCARGKS 的使用

随着计算机科学和技术的迅速发展,很多气象图表都可用专用的计算机绘图软件包来绘制。学会使用计算机绘制气象图表成了现代气象科技工作者的必备技能。用于绘制气象图表的计算机绘图软件包很多,其中著名的有美国研制的 NCAR 绘图软件包等。自从 NCAR 绘图软件包被引进并移植到 DOS 系统平台后,在我国广大气象科研、教学和业务部门中已广为使用。随着 DOS 系统逐渐被 Windows 系统所取代,NCAR 的更新版——Windows98 中文平台下的 NCAR 绘图软件包也就应运而生。

NCAR 绘图软件包用 Fortran 语言编程,有 11 个模块组成,使用方便,功能齐备,深受用户喜爱。这次 NCAR 绘图软件包的更新版本又做了一些改进,例如,对调用时需要的工作数组的计算和分配进行了隐藏处理,即用户不必分配工作数组,此项任务由 NCAR 系统自己完成。对等值线部分也进行了一些合并处理;使调用更加简单和方便。NCAR 绘图软件包不仅适用于气象科研和业务工作,同时在农业、林业、海洋、环保、地震和水利等部门都有广泛的使用。

本章主要介绍更新版 NCAR 绘图软件包的使用方法。关于 DOS 系统平台的 NCAR 绘图软件包的使用可参阅《计算机绘图软件包的使用》(寿绍文等,1993)。

§12.1　　基本模块

12.1.1　OPNGKS 子程序

进入 NCAR 绘图方式。
调用格式:CALL OPNGKS(MODE,HWND)
MODE:0—进入 NCAR 绘图方式且清屏;其他不清屏。
HWND:给定绘图窗口句柄。为 0,表示由系统决定。

12.1.2　CLSGKS 子程序

退出 NCAR 绘图方式。与 OPNGKS 成对出现。
调用格式:CALL CLSGKS

12.1.3　FRAME 子程序

换页。建议不要使用该子程序。

调用格式：CALL FRAME

当系统遇到 FRAME 时，系统处于等待状态，当用户用鼠标点击或按动任意键后，即显示下一页。当调用该子程序后，则图形只能显示，不能做其他工作。

12.1.4　SET 子程序

设置窗口。建立用户窗口坐标与 GKS 投影区的关系；并设置当前窗口为用户窗口坐标。若在 VB 环境下则改成 SETW。

调用格式：CALL SET(VL,VR,VB,VT,WL,WR,WB,WT,LF)

VL,VB：设置 GKS 投影区的左下角坐标，范围 0.0～1.0。

VR,VT：设置 GKS 投影区的右上角坐标，范围 0.0～1.0。

在 NCAR 绘图系统中定义 GKS 窗口为一固定的窗口，它将映射到实际显示设备的满屏。定义 GKS 窗口为(0.0：1.0；0.0：1.0)的一个假想的单位。

WL,WB：设置用户窗口坐标的左下角坐标，范围任意。

WR,WT：设置用户窗口坐标的右上角坐标，范围任意。

LF：设置坐标性质(表 12.1)。

表 12.1　LF 设置坐标的性质

LF	意　义	LF	意　义
1	X 线性；Y 线性	2	X 线性；Y 对数
3	X 对数；Y 线性	4	X 对数；Y 对数

例：CALL SET(0.3,0.8,0.2,0.6,1.0,10.0,1.0,8.0,1)

12.1.5　GETSET 子程序

读窗口。读出当前用户窗口坐标与 GKS 投影区的关系。

调用格式：CALL GETSET(VL,VR,VB,VT,WL,WR,WB,WT,LF)

参数说明见 SET 子程序。

12.1.6　GS—,GQ—系列子程序

GS—系列子程序用于设置一些参数；GQ—系列子程序用于读出一些参数(表 12.2)。

调用格式：CALL GS—系列(IS)

　　　　　　CALL GQ—系列(IS)

表 12.2　调用格式 GS－,GQ－系列的 IS 参数意义

GS－系列	GQ－系列	IS 参数意义
GSELNT	GQCNTN	＝0:使用 GKS 窗口坐标 ＝1:使用用户窗口坐标
GSLPRE	无	设置数据的精度,即保留小数位数
GSPLCI	GQPLCI	设置或读出画线的颜色值 0～19
GSTXCI	GQTXCI	设置或读出字符的颜色值 0～19
GSPMCI	GQPMCI	设置或读出符号的颜色值 0～19
GSFACI	GQFACI	设置或读出阴影的颜色值 0～19
GSLN	GQLN	线型＝0:实线;＝1:虚线;＝2:点线;＝3:点划线;＝4:点点划线
GSLWSC	GQLWSC	线宽,大于 0
GSLAB	无	＝0:绘等值线或绘光滑曲线要标值时大于零的数值前不加"＋"; ＝1:大于零的数值前加"＋"

例:CALL GSPLCI(13)

表示画线时采用 13 号红色来画线段。

颜色采用 Windows 的系统调色板,可以使用 0～19 号彩色(表 12.3)。

表 12.3　Windows 系统调色板的 0～19 号彩色

号码	0	1	2	3	4	5	6	7	8	9
颜色	黑色	深红	深绿	深黄	深蓝	酱红	深青	灰白	浅绿	天蓝
号码	10	11	12	13	14	15	16	17	18	19
颜色	米色	浅灰	灰色	红色	绿色	黄色	蓝色	橙色	青色	白色

12.1.7　GSCLIP 和 GQCLIP 子程序

设置和读出裁剪标志及裁剪区。

调用格式:CALL GSCLIP(LSW)

　　　　　CALL GQCLIP(LSW,CLIP)

LSW:裁剪标志;＝0:不裁剪;＝1:裁剪。

CLIP:四元素实型数组,读出裁剪的 GKS 投影区域。

12.1.8　FRSTPT 和 VECTOR 子程序

画折线。

调用格式:CALL FRSTPT(X,Y)　　　设置画折线起点用户坐标

　　　　　CALL VECTOR(X,Y)　　　设置画折线续点用户坐标

X,Y:用户坐标。

12.1.9　LINE 子程序

画直线。

调用格式:CALL LINE(XA,YA,XB,YB)

XA,YA:设置画直线起点用户坐标。

XB,YB:设置画直线终点用户坐标。

12.1.10　LINEA 子程序

画直线及箭头。

调用格式:CALL LINEA(XA,YA,XB,YB)

XA,YA:设置画直线起点用户坐标。

XB,YB:设置画直线终点用户坐标。

12.1.11　CURVE 子程序

画折线。

调用格式:CALL CURVE(X,Y,N)

X,Y:定义 N 个点的画折线坐标。

相当于:

CALL FRSTPT(X(1),Y(1))

DO　I=2,N

　　CALL VECTOR(X(I),Y(I))

ENDDO

12.1.12　POINT 子程序

画点。

调用格式:CALL POINT(X,Y)

X,Y:用户坐标。

12.1.13　POINTS 子程序

绘折线并在点上作标记。

调用格式:CALL POINTS(X,Y,N,IC,IL)

X,Y:给出 N 个用户坐标点。

IC:做标记方式(表 12.4)

表 12.4　POINTS 子程序 IC 不同取值所表示的标记动作

IC	在 N 个点上的动作
<0	绘号码为－IC 的符号，内部将调用 PMASK 子程序
＝0	画点
>0	绘 ASCII 码值为 IC 的键盘字符，见 PWRIT

IL:如果 IL 非零,则 N 个点将连成折线。

12.1.14　PWRIT 子程序

绘字符。可以绘汉字。

调用格式:CALL PWRIT(X,Y,CH,N,IS,IO,IC)

X,Y:给出用户坐标点。

CH:N 个字符组成的字符串。可以用汉字,每个汉字占两字节。

IS:绘字符的高度;范围 0~1023,单位为像素点。指定 0 系统看作 12;1 系统看作 16;2 系统看作 20;3 系统看作 24;其他值不改变。

IO:字符串旋转角度,以度为单位。

IC:坐标调整(表 12.5)。

表 12.5　PWRIT 子程序 IC 不同取值所表示的坐标调整

IC	坐标调整
－1	指定坐标是字符串的左下角
0	指定坐标是字符串的中心
1	指定坐标是字符串的右下角

12.1.15　GFA 子程序

绘阴影图。

调用格式:CALLGFA(N,X,Y)

X,Y:给出 N 个用户坐标点,必须能连成封闭的曲线。

12.1.16　PMASK 子程序

绘符号。范围 0~201。

调用格式:CALL PMASK(X,Y,ICODE,IS,IO,IC)

X,Y:给出用户坐标点。

ICODE:符号的号码。范围 0~201。

IS:绘字符的高度;范围 0~1023,单位为像素点。指定 0 系统看作 12;1 系统看作

16;2 系统看作 20;3 系统看作 24;其他值不改变。

　　IO:字符串旋转角度,以度为单位。

　　IC:坐标调整(表 12.6)。

表 12.6　PMASK 子程序 IC 不同取值所表示的坐标调整

IC	坐标调整
−1	指定坐标是字符串的左下角
0	指定坐标是字符串的中心
1	指定坐标是字符串的右下角

12.1.17　PWIND 子程序

绘风杆符和总云量填图符。

调用格式:CALL PWIND(X,Y,NT,DF,FF,IS,IO)

X,Y:给出用户坐标点。

NT:总云量。范围 0~9;其他仅绘风杆符。

DF:风向。范围 0~360°。

FF:风速。范围 0~60 m。

IS:绘字符的高度。范围 0~1023,单位为像素点。指定 0 系统看作 12;1 系统看作 16;2 系统看作 20;3 系统看作 24;其他值不改变。

IO:风杆倾斜角度,以度为单位。

例:

```
SUBROUTINE TGKSOA
REAL ZZX(9),ZZYL(9),ZZYM(9),CIRX(9),CIRY(9)
CHARACTER FORM * 3,HANZI * 16
DATA HANZI/'汉字 ABab 代码测试'/
DATA ZZX/−9.0,−8.0,−7.0,−6.0,−5.0,−4.0,−3.0,−2.0,−1.0/
DATA ZZYL/6.5,8.5,6.5,8.5,6.5,8.5,6.5,8.5,6.5/
DATA ZZYM/1.5,3.5,1.5,3.5,1.5,3.5,1.5,3.5,1.5/
DATA CIRX/6.15,5.26,4.25,3.59,3.59,4.25,5.26,6.15,6.50/
DATA CIRY/8.46,8.98,8.80,8.01,6.99,6.20,6.02,6.54,7.50/
CALL OPNGKS(0,0)                              进入 NCAR 绘图
CALL PWRIT(0.5,0.97,'TGKSOA 子程序',12,3,0,0)   标题
CALLSET(0.1,0.9,0.1,0.9,−10.0,10.0,−10.0,10.0,1) 设置窗口坐标关系
CALL GSPLCI(18)                               设置画线颜色
```

```
CALL GSLN(1)                                               设置画虚线
CALL CURVE(ZZX,ZZYL,9)                                     画折线
CALL GSLN(0)                                               设置画实线
CALL GSPMCI(17)                                            设置画符号颜色
DO  I=1,9
    CALL PMASK(ZZX(I),ZZYM(I),I,I*30.0,I*6.0,50,30)   画风符号
ENDDO
CALL GSFACI(13)                                            设置阴影线颜色
CALL GFA(9,CIRX,CIRY)                                      画阴影线
CALL GSTXCI(14)                                            设置画字符颜色
CALL PWRIT(0.0,-5,HANZI,16,50,0,0)                         画字符
CALL FRAME                                                 换页
  CALL GSELNT(0)                                           设置 GKS 窗口为当前窗口
  Y=0.95                                                   以下程序段将列出 215 个符号表
  X=0.1+1.0/14.0
  DO  I=0,9
    WRITE(FORM(1:1),'(I1)')I
    CALL PWRIT(X,Y,FORM(1:1),1,2,0,-1)
    X=X+1.0/14.0
ENDDO
DO  I=0,201
    IF(MOD(I,10).EQ.0)THEN
        Y=Y-1.0/24.0
        X=0.1
        WRITE(FORM,'(I3)')I
    CALL PWRIT(X+0.02,Y,FORM,3,2,0,1)
    ENDIF
    X=X+1.0/14.0
    CALL PMASK(X,Y,I,30,0,0)
ENDDO
CALL CLSGKS
RETURN
END
```

(效果图见图 12.1)。

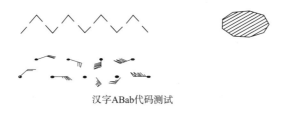

汉字ABab代码测试

图 12.1　TGKSOA 子程序生成的效果图

§12.2　虚线与背景

12.2.1　DASHDB 子程序

设置光滑曲线线型。

调用格式:CALL DASHDB(IPAT)

IPAT:定义虚线图案。范围 0～65535。

系统在画光滑曲线时,循环使用 IPAT 定义的虚线图案。系统把 IPAT 值转化成十六位二进制,然后从高位到低位一位一位循环取出来进行画线处理。当取出的位为 0 时,系统将空出 3 个单位(或 3 个像素点);当取出的位为 1 时,系统将画 3 个单位(或 3 个像素点)的线段。直到把曲线画完。

12.2.2　DASHDC 子程序

设置光滑曲线线型。

调用格式:CALL DASHDC(PAT,JCRT,JSIZE,NC)

PAT:用字符串来定义虚线图案。

NC:指出 PAT 字符串的字符个数。

JCRT:指定画线段和空白段的长度。范围 0～1023(像素点)。

JSIZE:指定绘制标号大小。范围 0～1023(像素点)。

系统在画光滑曲线时,循环使用 PAT 定义的虚线图案。系统把 PAT 从左到右一个一个循环取出来进行画线处理。当取出的是字符'(引号)时,系统将空出 JCRT 个单位(或像素点);当取出的字符 $ 时,系统将画 JCRT 个单位(或像素点)的线段;当取出的是其他字符(除 $ 和')时,系统在相应位置上以 JSIZE 大小绘出该字符。循环进行直到把曲线画完。

12.2.3　SMOOTH 子程序

设置光滑曲线的光滑程度。

调用格式:CALL SMOOTH(TENSN)

TENSN:指定 1.0～25.0 的一个值,缺省值为 2.5。

12.2.4　FRSTD,VECTD 和 LASTD 子程序

画光滑曲线。必须先用 DASHDB 或 DASHDC 定义光滑曲线线型。

调用格式:CALL FRSTD(X,Y)　　设置画光滑曲线起点坐标

CALL VECTD(X,Y)　　设置画光滑曲线续点坐标

CALL LASTD　　　　设置画光滑曲线终点

X,Y:用户坐标。

12.2.5　LINED 子程序

画直线。必须先用 DASHDB 或 DASHDC 定义光滑曲线线型。

调用格式:CALL LINED(XA,YA,XB,YB)

XA,YA:设置画直线起点坐标。

XB,YB:设置画直线终点坐标。

12.2.6　CURVED 子程序

画光滑曲线。必须先用 DASHDB 或 DASHDC 定义光滑曲线线型。

调用格式:CALL CURVED(X,Y,N)

X,Y:定义 N 个点的画光滑曲线坐标。

相当于:CALL FRSTD(X(1),Y(1))

DO　I=2,N

　　CALL VECTD(X(I),Y(I))

ENDDO

CALL LASTD

例:

SUBROUTINE TDASHP

DIMENSION X(31),Y(31)

CALL OPNGKS(0,0)

CALL PWRIT(0.5,0.97,'光滑曲线与虚线',14,3,0,0)

CALL SMOOTH(2.5)

ISOLID=IOR(ISHIFT(32767,1),1)

DO　K=1,5

　CALL DASHDB(ISOLID)

```
CALL GSPLCI(K+12)
CALL GSLWSC(K)
ORG=1.07-0.195 * K
CALL FRSTD(.50,ORG-0.03)
CALL VECTD(.50,ORG+0.03)
CALL LASTD
CALL LINED(.109,ORG,.891,ORG)
SELECT CASE(K)
  CASE(1)
    CALL DASHDC('$"$"$"$"$"$"$ K=1',10,12,20)
  CASE(2)
    CALL DASHDC('$ $ $ $ $ $"$"$ $ $ $ $ K=2',10,12,20)
  CASE(3)
    CALL DASHDC('$ $ $ $"$ $ $ $"$ $ $ $"K=3',10,12,20)
  CASE(4)
    CALL DASHDC('$ $ $ $ $""""""$ $ $ $ K=4',10,12,20)
  CASE(5)
    CALL DASHDC('$ $ $"$ $ $"$ $ $"$ $ $ K=5',10,12,20)
END SELECT
DO  I=1,31
  THETA=FLOAT(I-1) * 3.1415926535897932/15.
  X(I)=0.5+.4 * COS(THETA)
  Y(I)=ORG+.075 * SIN(FLOAT(K) * THETA)
ENDDO
CALL CURVED(X,Y,31)
ENDDO
CALLCLSGKS
RETURN
END
```

（效果图见图 12.2）。

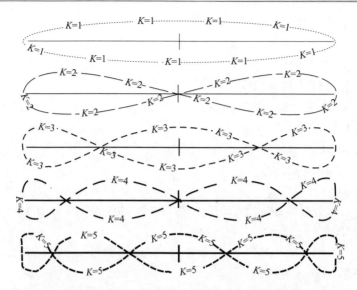

图 12.2　绘制光滑曲线与虚线程序生成的效果图

12.2.7　LABMOD 子程序

设置背景参数。

调用格式：CALL LABMOD(FMTX,FMTY,ISX,ISY,IXDEC,IYDEC,IXOR)

FMTX,FMTY：分别设置 X 轴和 Y 轴标值数据的格式，可以用 E,F,G 编辑格式描述符。例：'(F15.2)'，'(E10.3)'等。

ISX,ISY：分别设置 X 轴和 Y 轴标值字体大小。范围 0～1023，见 PWRIT 的 IS 参数说明。

IXDEC：指定 Y 轴与标值字符的间距。一般取 IXDEC＝ISX；范围 0～1023，见 PWRIT 的 IS 参数说明。

IYDEC：指定 X 轴与标值字符的间距。一般当 IXOR＝0 时取 IYDEC＝ISY＊2；当 IXOR＝1 时取 IYDEC＝ISY；范围 0～1023，见 PWRIT 的 IS 参数说明。

IXOR：设置 X 轴标值方向。＝0：水平方向；＝1：垂直方向。

12.2.8　TICK4 子程序

设置主、次刻度长度。

调用格式：CALL TICK4(MAJX,MINX,MAJY,MINY)

MAJX,MAJY：分别表示 X,Y 轴主刻度的长度。

MINX,MINY：分别表示 X,Y 轴次刻度的长度。

12.2.9　TICKCOLOR 子程序

设置绘网格时的主、次刻度的颜色。

调用格式：CALL TICKCOLOR(MAJIC,MINIC,MTXIC)

MAJIC：表示主刻度线的颜色。

MINIC：表示次刻度线的颜色。

MTXIC：表示标值的颜色。

12.2.10　GRIDAL 子程序

绘网格,框架和 $X-Y$ 轴等背景。

调用格式：CALL GRIDAL(MAJX,MINX,MAJY,MINY,IXLAB,IYLAB,IG-PH,X,Y)

MAJX,MAJY：分别表示 X,Y 轴的主刻度数。

MINX,MINY：分别表示 X,Y 轴的次刻度数。

IXLAB,IYLAB：表示坐标轴绘制要求（表 12.7）。

表 12.7　GRIDAL 子程序不同取值所表示的坐标轴绘制要求

值	IXLAB	IYLAB
−1	无 X 轴,无标值	无 X 轴,无标值
0	仅绘 X 轴	仅绘 X 轴
1	绘 X 轴和标值	绘 X 轴和标值

IGPH：指定背景类型（表 12.8）。

表 12.8　GRIDAL 子程序指定背景类型

IGPH	0	1	2	4	5	6	8	9	10
X 轴	G	G	G	P	P	P	H	H	H
Y 轴	G	P	H	G	P	H	G	P	H

注：表中,G 表示网格；P 表示框架；H 表示 $X-Y$ 轴；X,Y 仅当 IGPH=10 时表示 $X-Y$ 轴的交点用户坐标。

12.2.11　GRID 子程序

绘网格背景。

调用格式：CALL GRID(MAJX,MINX,MAJY,MINY)

参数见 GRIDAL 子程序的相应说明。

相当于调用：CALL GRIDAL(MAJX,MINX,MAJY,MINY,0,0,0,0.0,0.0)。

12.2.12 GRIDL 子程序

绘网格背景并标值。

调用格式：CALL GRIDL(MAJX,MINX,MAJY,MINY)

参数见 GRIDAL 子程序的相应说明。

相当于调用：CALL GRIDAL(MAJX,MINX,MAJY,MINY,1,1,0,0.0,0.0)。

12.2.13 PERIM 子程序

绘框架背景。

调用格式：CALL PERIM(MAJX,MINX,MAJY,MINY)

参数见 GRIDAL 子程序的相应说明。

相当于调用：CALL GRIDAL(MAJX,MINX,MAJY,MINY,0,0,5,0.0,0.0)。

12.2.14 PERIML 子程序

绘框架背景并标值。

调用格式：CALL PERIML(MAJX,MINX,MAJY,MINY)

参数见 GRIDAL 子程序的相应说明。

相当于调用：CALL GRIDAL(MAJX,MINX,MAJY,MINY,1,1,5,0.0,0.0)。

12.2.15 HALFAX 子程序

绘 $X-Y$ 轴背景。

调用格式：CALL HALFAX(MAJX,MINX,MAJY,MINY,X,Y,IXLAB,IYLAB)

参数见 GRIDAL 子程序的相应说明。

相当于调用：CALL GRIDAL(MAJX,MINX,MAJY,MINY,IXLAB,IYLAB,10,X,Y)。

例：

```
SUBROUTINE TGRIDAL
CALL OPNGKS(0,0)
CALL SET(.2,.8,.2,.8,0.,1.,0.,1.,1)
CALL LABMOD('(F10.2)','(F6.2)',15,15,15,30,0)
CALL GSELNT(0)
CALL PWRIT(.5,.9,'框架背景 PERIML 子程序',20,3,0,0)
CALL GSELNT(1)
CALL PERIML(5,2,6,3)
CALL CLSGKS
RETURN
```

END

（效果图见图 12.3）。

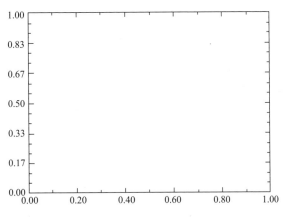

图 12.3 框架背景 PERIML 子程序生成的效果图

§12.3 等值线模块

12.3.1 CONOP1 子程序

用于设置画离散点或规则网格点等值线的一些参数（表 12.9）。

调用格式：CALL CONOP1(IOPT)

表 12.9 CONOP1 子程序不同 IOPT 取值所代表的意义

IOPT	意　义
"ITP=C1"	采用平面内插方案（当数据小于 100 点）*
"ITP=LIN"	采用线性插值方案（当数据大于 100 点）
"LAB=ON"	等值线两头标值
"LAB=OFF"	等值线上多次标值 *
"PDV=ON"	在资料点上标出资料值
"PDV=OFF"	不标值 *
"PMM=ON"	标高低中心
"PMM=OFF"	不标高低中心 *
"SCA=ON"	用户窗口坐标与 GKS 投影区由系统决定 *
"SCA=OFF"	都由用户决定，主要用于与地图叠加处理
"SCA=PRI"	GKS 投影区由用户决定
"DEF=ON"	设置缺省值（即带 * 号的说明）
"PSL=ON"	绘制等值线分析区域

续表

IOPT	意义
"PSL=OFF"	不绘制*
"SMO=ON"	进行二维邻居九点光滑
"SMO=OFF"	不做光滑处理*
"PER=ON"	绘边框*
"PER=OFF"	不绘边框

等值线分析区域由用户调用 CONOP3 子程序来提供,当调用 CALL CONOP1 ("PSL=ON")后,系统将把等值线分析区域用线段进行连接,给出封闭区域。

12.3.2　CONOP2 子程序

用于设置画离散点或规则网格点等值线的一些参数(表 12.10)。

调用格式:CALL CONOP2(IOPT,ISIZE)

表 12.10　CONOP2 子程序不同 IOPT 取值所对应的 ISIZE 的意义

IOPT	ISIZE 的意义
"SSZ=ON"	设置分辨率,小于 200
"SSZ=OFF"	=40*
"NCP=ON"	用于偏导数估算的数据点数,大于 1
"NCP=OFF"	=4*
"MIN=ON"	等值线标值间隔,小于 0 则不标值
"MIN=OFF"	=3*
"LSZ=ON"	等值线标值字型大小
"LSZ=OFF"	=16*
"SML=ON"	高低中心标值字型大小
"SML=OFF"	=16*
"SPD=ON"	绘制资料标值字型大小
"SPD=OFF"	=20*
"INT=OFF"	都采用 1 号颜色*
"INT=ALL"	都采用指定的 ISIZE 号颜色
"INT=DAT"	设置绘制资料或高低中心标值颜色
"INT=LAB"	设置绘制等值线标值颜色
"INT=MAJ"	设置绘制主等值线颜色
"INT=MIN"	设置绘制次等值线颜色

字型的大小单位是像素点,这里的分辨率是指离散点经插值后生成网格点矩阵的水平和垂直的点数。

颜色采用 Windows 的系统调色板,可以使用 0～19 号彩色(表 12.3)。

12.3.3　CONOP3 子程序

用于设置画离散点或规则网格点等值线的一些参数(表 12.11)。

调用格式:CALL CONOP3(IOPT,ARRAY,N)

表 12.11　CONOP3 子程序不同 IOPT 取值所对应的 ARRAY 实型数组

IOPT	N 个元素的 ARRAY 实型数组
"CHL＝ON"	设置绘图最高值给 ARRAY(1);最低值给 ARRAY(2); N＝2。表示绘等值线区
"CHL＝OFF"	域由系统决定*
"CIL＝ON"	设置等值线增量;N＝1
"CIL＝OFF"	由系统决定*
"CON＝ON"	设置所画等值线的值 N 小于 40 例: REAL　R(5) 　　 DATA　R/1,2,3,10,12/ 　　 CALL　CONOP3("CON＝ON",R,5)
"CON＝OFF"	由系统决定*
"DBP＝ON"	设置等值线分界点,N＝1
"DBP＝OFF"	＝0.0
"SLD＝ON"	设置绘等值线区域,定义一个封闭区域 定义方法前一半为 X 用户坐标后一半为 Y 用户坐标 例: REAL　R(10) 　　 DATA　R/7.0,10.0,10.0,7.0,7.0, 　　 ＋　7.0,7.0,10.0,10.0,7.0/ 　　 CALL　CONOP3("SLD＝ON",R,10)
"SLD＝OFF"	无限制*

12.3.4　CONOP4 子程序

用于设置画离散点或规则网格点等值线的一些参数(表 12.12)。

调用格式:CALL CONOP4(IOPT,STRING,N)

表 12.12　CONOP4 子程序不同 IOPT 取值所对应的 STRING 字符串

IOPT	N 个元素的 STRING 字符串,不大于 10
"FHI＝ON"	设置标高中心的字符(可以用汉字) 例:CALL CONOP4('FHI＝ON','F'高',2)
"FHI＝OFF"	高中心用 H 来标记
"FLO＝ON"	设置标低中心的字符(可以用汉字)
"FLO＝OFF"	低中心用 L 来标记

续表

IOPT	N 个元素的 STRING 字符串,不大于 10
"DAS=OFF"	所有等值线用实线绘制
"DAS=ALL"	所有等值线用 STRING 指定的线型绘制
"DAS=GTR"	大于等值线分界点的用指定的线型绘制
"DAS=LSS"	小于等值线分界点的用指定的线型绘制
"DAS=EQU"	等于等值线分界点的用指定的线型绘制

当用 DAS 来设置等值线的线型时,STRING 用 $ 和'来指定,$ 表示实线段,'表示空白段,详细参见 DASHDC 子程序说明。

例:指定等值线分界点为 0.0,设置大于等值线分界点 0.0 的用绘制等值线线型为 "$'$'$'$'$'"表示断先图案,N 必须为 10。

CALL CONOP3("DBP=ON",0.0,1)

CALL CONOP4("DAS=GTR","$'$'$'$'$'",10)

12.3.5　CONREC 子程序

绘制规则格点等值线图,可以有缺测值,但必须是 999999。

调用格式:CALL CONREC(Z,L,M,N)

Z:二维实型数组,存放等值线资料,可以有缺测值。

L:Z 的第一维大小,L 大于等于 M。

M,N:分别表示绘制等值线时,在 X 和 Y 方向资料点的数目。

当整个都需要绘制时,则指定 L=M,N=NN。当部分绘制时,则指定 L 为第一维的实际大小,M 指定绘制 X 方向的资料点数,N 指定绘制 Y 方向的资料点数。等值线绘制方向为 X 是从左到右,Y 为从下到上。见右图所示。

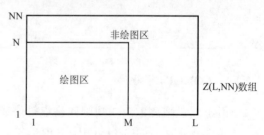

图 12.4　CONREC 子程序绘制规则格点等值线图

例:

```
SUBROUTINE CONREC
REAL Z(21,25)
CALL OPNGKS(0,0)
DO  I=1,21
  X=.1*FLOAT(I-11)
  DO J=1,25
    Y =.1*FLOAT(J-13)
```

Z(I,J)＝X＋Y＋1./((X−.10)＊＊2＋Y＊＊2＋.09)−1./((X＋.10)

＊＊2＋Y＊＊2＋.09)

ENDDO

ENDDO

CALL PWRIT(0.5,0.97,'规则格点等值线 CONREC 子程序',26,3,0,0)

CALL CONOP2('SM＝ON',20)　　　　　标高低中心字符大小

CALL CONOP2('LS＝ON',16)　　　　　等值线标号大小

CALL CONOP1('SCA＝ON')　　　　　由系统决定用户坐标与 GKS 投影区

CALL CONOP1('PMM＝ON')　　　　　表明要标高低中心

CALL CONOP2('MIN＝ON',1)　　　　 表明每隔一条等值线标一次值

CALL CONOP3('CIL＝ON',0.3,1)　　　 等值线间隔为 0.3

CALL CONREC(Z,21,21,25)　　　　　绘等值线

CALL CLSGKS

RETURN

END

(效果图见图 12.5)。

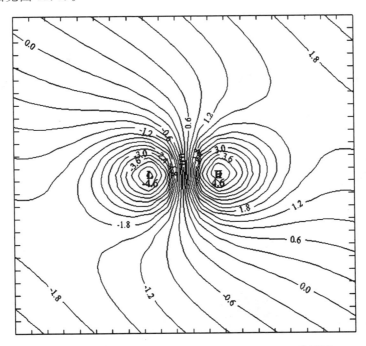

图 12.5　规则格点等值线 CONREC 子程序生成的效果图

12.3.6　CONRAN 子程序

绘制离散点或站点等值线图,不可以有缺测值且在同一坐标位置上不能有多于一个值。

调用格式:CALL CONRAN(XD,YD,ZD,NDP)

XD:一维实型数组,指定 X 坐标或经度位置。

YD:一维实型数组,指定 Y 坐标或纬度位置。

ZD:一维实型数组,指定该坐标位置的资料。

NDP:指出需要处理的资料个数。

```
例:SUBROUTINE TCONRAN
      DIMENSION XD(17),YD(17),ZD(17)
C     DIMENSION Z(40,40)
      DATA XD/3.,3.,10,18,18,10,10,5.,1.,15,20,5.,15,10,7.,13,16/
      DATA YD/3.,18,18,3.,18,10,1.,5.,10,5.,10,15,15,15,20,20,8./
      DATA ZD/25,25,25,25,25,-5,1.,1.,1.,1.,1.,1.,1.,1.,1.,1.,25/
      DATA NDP/17/
      CALL OPNGKS(0,0)
      CALL PWRIT(0.5,0.97,'离散点等值线 CONRAN 子程序',24,3,0,0)
C     CALL CONOP1('LAB=OFF')          等值线标中间
      CALL CONOP1('LAB=ON')           等值线标两头
      CALL CONOP1('PMM=ON')           标高低中心
      CALL CONOP2('LSZ=ON',1)         标等值线字体大小;1 代表字体大小
                                      为 16 像素点
      CALL CONOP1('SCA=ON')           坐标窗口由系统决定
      CALL CONRAN(XD,YD,ZD,NDP)       绘等值线
C     L=40
C     CALL GETRAN(XD,YD,ZD,NDP,Z,L,M,N,XL,XR,YB,YT)
C     CALL CONREC(Z,L,M,N)
      CALL CLSGKS
      RETURN
      END
```

(效果图见图 12.6)。

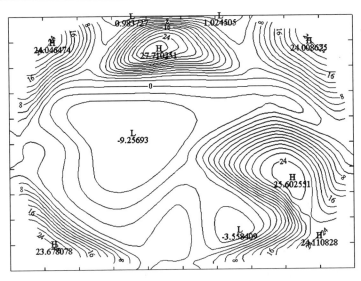

图 12.6　离散点等值线 CONRAN 子程序生成的效果图

§12.4　地图模块

12.4.1　MAPPOS 子程序

指定地图在 GKS 的绘图投影区。

调用格式：CALL MAPPOS(VL,VR,VB,VT)

VL,VB：指定投影区的左下角,范围 0.0~1.0。

VR,VT：指定投影区的右上角,范围 0.0~1.0。

例：CALL MAPPOS(0.05,0.95,0.05,0.95)

12.4.2　MAPSTI 子程序

用于指定绘地图时的一些参数(表 12.13)。

调用格式：CALL MAPSTI(WHCH,IVAL)

表 12.13　MAPSTI 子程序不同 WHCH 取值所对应的 IVAL 意义

WHCH	IVAL 意义
"DA"	设置绘经纬线线型指定值范围 0~65535,参见 DASHDB
"EL"	=0:矩形边框;=1:椭圆边框;=2:扇形边框,但在调用 SUPMAP 时 JLTS 必须指定为 3,否则同矩形边框。
"I1"	边框颜色。例:CALL MAPSTI("I1",15)

续表

WHCH	IVAL 意义
"I2"	地图轮廓线颜色。例:CALL MAPSTI("I2",16)
"I3"	经纬线颜色。例:CALL MAPSTI("I3",4)
"I4"	标号颜色。例:CALL MAPSTI("I4",1)
"DT"	轮廓线线型,=0:实线;=1:点线。
"GS"	=0:按经纬间隔比例缩放;=1:扩展到整个投影区

颜色采用 Windows 的系统调色板,可以使用 0~19 号彩色(表 12.3)。

12.4.3　MAPSTR 子程序

用于指定绘地图时的一些参数(表 12.14)。

调用格式:CALL MAPSTR(WHCH,RVAL)

表 12.14　MAPSTR 子程序不同 WHCH 取值所对应的 RVAL 意义

WHCH	RVAL 意义
"SC"	设置小地图与已画地图的比例指定范围 0.0~0.5 仅对 SUPMAPL 和 SUPMA-PR 起作用。
"SA"	如果 RVAL 在(−1~1)以外,则正交投影变为卫星视投影;否则设置作为 1 处理。绝对值为地球中心到卫星的距离,以地球半径为单位。符号为正表示正常投影,符号为负表示扩展投影,缺省值为 1。
"SR"	绘制地图轮廓线和经纬线的精度。可以指定 0.001~10.0°;缺省为 1.0°。
"S1"	地球中心与卫星瞄准点 P 之间的夹角(图 12.7),以度为单位。当 S1 为 0 时卫星的瞄准点称原点 O。
"S2"	指定原点 O 的正 U 轴与 OP 连线的夹角(图 12.7),以度为单位。顺时针为正。

12.4.4　CONVER 子程序

实现在地图上叠加等值线、流场、流线等图形。

调用格式:CALL CONVER(PL,PR,PB,PT,UL,UR,UB,UT,LF)

PL,PR:指定叠加在地图上的最小 PL 经度到最大 PR 经度。

PB,PT:指定叠加在地图上的最小 PB 纬度到最大 PT 纬度。

UL,UR:指定叠加在地图上的应用程序的 X 最小坐标 UL 到最大坐标 UR。

UB,UT:指定叠加在地图上的应用程序的 Y 最小坐

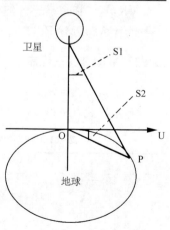

图 12.7　S1,S2 的位置

标 UB 到最大坐标 UT。

　　LF：＝0：跟地图无关；＝1：与地图叠加。

　　注：地图叠加应用程序图有以下几种方法：

　　(1)离散点等值线与地图叠加(应用 CONRAN 子程序)

　　①调用 CALL SUPMAP(...)，画出地图；

　　②调用 CALL CONOP1('SCA＝OFF')设置与地图叠加；

　　③调用 CALL CONVER(...)设置叠加区域；

　　④调用 CALL CONRAN(XD,YD,ZD,NDP)画等值线。

　　如果用户指定的是地图坐标；则请设置如下：

　　XD 是经度坐标；YD 是纬度坐标；

　　PL＝UL；PR＝UR；PB＝UB；PT＝UT；LF＝1；

　　如果用户指定的不是地图坐标，则请用 CONVER 说明的方法设置。

　　(2)网格等值线

　　＊　矩形区投影到地图扇形区

　　①调用 CALL SUPMAP(...)，画出地图；

　　②调用 CALL CONOP1('SCA＝OFF')设置与地图叠加；

　　③调用 CALL CONVER(...)设置叠加区域；使 UL＝1.0,UR＝M,UB＝1.0,
UT＝N,LF＝1；

　　④调用 CALL CONREC(Z,L,M,N)画等值线。

　　＊　矩形区合并到地图矩形区

　　①调用 CALL SUPMAP(...)，画出地图；

　　②调用 CALL CONOP1('SCA＝PRI')设置与地图合并；

　　③调用 CALL CONVER(...)设置合并区域；使 PL＝UL＝1.0,PR＝UR＝M,
PB＝UB＝1.0,PT＝UT＝N,LF＝0；

　　④调用 CALL CONREC(Z,L,M,N)画等值线。

　　(3)流场、流线、风杆场等与地图叠加

　　＊　矩形区投影到地图扇形区

　　①调用 CALL SUPMAP(...)，画出地图；

　　②设置 NSET＝1 与地图叠加；

　　③调用 CALL CONVER(...)设置叠加区域；使 UL＝1.0,UR＝M,UB＝1.0,
UT＝N,LF＝1；

　　④调用 CALL STRMLN(...)画流线；

　　调用 CALL VELVCT(...)画流场；

　　调用 CALL VELVEC(...)画流线；

调用 CALL WINDER(...)画风杆场。

* 矩形区合并到地图矩形区

①调用 CALL SUPMAP(...),画出地图;

②设置 NSET＝－1 与地图合并;

③调用 CALL CONVER(...)设置合并区域;使 PL＝UL＝1.0,PR＝UR＝M,PB＝UB＝1.0,PT＝UT＝N,LF＝0;

④调用 CALL STRMLN(...)画流线;

调用 CALL VELVCT(...)画流场;

调用 CALL VELVEC(...)画流线;

调用 CALL WINDER(...)画风杆场。

12.4.5　SUPMAP 子程序

绘地图。

调用格式:CALL SUPMAP(JPRJ,PLAT,PLON,ROTA,PLM1,PLM2,PLM3,PLM4,JLTS,JGRD,IOUT)

JPRJ:指定投影类型,范围 1～10(表 12.15)。

表 12.15　SUPMAP 子程序所指定投影类型

JPRJ	投影类型	属于	建议参数
1	极射赤面投影	水平投影	PLAT＝±90 PLOT＝中心经度 ROTA＝0.0
3	兰勃特圆锥投影	圆锥投影	PLAT＝标准纬线 PLOT＝中心经度 ROTA＝标准纬线 2
2	正交投影		
4	兰勃特等积投影		PLAT＝中心纬度
5	球心投影	水平投影	PLOT＝中心经度
6	水平等距投影		ROTA＝0.0
7	卫星视投影		
8	圆柱等距投影		PLAT＝0.0
9	墨卡托投影	圆柱投影	ROTA＝0.0
10	莫尔威德投影		PLOT＝中心经线

PLAT,PLON:指定地图投影中心点纬度 PLAT 和经度 PLON。

纬度指定范围是－90°～90°;经度指定范围是－180°～180°或 0°～360°。南纬为负,北纬为正;东经为 0°～180°,西经为 0°～－180°或 180°～360°来指定。下同。

ROTA:指定以地图投影中心点为原点进行旋转的度数,顺时针方向为正。

JGRD:绘制经纬线间隔,以度为单位。=0 不绘制经纬线。

IOUT:绘制轮廓线(表 12.16)。

表 12.16　SUPMAP 子程序不同 IOUT 取值及其意义

IOUT	意义
1	不绘制无轮廓线
2	海岸线,大陆轮廓线
3	中国省界
4	所有轮廓线
≥5	海岸线,大陆轮廓线,国界,长江,黄河

JLTS,PLM1,PLM2,PLM3,PLM4:指定地图绘图区域(表 12.17)。

表 12.17　SUPMAP 子程序不同 JLTS 取值所对应的 PLM1,PLM2,PLM3,PLM4 指定方法

JLTS	PLM1,PLM2,PLM3,PLM4 指定方法
1	最大绘制区域;PLM1,PLM2,PLM3,PLM4 指定无效
2	矩形法: PLM1,PLM2:矩形左下角纬度,经度; PLM3,PLM4:矩形右上角纬度,经度
3	扇形法: PLM1,PLM2:扇形左下角纬度,经度; PLM3,PLM4:扇形右上角纬度,经度
4	角度法: 中心点到左 PLM1,右 PLM2,下 PLM3,上 PLM4 的角距离,以度为单位
5	弧度法: 经度从 PLM1 到 PLM2;纬度从 PLM3 到 PLM4。建议不要使用

例:绘制一全中国地图,并在右下角加一南海图。

```
    SUBROUTINE TMAP2
    CALL OPNGKS(0,0)
    CALL GSELNT(0)
    CALL PWRIT(0.5,0.95,'利用 SUPMAP 绘制的全中国图',24,3,0,0)
    CALL MAPPOS(0.1,0.9,0.1,0.9)
    CALL MAPSTR('SC',0.25)          加一小图是大图的 0.25 倍
    CALL MAPSTI('EL',0)             矩形边框
C   CALL MAPSTI('GS',1)            地图映射到由 MAPPOS 指定的投影区
    CALL SUPMAP(4,25.0,110.0,00.0,-2.98,79.28,53.88,143.33,2,10,5)
C
C   CALL CONVER(...)        与地图叠加显示时可以在此位置放应用模块
C   CALL CONREC(...)     或 CALL CONRAN(...)         等值线模块
C 或  CALL VELVCT(...)     或 CALL VELVEC(...)         流场模块
```

C　或　CALL STRMLN(...)　　　　　　　　　　　　　　　流线模块
C
CALL SUPMAPR(4,25.0,110.0,0.0,0.79,106.05,23.80,122.00,2,5,5)
CALL CLSGKS
END
(效果图见图 12.8,图 12.9)。

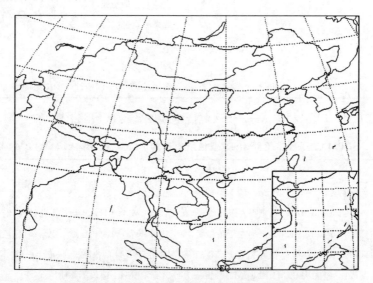

图 12.8　利用 SUPMAP 子程序绘制的全中国图生成的效果图

SUBROUTINE TMAPREC
EAL Z(21,25),H(2)
DATA H/4.5,−4.5/
CALL OPNGKS(0,0)
DO　I=1,21
　X=.1∗FLOAT(I−11)
　DO　J=1,25
　　Y=.1∗FLOAT(J−13)
　　Z(I,J)=X+Y+1./((X−.10)∗∗2+Y∗∗2+.09)−1./((X+.10)∗∗2+
Y∗∗2+.09)
　ENDDO
ENDDO
CALL PWRIT(0.5,0.97,'规则点等值线与地图叠加',22,3,0,0)

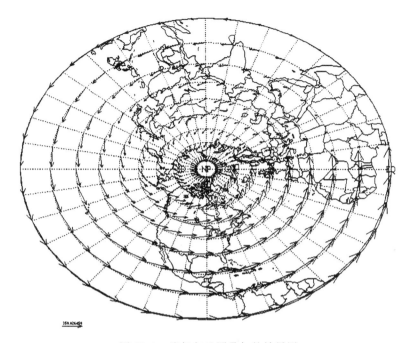

图 12.9　流场与地图叠加的效果图

call mapsti('el',0)

CALL SUPMAP(3,30.,105.,60.,10.,70.,60.,140.,3,10,5)

CALL CONVER(70.,140.,10.,60.,1.,21.,1.,25.,1)

CALL GSLPRE(1)

CALL CONOP3('CHL=ON',H,2)

CALL CONOP3('CIL=ON',0.3,1)

CALL CONOP1('PMM=ON')

CALL CONOP1('SCA=OFF')

CALL CONREC(Z,21,21,25)

CALL CLSGKS

RETURN

END

(效果图见图 12.10)。

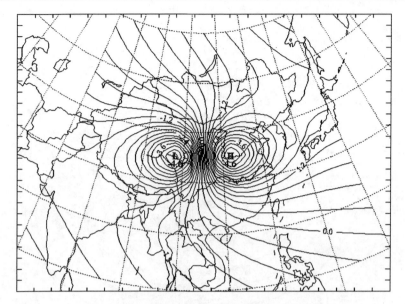

图 12.10 规则点等值线与地图叠加的效果图

§ 12.5 矢量图

12.5.1 STRMLN 子程序

绘制流线图(图 12.11)。可以有缺测值,但必须是 999999。

调用格式:CALL STRMLN(U,LU,V,LV,M,N,NSET)

U,V:二维实型数组,存放资料的 U,V 分量,可以有缺测值。

LU,LV:U 和 V 的第一维大小。LU,LV 都大于等于 M。

M,N:分别表示绘制流线时,在 X 和 Y 方向资料点的数目。

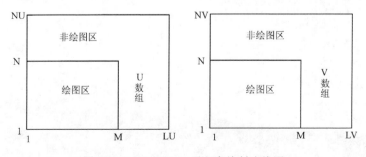

图 12.11 STRMLN 子程序绘制流线图

NSET:设置用户坐标与 GKS 投影区的关系(表 12.18)。

表 12.18 STRMLN 子程序不同 NSET 取值与 GKS 投影区的关系

NSET	关系
−1	采用当前 GKS 投影区,由系统建立用户坐标
0	由系统建立用户坐标和 GKS 投影区
1	采用当前用户坐标和 GKS 投影区

12.5.2 VELVCT 子程序

绘制流场图,按正常绘图(图 12.12)。可以有缺测值,但必须是 999999。

调用格式:CALL VELVCT(U,LU,V,LV,M,N,FLO,HI,NSET,IS)

U,V:二维实型数组,存放资料的 U,V 分量,可以有缺测值。

LU,LV:U 和 V 的第一维大小。LU,LV 都大于等于 M。

M,N:分别表示绘制流场时,在 X 和 Y 方向资料点的数目。

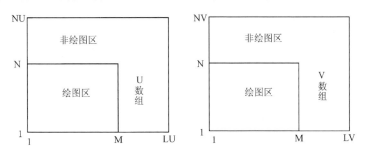

图 12.12 VELVCT 子程序绘制流场图

FLO,HI:绘制流场的最小矢量和最大矢量。当 FLO＝HI＝0.0 时,表明由系统决定。

NSET:设置用户坐标与 GKS 投影区的关系(表 12.19)。

表 12.19 VELVCT 子程序不同 NSET 取值与 GKS 投影区的关系

NSET	关系
−1	采用当前 GKS 投影区,由系统建立用户坐标
0	由系统建立用户坐标和 GKS 投影区
1	采用当前用户坐标和 GKS 投影区

IS:指定最大矢量绘制的长度,范围 0～1023。当 IS＝0 时,则表示最大矢量绘制的长度设置成占据一网格的距离。

12.5.3　VELVEC 子程序

绘制流场图,与地图叠加时按实际经纬比例缩放。可以有缺测值,但必须是 999999。

调用格式:CALL VELVEC(U,LU,V,LV,M,N,FLO,HI,NSET,IS)

参数说明见 VELVCT 子程序。

12.5.4　WINDER 子程序

绘制风杆方向场图(图 12.13),可以有缺测值,但必须是 999999。

调用格式:CALL WINDER(U,LU,V,LV,M,N,NSET,IS)

U,V:二维实型数组,存放资料的 U,V 分量,可以有缺测值。

LU,LV:U 和 V 的第一维大小。LU,LV 都大于等于 M。

M,N:分别表示绘制流场时,在 X 和 Y 方向资料点的数目。

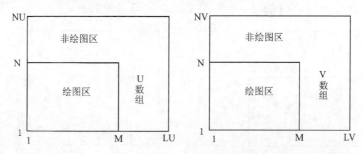

图 12.13　WINDER 子程序绘制风杆方向场图

NSET:设置用户坐标与 GKS 投影区的关系(表 12.20)。

表 12.20　WINDER 子程序不同 NSET 取值与 GKS 投影区的关系

NSET	关系
−1	采用当前 GKS 投影区,由系统建立用户坐标
0	由系统建立用户坐标和 GKS 投影区
1	采用当前用户坐标和 GKS 投影区

IS:指定风杆符号绘制的大小,范围 0~1023。

```
SUBROUTINE TSTRMLN
REAL U(21,25),V(21,25)
CALL OPNGKS(0,0)
TPIMX=2. * 3.14/FLOAT(21)
TPJMX=2. * 3.14/FLOAT(25)
```

```
DO   J=1,25
DO   I=1,21
  U(I,J)=SIN(TPIMX*(FLOAT(I)-1.))
  V(I,J)=SIN(TPJMX*(FLOAT(J)-1.))
ENDDO
ENDDO
CALL GSELNT(0)
CALL PWRIT(0.5,0.97,'流线 STRMLN 子程序',16,3,0,0)
CALLSET(0.1,0.9,0.1,0.9,1.0,21.,1.0,25.,1)
CALL PERIM(1,0,1,0)
CALL STRMLN(U,21,V,21,21,25,-1)
CALL CLSGKS
RETURN
END
```

（效果图见图 12.14）。

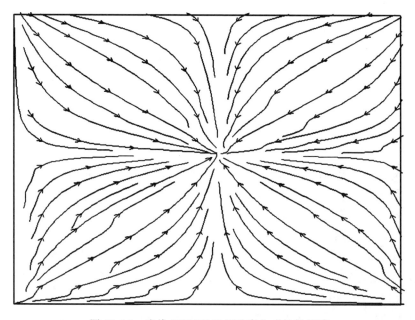

图 12.14　流线 STRMLN 子程序生成的效果图

§12.6 自动曲线图

12.6.1 ANOTAT 子程序

设置 X,Y 轴标题,背景类型等。

调用格式:CALL ANOTAT(XT,YT,LS,NSET,N,DASH)

XT,YT:指定 X,Y 轴标题字符串,缺省分别为"X$","Y$"。字符串必须以 $ 符结束。

LS:设置背景类型(表 12.21)。

表 12.21 ANOTAT 子程序不同 LS 取值所代表的背景类型

LS	1	2	3	4
意义	框架	网格	$X-Y$ 轴	无

NSET:设置坐标关系(表 12.22)。

表 12.22 ANOTAT 子程序不同 NSET 取值所代表的意义

NSET	意义
1	由系统建立用户坐标和 GKS 投影区
2	采用当前 GKS 投影区,由系统建立用户坐标
3	采用当前用户坐标,由系统建立 GKS 投影区
4	采用当前用户坐标和 GKS 投影区

N:指出字符数组 DASH 的元素个数。

当 N 大于零时表示循环使用虚线线型的条数;当 N 小于零时则将用大写英文字母 A~Z 来循环标识。

DASH:十六字节字符串数组。

定义虚线线型,用 $ 表示实线段,'表示空白段。定义方法见子程序 DASHDC。

例:定义循环使用虚线线型的条数为 3,其中第一条为实线;第二条为虚线;第三条为一长划一短划虚线。

CHARACTER * 16 DASH(3)

DATA DASH/ "$$$$$$$$$$$$$$$$","$'$'$'$'$'$'$'$'","$$'$'$$'$'$$'$'"/

CALL ANOTAT("时间$","温度℃$",3,1,3,DASH)

12.6.2   DISPLA 子程序

设置坐标性质、数据组成形式。

调用格式:CALL DISPLA(LFRAME,LROW,LTYPE)

LFRAME:换页方式(表 12.23)。

表 12.23   DISPLA 子程序不同 LFRAME 取值所代表的换页方式

LFRAME	1	2	3
意义	绘完曲线后换页	不换页	在绘曲线前换页

LROW:绝对值表示 X 坐标数组的维数;符号表示 Y 坐标数组的存放形式(表 12.24)。

表 12.24   DISPLA 子程序不同 LROW 取值所代表的意义

LROW	意义
正	Y 数组的第一维为每条曲线的点数;第二维为曲线的条数
负	Y 数组的第一维为曲线的条数;第二维为每条曲线的点数
±1	X 数组是一维数组
±2	X 数组是二维数组,组织形式同 Y 数组

LTYPE:设置坐标性质(表 12.25)。

表 12.25   DISPLA 子程序不同 LTYPE 取值所对应的坐标性质

LTYPE	坐标性质	LTYPE	坐标性质
1	X 线性;Y 线性	3	X 对数;Y 线性
2	X 线性;Y 对数	4	X 对数;Y 对数

12.6.3   EZY 子程序

绘单条曲线,仅提供 Y 坐标。

调用格式:CALL EZY(Y,N,TITLE)

Y:存放 N 个点的实型数组。

TITLE:以 $ 符结尾的字符串作为标题。

12.6.4   EZXY 子程序

绘单条曲线,提供 X,Y 坐标。

调用格式:CALL EZXY(X,Y,N,TITLE)

X,Y:存放 N 个坐标点的实型数组。

TITLE:以 $ 符结尾的字符串作为标题。

12.6.5　EZMY 子程序

绘多条曲线,仅提供 Y 坐标。

调用格式:CALL EZMY(Y,L,M,N,TITLE)

Y:存放多条曲线点的二维实型数组。

L:Y 数组的原始第一维大小。

M:参加绘图时的第一维大小;M 小于等于 L。

N:参加绘图时的第二维大小。

TITLE:以 $ 符结尾的字符串作为标题。

12.6.6　EZMXY 子程序

绘多条曲线,仅提供 Y 坐标。

调用格式:CALL EZMXY(X,Y,L,M,N,TITLE)

X,Y:存放多条曲线点的二维实型数组。

L:X,Y 数组的原始第一维大小。

M:参加绘图时的第一维大小;M 小于等于 L。

N:参加绘图时的第二维大小。

TITLE:以 $ 符结尾的字符串作为标题。

例:

```
SUBROUTINE TAUTOG
REAL X(21),Y(21,5)
CALL OPNGKS(0,0)
DO  I=1,21
  X(I)=FLOAT(I-1)*.314
ENDDO
DO  I=1,21
DO  J=1,5
  Y(I,J)=X(I)**J+COS(X(I))
ENDDO
ENDDO
CALL DISPLA(1,1,2)
CALL  ANOTAT ( ' $ ',' X * * J + COS ( X )', 1, 1, - 1,'
$ $ $ $ $ $ $ $ $ $ $ $ $ $ $ ')
```

CALL EZMXY(X,Y,21,21,5,'自动曲线 EZMXY 子程序 $')
CALL CLSGKS
RETURN
END
(效果图见图 12.15)。

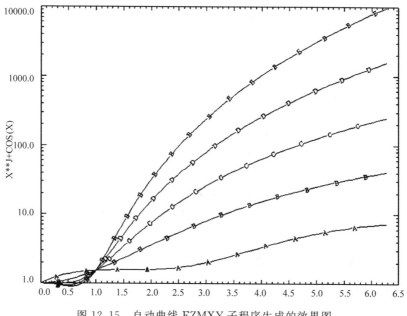

图 12.15　自动曲线 EZMXY 子程序生成的效果图

§ **12.7　BMP 位图**

12.7.1　LOADBMP 子程序

调入位图文件进行显示。
调用格式:CALL LOADBMP(NAME,X,Y,WIDTH,HEIGHT)
NAME:BMP 位图文件路径名。
X,Y:整型,图形显示起点坐标。
WIDTH,HEIGHT:整型,显示图形的宽度和高度。如果宽度或高度指定为零,则使用图形的实际宽度和高度。如果宽度或高度指定为小于零,则使用图形的宽度是从 X 到屏幕的最右侧、高度是从 Y 到屏幕的最底侧。

12.7.2　SAVEBMP 子程序

把屏幕图形保存成 BMP 格式文件。

调用格式：CALL SAVEBMP(NAME,MODE,X,Y,WIDTH,HEIGHT)

NAME：保存 BMP 位图文件路径名。

MODE：＝(1－黑白;2－16 色;3－256 色;4－真彩色)

X,Y：整型,屏幕图形起点坐标。

WIDTH,HEIGHT：整型,保存图形的宽度和高度。如果宽度或高度指定为小于零,则使用图形的宽度是从 X 到屏幕的最右侧、高度是从 Y 到屏幕的最底侧。

12.7.3　PRNTBMP 子程序

把显示的位图(屏幕)进行打印输出。

调用格式：CALL PRNTBMP(BLOCKWHITE,X,Y,WIDTH,HEIGHT)

BLOCKWHITE：整形;＝(1－黑白;其他－彩色)。

X,Y：实型,输出图形在纸页面的起点坐标(单位:英寸*)。

WIDTH,HEIGHT：实型,输出图形在纸页面的宽度和高度。如果宽度指定为小于或等于零,则使用图形实际的宽度和高度。如果高度指定为小于或等于零,则输出图形与实际图形成比例。如果宽度和高度指定都不等于零,则按指定的纸页面输出。

12.7.4　LOADGIF 子程序

调入位图文件进行显示。

调用格式：CALL LOADGIF(NAME,X,Y,WIDTH,HEIGHT)

NAME：GIF 图形文件路径名。

X,Y：整型,图形显示起点坐标。

WIDTH,HEIGHT：整型,显示图形的宽度和高度。如果宽度或高度指定为零,则使用图形的实际宽度和高度。如果宽度或高度指定为小于零,则使用图形的宽度是从 X 到屏幕的最右侧、高度是从 Y 到屏幕的最底侧。

12.7.5　SAVEGIF 子程序

把屏幕图形保存成 GIF 格式文件。

调用格式：CALL SAVEGIF(NAME,MODE,X,Y,WIDTH,HEIGHT)

NAME：保存 GIF 图形文件路径名。

---

* 1 英寸＝2.54 cm,下同。

MODE：＝(1－黑白;2－16 色;3－256 色)

X,Y:整型,屏幕图形起点坐标。

WIDTH,HEIGHT:整型,保存图形的宽度和高度。如果宽度或高度指定为小于零,则使用图形的宽度是从 X 到屏幕的最右侧、高度是从 Y 到屏幕的最底侧。

第 13 章　　GrADS 数据分析显示系统简介

GrADS(Grid Analysis and Display System)是一个由美国研制的数据分析和显示系统,它提供了一个全 32 位的交互操作的气象格点数据和站点数据的分析和显示平台。该系统具有气象数据分析功能强、地图投影坐标丰富、图形显示快以及具有彩色动画功能等特点,因此迅速成为国内外气象数据显示的标准平台之一。

§13.1　　基本概念

按磁盘文件记录格式,GrADS 软件包的文件分为如下几类。

(1).dat 二进制无格式记录的原始气象数据文件。其数据既可以是格点数据,也可以是站点数据。它们是从其他气象数据(如站点气象报、格点气象报、模式格点输出结果)转换生成的。对格点数据而言,其格式为二进制无格式直接或顺序记录格式。总之对格点数据,整个数据集是一个大的五维数据场,包括三维物理空间、一维物理变量、一维时间变量,存放时以二维数组片的形式按水平、垂直、物理变量、时间序列的顺序排放。

(2).ctl 原始数据描述文件。该文件为纯 ASCII 文件,用以描述原始数据集的基本信息,包括数据集文件名、数据类型、数据结构、变量描述等。在 GrADS 环境中至少得首先打开(open)一个数据描述文件,以便后续的操作有数据对象。

(3).gs GrADS 控制文件。用 GrADS 命令 run 执行之。这也是一个纯文本文件,内含有用描述语言(script language)写成的批处理 GrADS 系统设置和命令,可集成处理 GrADS 命令。

(4).exe　系统命令文件。是 GrADS 系统在 DOS 环境下的各种执行文件。如 grads.exe 为 GrADS 图形分析和显示命令;gxps.exe,gxpsc.exe,gxpscw.exe 都是图元文件转换为 postscript 文件的执行文件;gxtran.exe 是图元文件转换到显示器上显示的执行文件;gx.exe 是将图元文件转换为各种不带 ps 解释器的打印机输出的执行文件。

(5).gmf(.met)GrADS 系统图元输出文件。格式由 GrADS 内定,文件名随用户自定,其内容为屏幕显示图形的二进制图元数据,用于产生图形的硬拷贝输出。在 Windows 平台,用 gv.exe 或 gv32.exe 可以查看此图元文件,并可将其另存为.wmf 格式的图形文件。

　　(6). ps Postscript 格式文件。其内容为 ASCII 码形式的 Postscript 语言格式的图形数据,它是图元文件 *.gmf(*.met)经 gx.exe、gxpsc、gxpscw 转换生成的,可用于 ps 打印机的直接硬拷贝输出,也可被其他应用软件调用,只要该软件识别 ps 格式数据。

　　(7). exc 直接执行批处理文件。其内容为 GrADS 交互环境下所给命令的直接集成,按记录存放在一个 ASCII 码文件中,在 GrADS 环境下用 exe 命令执行之。

　　启动 GrADS 后首先须打开至少一个数据描述文件,按打开文件的次序系统自动打开文件编号,第一个打开的文件为 1 号文件,之后顺排。以后的维数环境设置和图形操作都是针对当时的缺省文件进行的,除非变量名下标标出文件编号,自动的缺省文件为 1 号文件,改变当前缺省文件序号用 set dfile ♯ 命令来设定第 ♯ 号文件为当前缺省文件。

　　维数环境是 GrADS 的一个重要概念,GrADS 视每一个物理变量场为一个四维数据集(4D data set)。包括空间三维和时间一维,也可固定其中的一维或几维以获得实际的低于四维的数据子集。GrADS 中设置维数用以说明或指定随后的分析或图形操作时参加操作的原始数据集的维数范围,即通过设定工作数据的起止点数、取点频度(间隔)来设定最后工作数据场的数组成分。该工作数据集可以是整个原始数据场,也可以是原始数据场的一部分。所谓维数环境是对格点数据而言的。维数环境的定义可在两种空间坐标上进行。一种是地球坐标(world coordinate),以经纬度为度量单位;另一种是格点坐标(grid coordinate),以网格点数为度量单位。二者一般对应于同一个绘图坐标,都对应到网格点上。在维数环境表达式中 x,y,z,t 与 $lon,lat,lev,time$ 是分别对应于两套坐标的专用维数变量,含义固定,如 x 与 lon 都指西到东指向的(缺省方向)水平坐标,y 与 lat 都指南到北指向的(缺省方向)水平坐标,z 与 lev 都指从地面到高空的(缺省方向)垂直坐标,t 与 $time$ 都是时序坐标,不过 t 用的是格点时次序号,而 $time$ 用的是格林尼治标准时的 GrADS 绝对表达格式。

　　当所有维数都固定时,得到的是一个单值数据点;如果只有一维变化,得到的是一维数据线,屏幕显示时为一条曲线;二维发生变化时对应于二维切片(slice),屏幕显示时缺省表达为二维平面图,也可显示为一维曲线的动画序列;三维发生变化时 GrADS 解释为一个二维切片的序列,屏幕显示时须设定一维作为动画维,以动画方式显示;四维变化就须指定两维为固定或用动画方式才能显示。总之图形输出只能以二维或一维方式表达多维变量。

　　GrADS 定义的绘图区域为横放或竖放两种矩形区域(缺省为横放),它们缺省的硬拷贝输出区域大小分别为 11×8.5 英寸和 8.5×11 英寸。所谓横放即所谓风景画形式(Landscape),简称 L,竖放即所谓肖像画形式(Portrait),简称 P,两者都是通常的 A4 纸大小,所以我们在计算机屏幕上使用的工作窗口最好也按上述长宽比例设置。

GrADS 启动时首先提示用横放还是竖放形式,缺省为横放,如想竖放则键入 no 后回车,随后窗口工作区就从原先的字符窗口状态进入图形窗口状态。需要说明的是,现在键盘输入显示和执行后的回应信息显示在字符窗口,而图形显示在图形窗口,两者未分离,而是重叠显示。不过通过 print 命令产生的图形硬拷贝文件中不包含所有字符窗口的信息。GrADS 的命令提示符为"ga>"。可以利用 frame.gs 或 stack.gs 来半自动分离字符和图形窗口。

　　GrADS 的绘图工作区分三个层次,一层是实际页(real page),即硬拷贝的 A4 纸大小,单位为英寸(注意横放或竖放);一层是虚拟页(virtual page),单位也是英寸,缺省时虚页等同于实页;第三层是在虚页中指定绘图区域,其单位用的虚页中的虚英寸,即缺省时等同于实际英寸,当设置虚页后按比例度量。注意第三层所定义的区域只包含图形,不包括坐标轴、标题等附属信息的位置,即要预留出附属信息的区域。

§13.2　基本操作和基本命令

13.2.1　基本操作

　　新版本的 GrADS 交互环境中可以使用上下左右箭头键对曾经使用的命令进行调用和编辑,但仅限于本次启动 GrADS 交互环境后所使用的命令。

　　在 DOS 或 Unix shell 环境下的命令为:

grads

启动 GrADS 系统,在交互式方式或批处理方式下分析或显示气象数据,并可生成硬拷贝图元文件。其语法为:

grads[-lpbc"run 描述文件名"]　其中,l 表示横放,p 表示竖放,输入该选项后启动 GrADS 时系统将不再提示选择方向,b 表示批处理,屏幕不再显示图形结果,直接完成全部操作,c 表示进入 GrADS 环境后首先执行随后跟在 run 命令后的描述文件,该文件由用户设定,类型为 *.gs。几个选项可组合使用,也可键入 grads 直接交互操作。

13.2.2　在 GrADS 环境内的基本命令(在 ga> 提示符后输入)

open 数据描述文件名	打开数据文件。
set 各类选项	设置各种环境参数。
display(或 d)表达式	对表达式处理后进行屏幕图形显示。
clear(或 c)	清屏命令,清除字符窗口和图形窗口的内容。
quit	退出 GrADS 环境。

query(或 q)	系统环境设置的查询命令。
define 临时变量名＝表达式	在交互方式下定义临时变量场。
draw 选项	低级绘图指令,直接进行所指定图形元素操作,如绘一些字符串、线条、各种标记等。
enable print 磁盘图元文件名	打开磁盘文件(没有时创建,已存在时刷新),用于存放随后 print 命令转换生成的当前屏幕图形的图元数据。
print	将当前图形窗口中的图形转化为图元数据,存放在先前 enable 命令指定的磁盘文件中,每执行一次 print 即向该文件中附加一幅窗口图形。
disable print	关闭图形硬拷贝输出转换。
run 命令描述文件名	执行文件名(形式为 *.gs)中定义的操作。
swap on|off	打开双缓冲区,在动画显示时用于文件交换。
wi filename.fmt	将 GrADS 绘图窗口中的图形直接存成文件,批处理模式下不可用。注意使用本命令时图形窗口上不应有其他窗口叠放。fmt 代表图形文件的格式,可为多种:AVS, BIE, BMP, BMP24, CGM, CMYK, DCX, DIB, EPS, EPS2, EPSF, EPSI, FAX, FIG, FITS, FPX, GIF, GIF87, GRAY, GRADATION, GRANITE, HDF, HISTOGRAM, HTML, JBIG, JPEG, ICO, LABEL, MAP, MIFF, MNG, MONO, MPEG, MTV, NETSCAPE, NULL, PBM, PCD, PCL, PCX, PDF, PGM, PICT, PLASMA, PNG, PNM, PPM, PS, PS2, RAD, RGB, RGBA, RLA, RLE, SGI, SUN, SHTML, TEXT, TGA, TIFF, TIFF24, TILE, UIL, VICAR, VID, VIFF, X, XC, XBM, XPM, XWD,……
outxwd filename	将 GrADS 绘图窗口中的图形直接存成 xwd(X window dump)文件,批处理模式下不可用。xwd 格式与 GIF 格式更为匹配,用 ImageMagick 转换更快且效果更佳。注意使用本命令时图形窗口上不应有其他窗口叠放。
gui *.gui	在 GrADS 环境中运行 gui 文件。

在 GrADS 环境中还可以直接调用 DOS Shell 或 Unix shell 命令，格式为：

ga＞！dir＊.ctl

§13.3　软件操作设置

13.3.1　维数环境设置

在数据描述文件中给出了各物理变量数组的时空维数范围，但在 GrADS 运行环境中还须设定全数据集中参与操作的部分或全部数据集的维数情况，以供以后的表达式、显示命令等使用。换言之，系统的各种操作都是对缺省的当前设定的维数环境的数据进行操作。维数说明分为两类：

set lon|lat|lev|time val1＜val2＞

set x|y|z|t val1＜val2＞

说明："|"符号表示前后各项是可互换的任选项，"＜　＞"表示任选项，不一定出现，余同。

两者对应于同一组数据，只是前者为地球坐标，后者是网格坐标。地球坐标的单位分别为：水平空间单位用"度"。经度方向缺省为由西向东，东经为正，西经为负或用大于 180°表示；纬度方向缺省为由南向北，南纬为负，北纬为正。垂直方向由下向上，单位为"百帕(hPa)"。时间用绝对时间格式，格点坐标用网格点数直接表示。val1 表起始坐标，val2 表示终止坐标，不出现 val2 时表示该维数方向是固定维数，规定 val1＜val2，两种坐标可以混用，其内部对应于同一数组维数环境。

例：set lon−180 0　　　（设定经度变化从西经 180°至 0°）

　　set lat 0 90　　　　（设定纬度变化从赤道至北纬 90°）

　　set lev 500　　　　（设定高度维数固定为 500 hPa 等压面）

　　set t 1　　　　　　（设定时次固定为数据集中第一个时次）

可在数据控制文件中用 format 或 options 选项设定原始数据读出时的顺序，以改变纬度方向为北到南，垂直方向为由上到下。

13.3.2　图形类型设置

当维数环境确定后，缺省情况下，一维变量输出的图形为单线图，二维变量为等值线图，改变缺省图形输出类型，键入命令：

set gxout graphics-type

其中的 graphics-type 是用户选择的图形类型。

（1）对格点数据

contour：二维等值线绘图（缺省）；

shaded：二维填色等值线绘图；

grid：二维场不绘图，以网格形式在各网格点中央标出该场点数值；

vector：矢量箭头形式绘二维风场（缺省）；

stream：流线形式绘二维风场；

barb：风向杆形式绘二维风场；

bar：对一维场不绘单线图，而绘直方图；

line：对一维场绘直线图（缺省）；

fgrid：对二维场不绘等值线图，只将特定值的格点用指定颜色填充该格，与命令 set fgval value color value color…… 一起使用；

grfill：二维填色，与 shaded 的区别在于 shaded 有对网格的平滑，而 grfill 是按网格填色。

（2）对站点数据

value：在各站点标值（缺省）；

barb：在站点绘风向标（缺省）；

wxsys：绘 wx 天气符号；

findstn：搜索最近的站点；

model：以天气填图形式将天气观测各分量添放在站点四周。

以上两种数据如果图中要做矢量、流线或风向杆绘图时要求显示命令后给出用分号";"分隔的两个分量场，前者理解为 u 分量，后者为 v 分量。

例：display u;v（显示 u、v 风场的合成矢量图）

display u;v;w（第三个变量给定矢量或流线图的色彩分布，彩色值代表第三分量值）

用站点数据做站点填图或绘图时先设定图形输出类型为站点模型 set gxout model，然后做站点绘图，形式为：

display u;v;t;slp;delta;cld;wx;vis

其中，u，v 是风场分量，t，d，slp 和 delta 是绘在站点四周的数字，分别表示温度、露点、地面气压和变压，样式为：

```
        t        slp
vis  wx   0    delta
        d
```

cld 为站点模型中央的符号的值，1~9 是标记类型（圆圈、方框或叉号），20~25 是云量值：20 clear（晴）、21 scattered（少云）、22 broken（中云）、23 overcast（多云）、24 obscured

（阴）、25 missing（缺测，绘 M 符号），wx 是 wx 天气符号，vis 是能见度（实形数）。

set stnopts＜dig3＞＜nodig3＞在 slp（地面气压）处以三位数形式写地面气压（后三位）。

13.3.3 图形要素设置

（1）对图形类型为等值线（gxout＝conter）起作用的设置

set ccolor color　　设置等值线颜色，颜色号 color 为 0 黑、1 白、2 红、3 绿、4 蓝、5 青、6 紫、7 黄、8 橘黄、9 灰。clear 或 display 即重新设定颜色。

set ccolor rainbow　设置等值线用七彩序列表示。

set ccolor revrain　设置等值线为反序的七彩色。

set cstyle style　　设置等值线线形 style：1 实线，2 长虚线，3 短虚线，4 长短虚线，5 点线。clear 或 display 即重新设置。

set cthick thckns　　设置等值线线宽 thckns，取值 1～10 的整数，屏幕上一般取小于 6，缺省值为 4，主要用于控制硬拷贝输出。

set cterp on|off　　设置样条插值光滑开关，再定义后才重新设置。填色的等值线图没有样条光滑，但可用 csmooth 选项来准确地将等值线与填色图边缘重合。

set clab on|off|forced|string|auto　控制等值线标记方式。一直持续作用到重新再设置。

on　　快速等值线标记，标记在等值线的水平处（缺省）。

off　　不标记。

forced　　强迫所有线都标记，不论长短。

string　　用字符串 string 替换等值线标示数字。

auto　　回到缺省方式。

set clskip number　　表示规定间隔几条等值线标示数值。

（2）对图形类型为等值线或填色等值线（gxout＝contour 或 shaded）起作用的设置

set cint value　　设置等值线间隔。clear 或 display 命令即重新设置或回到内部自动的缺省设置。

set clevs lev1 lev2……　　设置特定的等值线值，只画 lev1 lev2……值所在的等值线，用于不等间隔绘图，c 或 d 即重新设置。

set ccols col1 col2……　　设置对应于 set clevs 命令设定的特定等值线的颜色。c 或 d 即重新设置。缺省七彩序列彩色号位 9，14，4，11，5，13，3，10，7，12，8，2，6。

set csmooth on|off　　如取 on 在绘等值线图前用三次插值将现网格值插到更精细网格上，重新设置才改变本次设置，该插值可造成负值光滑或失真，如负降水。

set cmin value　　不画低于此 value 值的等值线，c 或 d 即重新设置。

set cmax value　　　不画高于此 value 值的等值线,c 或 d 即重新设置。

set black val1 val2　　　不画值介于 val1 和 val2 之间的等值线,c 或 d 即重新设置。

(3)对图形类型为等值线、填色等值线图、矢量图、流线图(gxout＝contour、shaded、vector、stream)起作用的设置

set rbcols color1 color2＜color3＞…　　　设置新的七彩颜色序列,颜色号 color1,color2…可以用 set rgb 命令定义新的颜色号,该新的七彩序列在随后的七彩颜色调用中取代原缺省的七彩序列。重新设置后才改变原设置。

set rbcols auto　　　启用内定的七彩序列。

set rbrange low high　　　设置七彩序列对应的等值线的取值范围,缺省时最低值和最高值对应取为变量场的最小和最大值。c 命令即重新设置。

set strmdcn value　　　设置流线密度,值 value 为 1~10,缺省为 5。

(4)对图形类型为单线图(gxout＝line)起作用的设置

set ccolor color　　　设置单线的颜色号 color,c 和 d 重新设置。

set cstyle style　　　设置线性 style,c 和 d 重新设置。

set cmark marker　　　设置线上的标记符号 marker:0:无标记;1:叉号;2:空心圆;3:实心圆;4:空心方框;5:实心方框;c 或 d 重新设置;6X,7 菱形,8 三角形,9 无,10 空心圈加竖线,11 空心椭圆。

set missconn on|off　　　on 用线连接各散点(缺省),off 直接绘散点,不连接。

set axlim val1 val2　　　设置坐标轴标尺的取值范围,所指坐标轴通常指 y 轴。C 命令即重新设置。

set vrange y1 y2　　　规定 y 轴的范围。

set vrange2 x1 x2　　　规定 x 轴范围。

(5)对 gxout＝bar 即直方图起作用的设置

set bargap val val　　　取值 0~100,以百分比值设定直方条之间的间隔。val 取 100 时直方图退化为垂直线条直方图,val 取 0 时无间隔。

set barbase val|bottom|top　　　如给出 val 值,则各直方条从该值处起画(向上和向下),所画直方条取值于 y 坐标尺度之内;如给 bottom,各直方条从图框的底边向上绘出;如给 top,直方条从图框顶边(y 轴上限)向下绘出。

(6)对 gxout＝grid 即网格填值绘图起作用的设置

set dignum number　　　设置小数点后位数为 number 值。

set digsize size　　　设置数字字符的大小(size),单位为英寸,通常取值 0.1~0.15,以上两设置保持到重新设置。

(7)对 gxout＝vector 即矢量绘图起作用的设置

set arrscl size＜magnitude＞　　　设置矢量箭头的长度为 size 英寸(虚页英寸),选

项 magnitude 的值设定矢量箭头的大小,缺省时所有矢量同长,c 或 d 命令重新设置。

set arrowhead size　　　设置箭头大小,缺省为 0.05,如取为 0 不画头,如取为负与矢量值成比例。

(8)对 gxout＝fgrid 即网格填色绘图起作用的设置

set fgvals value color＜value color＞＜value color＞⋯　　　对取值为 value 的网格点用颜色为 color 的色块标记该网格,每个格点的值取法是四舍五入。要绘出的值点须逐个举出,未列出的值不绘图。

(9)对站点模型(gxout＝model)起作用的设置

display u;v;t;d;slp;delta;cld;wx;vis　　　其中,u、v 为风分量,风向杆表示其值;t,d,slp,delta 为画在站点四周的观测量的值;cld 是云量,用符号表示,1～9 为标记值,20～25 为云量;wx 为天气状况符号;vis 是能见度(实形数)。

13.3.4　字符属性设置

set line color＜style＞＜thickness＞　　　设置线条属性,包括:颜色号 color:0 黑,1 白,2 红,3 绿,4 蓝,5 青,6 洋红,7 黄,8 橘黄,15 灰;线型号 style:1 实线,2 长虚线,3 短虚线,4 长短虚线,5 点线,6 点虚线,7 点点虚线;线宽 thickness:值为 1～6。

set string color＜justification＞＜thickness＞＜rotation＞　　　设置字符串属性,其中颜色号 color,线宽值 thickness 同上,整版值 justification 分别为 tl 上左,tc 上中,tr 上右,余下类推,表示字符串在 draw string 命令中坐标 x、y 相对于字符的方位。示意如下:

```
    tl   tc   tr
     l    c    r
    bl   bc   br
```

set strsiz hsiz＜vsiz＞　　　设置字符大小,hsiz 是字符的水平宽度值,单位为虚页英寸;vsiz 是字符高度值,如不给出 vsiz 其缺省取值同 hsiz。

set rgb color-number red green blue　　　定义新的颜色号,颜色号 color-number 取值范围为 16～99(0～15 已被 GrADS 系统预定义了),red、green 和 blue 表该颜色号所定义颜色的三原色分布,取值范围都是 0～255,例如,set rgb 50 255 255 255 表示 50 号颜色,彩色实际为白色。

13.3.5　地图投影设置

set mproj proj　　　设置当前地图投影方式,proj 取值包括:latlon:缺省设置,用固定的投影角进行 Lat/Lon 投影;scaled:用不固定的投影角进行 Lat/Lon 投影,投影区充满整个绘图区;nps:北半球极地投影;sps:南半球极地投影;off:同 scaled 但不画出地图,坐标轴也不代表 Lat/Lon。

set mpvals lonmin lonmax latmin latmax　　设置极地投影时的经度和纬度参考,缺省值取为当前维数环境。

set mpdset<lowres|mres|hires|nam>　　设置地图数据集。lowres 为缺省的粗分辨率的全球地图;mres 和 hires 分别为中分辨率和高分辨率地图,同时含有国界和州界;nam 为北美洲地图。

set poli on|off　　在 mres 或 hires 地图中开关选择是否选用行政边界。缺省为 on。

set map color style thickness　　用定制的颜色、线型和线宽绘背景地图。

set mapdraw on|off　　off 不绘地图,但地图标尺仍然起作用。

13.3.6　坐标要素控制

set zlog on|off　　对 z 维数方向取对数尺度的开关,on 表示 z 维方向取为对数尺度,重新设置后才改变。

(1)只对下一次 display 命令起作用的坐标轴标记设置

set xaxis|yaxis start end<incr>　　设置坐标轴 x 轴(xaxis)或 y 轴(yaxis)的坐标从给定的起始值 start 到给定的结束值 end,并用给定的增量 incr 作为刻度间隔,标尺可与所给的数据场的值和维数无关,缺省时取为当前维数环境。

set grid on|off|value|horizontal|vertical<style><color>　　控制是否绘网格线:on:用缺省或指定的线型 style 和颜色 color 来绘出网格线。缺省为绘网格线,用 15 号(灰)色,5 号(点)线;off:不画网格;horizontal:只画水平网线;vertical:只画垂直网线。

set grads on|off　　开关选择是否打印出 GrADS 标记。

(2)标准图注设置

draw title string　　在图形顶部写一串字符 string 作为图的标题,字符串中反斜杠表示起新行。

draw xlab string draw ylab string　　分别在水平坐标轴下或垂直坐标轴左侧写字符串 string,作为 x 轴或 y 轴的说明,以上三种图注都是以内部缺省方式居中写图注,字符串为纯 ASCII,不能写汉字,如需特别设计字符串标记,可用其他命令,如 draw string。

set annot color<thickness>　　设置上述图注所用的颜色和线宽。缺省为白色,线宽为 6。该命令同时设置了坐标轴线以及刻度的颜色和线宽,坐标刻度和标尺的线宽为图注设置的线宽再减 1。

set xyrev on　　交换水平和垂直坐标所代表的维数方向,即从 $x-y$ 绘图转换为

$y-x$ 绘图。

  set xflip on 水平坐标轴的维数方向取反向。

  set yflip on   垂直坐标轴的维数方向取反向。以上坐标轴的设置当 set vpage 或 c 命令将重新设置。

  set frame on|off|circle   on:在剪辑后的绘图区域外画一矩形方框;off:不画矩形边框;circle:表示对 Lat-Lon 投影时画矩形框,极地投影时在最外围纬度上画圆框(只用于整个半球绘图情形)。现在对极地投影还没有经度纬度标记,只有网格线。

  set clopts color<thickness<size>>   设置等值线标记的颜色,−1 为缺省,表示采用等值线的颜色;thickness 为标记的线宽,−1 为缺省,表示采用等值线的线宽;size 为标记的大小,0.09 为缺省。

  set xlopts color<thickness<size>>

  set ylopts color<thickness<size>>

其中,xlopts 控制 x 坐标轴,ylopts 控制 y 坐标轴。color 为坐标轴标尺的颜色号,缺省为 1;thickness 表示标尺的线宽,缺省为 4,size 为刻度的大小,缺省为 0.12。

  set xlevs lab1 lab2···

  set ylevs lab1 lab2···

分别设置 x、y 坐标轴标尺上要标记的值。本设置不用于时间坐标轴。c 命令重新设置。

  set xlint interval

  set ylint interval

定义坐标轴的标记间隔。set xlevs|ylevs 可再控制标记分布,c 命令重设。注意:标记总是从 0 开始,即如设 interval 为 3 则实际标记为 0,3,6,9,···;如设 interval 为负值,则表示从坐标轴起始值开始,例如,开始值为 1,间隔−3,实际标记为 1,4,7,···。本设置也不用于时间坐标轴。

  set xlab on|off|auto|string

  set ylab on|off|auto|string

同 set clab 命令原理。

  set clip xlo xhi ylo yhi   设置一块剪辑区用于绘制一些基础图形命令,如写一串字符、画线、符号等。执行 display 命令时,系统将剪辑区放到设定的 parea 区绘图,然后把剪辑区放到全页,xlo,xhi,ylo,yhi 是实页上的坐标点(英寸)。

13.3.7 绘图区域设置

  set vpage xmin xmax ymin ymax   通过定义在实页上一个或多个虚页来控制绘图的数目和大小。本命令在实页上用 xmin,xmax,ymin,ymax(英寸)设置了一个虚页,随后的所有图形都输出到这张虚页上(单位为虚页英寸),直到下个 set vpage 命令出现。新的虚页清除全部物理页上的内容,包括任何已画上的虚页。一旦 GrADS 启动,系统即提示选择是用横放还是竖放模式,两者定义的实页大小都是 11×8.5 或 8.5×11 英寸见方。定义的虚页一定要适合实页的大小,不能超出,但可缩小。虚页命令定义的虚页单位仍用英寸(虚页英寸)。各种图形命令所指的英寸大多是虚页英寸,缺省时实页等同于虚页,虚页对应于实页上的位置,显示在屏幕上虚页仍是满屏的,而区域 parea 对应于虚页上的位置。用虚页可在实页上一页多图。

　　set vpage off　　回到缺省的实虚页相同的状态。

　　set parea xmin xmax ymin ymax　　在虚页中定义了一块区域 parea 用于 GrADS 的绘图,但该区域不包括 title,坐标轴标记等。设置的区域用于等值线绘图、地图绘图、单线绘图,该区域内以虚页英寸为单位。缺省时,自动按图形类型设置绘图区域。

　　set parea off　　回到缺省状态。

13.3.8　基础绘图指令

　　draw string x y string　　在 x、y 坐标处(单位用虚页英寸)写字符串 string,字符串属性用当前设置。

　　draw line x1 y1 x2 y2　　从 x1、y1 点画一条直线至 x2、y2 点,用当前线段属性。

　　draw rec xlo ylo xhi yhi　　以 xlo、ylo 和 xhi、yhi 为对角点画一不填色矩形。

　　draw recf xlo ylo xhi yhi　　同上,绘填色矩形,颜色用当前画线的颜色。

　　draw mark marktype x y size　　在 x、y 处绘一大小为 size 的标记类型为 marktype 的标记。标记类型值包括 1,十字叉;2,空心圆;3,实心圆;4,空心方框;5,实心方框。

　　draw wxsym symbol x y size<color<thickness>>　　用颜色为 color,大小为 size,线宽为 thickness 等属性,在指定的位置 x、y 画出指定的天气符号 symbol,天气符号的取值定义见 wxsym.gs。

13.3.9　动画显示设置

　　二维以上变量可设定一维为动画维,用动画显示其二维场图形,缺省时指对时间维做动画。

　　set loopdim x|y|z|t　　三维以下变量要用动画显示时须设置

　　set looping on|off　　动画显示操作完成后须关闭动画 off。

13.3.10　系统参数设置

　　reset　　除了以下各项外重新初始化 GrADS 设置(即回到原缺省初始设置)。①

不关闭打开的文件;②不释放定义的对象;③不改变 set display 命令设置的状态。

　　reinit　　　同 reset,但同时关闭所有打开的文件,并释放所有定义的对象,如临时定义变量等。

　　set display grey|greyscale|color<black|white>　　　设置显示状态,缺省为七彩色,black 表示荧光屏背景为黑色(缺省值)。

　　set stid on|off　　　开关选择是否显示站点代码。

　　set gxout findstn　　　设置图形类型为匹配搜索最近站点模型,在随后的 display 命令中给出三个参数,第一个是站点数据,第二个和第三个参数给出屏幕上的 x、y 坐标,GrADS 自动搜索距 x、y 点最近的站点,并印出该站的代号、经纬度。

　　set dbuff on|off　　　双缓冲区开关,用以控制动画显示,自制动画。

　　swap　　　双缓冲区打开后用于交换文件缓冲区,通常的用法:
set dbuff on loop……>display something swap<……endloop
set dbuff off

§13.4　变量、表达式和函数

13.4.1　变量名

　　完全的变量名形式为:
abbrev.file♯(dimexpr,dimexpr,……)
其中,abbrev 是数据描述文件中给出的变量名缩写;file♯ 为包含此变量的已打开的文件序号,缺省为 1 或是用 set dfile 命令定义的当前缺省文件;dimexpr 为当前维数环境进行的局地维数设置表达式,其中绝对维数表达式为:
x|y|z|t|lon|lat|lev|time=value　　　value 为绝对维数值;
相对维数表达式为(相对于当前维数环境设置):
x|y|z|t|lon|lat|lev|time+|−offset　　　offset 为相对偏差维数值。

　　例:z.3(lev=500)表示文件 3 中高度为 500 hPa 等压面上的变量 z tv.1(time-12 h)相对于当前时间之前 12 h 时刻的 1 号文件中的变量 tvrh 缺省的当前文件中的变量 rh。

　　q.2(t−1,lev=850)2 号文件中相对于当前时刻前一时刻,高度为 500 hPa 面上的变量 q。

　　GrADS 还可定义全域描述变量,即该变量可将其值传出函数,变量命名形式要求以下划线作为开头字符。

13.4.2　表达式

GrADS 中的表达式通常与高级语言如 Fortran 一样也由运算符(operator)、运算域(operand)和括号(parenthese)组成。其中,括号用于控制运算次序;运算符包括:＋(加),－(减),*(乘),/(除);运算域包括常数、函数、变量。运算是指对相同网格点上的不同变量进行,运算时只要有一个变量在某格点的值为缺省值则该格点的运算结果也为缺省值。另外不能对不同维数尺度(即维数变动的范围不同)格点进行运算操作,即参加运算的变量的当前网格维数环境须一致。

例:z－z(t－1)高度 z 变量的时间变化 t(lev＝500)－t(lev＝850)500～850 hPa 等压面的温度 t 的变化 z－ave(z,lon＝0,lon＝360,－b)高度 z 的纬向平均偏差。

13.4.3　函数

函数的调用方式为通过函数名直接引用,函数的参数放在括号中用逗号分开。函数可以嵌套,有一些函数在运算时改变维数环境。以下是一些函数:

sin、cos、tan、exp、log、ln、log10、abs、pow、mag、hdivg、hcurl、vint、maskout、ave(expr,dimexpr1,dimexpr2,＜time increment＞,＜flag＞)　　通用求平均函数,expr 是由 dimexpr1 和 dimexpr2 定义的维数范围内求平均的量;两个维数表达式 dimexpr1 和 dimexpr2 都是同一维数方向,对非线性格点,求平均时加以适当权重,缺值不参加求平均;time increment 选项表示求和时取值间隔,其单位与维数表达式 dimexpr1 和 dimexpr2 一样;选项 flag 给出时取为－b 要表示对每个网格点取同样的权重求平均,包括终端点,例如,如果想求纬向平均 ave(z,lon＝0,lon＝360),则终端点求了两次平均,如若使终端点取半数权重可用 ave(z,lon＝0,lon＝360,－b)。注意,对于求平均函数,其维数表达式通过缺省文件的维数尺度来给出。

aave(expr,dimexpr1,dimexpr2,dimexpr3,dimexpr4)　　以 dimexpr1,dimexpr2 为纬向或 x 方向,dimexpr3,dimexpr4 为经向或 y 方向的积分上下限求面积平均。相当于嵌套求两次平均 ave,但前者较后者更准确。作为变动维数方向本函数不能对 z 或 t 作为求平均方向求平均。如要求时间序列面积平均,需与 tloop 函数合用。

tloop(expr)　　通过循环时间维数逐个局地固定时间维来求 expr 的值,即对 expr 固定其时间维数求值,并在求值工程中对时间维进行逐个循环,用法见下例:

```
set x 1
set y 1
set lev 500
set t 1100
display tloop(aave(p,lon＝0,lon＝360,lat＝－90,lat＝90))　　求 p 变量时间序
```

列的全球面积平均,为了先得到一个时间序列,固定 x,y,z 让时间变化,再用 tloop 函数,让 aave 在求面积平均时固定时间维,并逐时刻循环求值,得出面积平均的时间序列。

oacres(grid,stn,pass1,pass2,pass3…)

cressman 分析函数,缺省的 pass 半径序列为 10,7,4,2,1

cdiff(expr,dim)中央差分函数

skip　　　设定样本取样密度,如:display skip(u,2)表示在 x,y 方向上对变量 u 隔一个网格点取一次值构成要显示的场。display skip(u,1,3)表示在 y 方向隔两个点取一次值,而 x 方向取所有的格点进行显示操作。

const(expr,contant<,flag>)　　　设置部分网格点的值取为常数,所有非缺值值的 expr 的格点的值取为常数,如果加上选项－a,所有网格值设为指定的常数值。如果选项为－u,只把缺值值的格点设为常数值。例如:display const(p,0,－u)将降水变量 p 的缺值值的格点值设为常数 0。

asum(expr,xdim1,xdim2,ydim1,ydim2)和 asumg(expr,xdim1,xdim2,ydim1,ydim2)　　　对指定的区域求和(二维求和),asumg 为不计任何权重求和。对于全球(0°～360°,－90°～90°)范围可用以下方式表述:asum(expr,global)/asum(expr,g)。

coll2gr(cnum<,num>)　　　将 collect 命令形成的资料阵列形成格点场。其中,cnum:采集资料序号;num:结果格点场的垂直层次值,缺省为 10,若设为"－u",则为所有采集的站点数据层次的集合。

gr2stn(gridexpr,stnexpr)或 gr2stn(gridexpr,lon,lat)　　　功能有所增强,可将格点值插到站点或固定经纬度上,以绘制剖面或时间序列。同时对 X、Y、Z、T 分别变化时均可实现其功能。

max(expr,dim1,dim2<,tinc>)/min(expr,dim1,dim2<,tinc>)　　　返回指定表达式的最大/小值。其中,expr:任意有效的 GrADS 表达式;dim1:起始的维数表达式;dim2:终止的维数表达式;tinc:时间步长,当维数为时间时必须指定。

maxloc(expr,dim1,dim2<,tinc>)/minloc(expr,dim1,dim2<,tinc>)　　　返回指定表达式为最大/小值的维数值(位置)系列。其中,expr:任意有效的 GrADS 表达式;dim1:起始的维数表达式;dim2:终止的维数表达式;tinc:时间步长,当维数为时间时必须指定。

oabin(gexpr,sexpr<,－flag>)　　　根据站点的位置将观测资料放入单元格网中,若一个格网中有几个测站则取其平均以获得分析值。其中,gexpr:有效的格点表达式;sexpr:有效的站点表达式。flag 选项可为两种值:－f 将值设为放入单元格网的第一个观测值,－c 输出每个格网中的站点数。

sum(expr,dim1,dim2<,tincr><,－b>)和 sumg(expr,dim1,dim2<,tincr>

<，−b＞）　　一维的求和函数，sumg 为不计任何权重求和。其中，expr：GrADS 表达式，dim1，dim2：开始、结束的维数，tinc：对时间求和时，所取的样本步长，b：使用实际的边界。

注意：①dim1，dim2，tincr 对应于缺省文件的网格，若为经纬度坐标，则转化为最近的网格坐标；②若−b 标记不采用，则结束点使用正常权重；使用−b 标记则使用精确的 dim1 和 dim2，而非使用最近的网格点值；③对 Y 方向，如果维数超出极点，sum 允许出现这样的情况，并在计算时加适当的权重，若不需使用任何权重，可采用 sumg 函数。

13.4.4　临时定义变量

可在交互操作中定义一些新的临时变量以供以后的操作使用，定义方式如下：

define varname＝expression

新定义的变量 varname 只存在于内存中，所以不要定义过大的维数范围。例如，下面定义了一个四维变量 temp：

set lon−180 0

set lat 090

set lev 1000 100

set t 1 10

define temp＝rh

定义后可改变其维数环境

set t 5

set lev 500

d temp

得到的是显示只有两维（lon，lat）变化的场。现在，define 命令只在当前缺省文件（set define＃进行更改）为格点数据时才可用。因此，即便是要对站点数据进行 define 命令，也须将当前缺省文件设为某个格点场数据文件。

13.4.5　系统内置函数（用于 gs 描述语言直接调用）

substr（string，start，length）　　执行后返回一个字符串 string 的字串 string，其内容为位置起始于 start 点共有长度为 length。如果串 string 太短，结果将取为 NULL。start 和 length 为整型的字符串值。

subwrd（string，word）　　执行结果返回字符串 string 的第 n 个（即 word 的值）字段的字符串，如果字符串 string 太短，则返回结果为 NULL。Word 须取整型数，例如，subwrd（string，3）。返回字符串 string 以空格为间隔的第三字段的字符串为结果字符串。

　　sublin(string,line)　　返回字符串第 n 行(即 line 的值)的全行字符串作为字符子串 string。同样,如果字符串 string 的行数太少则返回结果为 NULL。line 须用整型数。

　　read(name)　　读入文件名为 name 的文件中的下一个记录,返回结果分为两行(但仍作为一个串),第一行为返回码,第二行是读入的记录,记录最大 80 个字符,可用 sublin 函数来分离返回值。返回码:0 ok,1 open error,2 end of file,8 file open for write,9 I/O error。直到读入函数所在的描述文件(∗.gs)执行终结。这个因读入而打开的文件一直打开,其间所有的读操作依记录顺序执行。

　　write(name,record<,append>)　　　将记录 record 写入文件 name 中,第一次写即打开该文件,以后一直打开,后面的写操作将破坏该文件,除非加 append 选项使成为续接态。返回码:0 ok,1 open error,8 file open for read。

　　close(name)　　关闭文件 name。当要从一个打开的写入文件读入记录时要先用 close 关闭它再调读入,也即可实现反绕功能。返回码:0 ok,1 file not open。

§13.5　格点和站点数据格式

13.5.1　格点数据格式

　　GrADS 格点数据集为直接访问形式(direct access binary)。一个网格点上(即一个确定的经纬度,高度和时刻)可以有任意多个物理变量,GrADS 视这些数据为一个大数组,其排放顺序为先 x(经度)、y(纬度)、z(高度层数),然后是各种物理变量,最后是 t(时次)。每个数据集由一个数据描述文件描述。举例如下。

　　DSET ua. dat
　　TITLE Upper Air Data
　　DTYPE grid
　　FORMAT yrev
　　OPTIONS byteswapped
　　UNDEF-9. 99E33
　　XDEF 80 LINEAR-140.0　1.0
　　YDEF 50 LINEAR 20.0　1.0
　　ZDEF 10 LEVELS 1000,850,700,500,400,300,250,200,150,100
　　TDEF 4 LINEAR 0Z10apr1991 12hr
　　VARS 5

slp 0 0 Sea Level Pressure

z 10 0 heights

t 10 0 temps

td 6 0 dewpoints

u 10 0 winds

v 10 0 v winds

ENDVARS

数据描述文件为文本格式文件,每行记录的各项以空格分开,注释行在第一列打"＊",注释行不能出现在变量列表中,每行记录不超过 80 个字符,每个描述文件包含以下几项:

①二进制数据文件名(这里为 ua. dat);

②本数据集说明标题(Upper Air Data);

③数据集的数据类型、格式和选项(dtype,format,options);

④时空维数环境设置;

⑤最后是变量定义。

对某一层某一变量在某一时刻,x、y 数据点构成了一个水平网格,该网格严格对应于 Fortran 中的数组存放顺序,第一维总是从西到东,第二维从南到北。

以下详细地说明数据描述文件中各记录。

DSET data-set-name　　给定二进制原始数据集的文件名(包括路径)。如果该数据集与描述文件在相同路径下,可用缺省路径符号"ˆ"代表,例如,/data/wx/grads/sa. ctl 所描述的数据文件为/data/wx/grads/sa. dat,则既可定义为:DSETˆsa. dat,也可定义为 DSET/data/wx/grads/sa. dat。

TITLE string　　用字符串 string 简略描述数据集内容,该标题将在 GrADS 的查询命令 QUERY 中出现。

UNDEF value　　定义缺测值或缺值值,GrADS 在运算操作和图形操作时将忽略这些值点。

OPITION<keywords>　　定义数据格式选项,keywords 有:<yrev><zrev><sequential><byteswapped><template><big-endian><little-endian>,分别用于表示:

①yrev y 维数方向反向;

②zrev z 维数方向反向;

③sequential 原始数据输出格式为顺序记录格式,缺省时为 direct 直接记录格式;

④byteswapped 二进制数据的位存放顺序取反序;

⑤big-endian、little-endian 用于自动改变二进制位存放顺序;

⑥template 多个时间序列原始数据文件想用一个数据描述文件统一地描述这些原始数据时采用的选项,这些数据文件的文件名形式由 dset 定义的形式命名文件名,提示所含数据的时次。例如,一个逐小时的数据集每 24 h 数据放到一个文件中,每个文件名形式为:

　　1may92. dat　　2may92. dat

通过 dset 设置告诉 GrADS 数据集文件名用代换模式格式如下:

　　dset　　%d1%mc%y2. dat

然后通过选项 options template 定义时间范围和增量:

　　tdef 72 linear 0Z1may1992 1hr

正确的替换为:%y2 两位数年%y4 4 位数年%m1 1 或 2 位数月%m2 2 位数月(用 0 补齐 1 位数)%mc 3 字符月份缩写%d1 1 或 2 位天%d2 2 位天%h1 1 或 2 位小时%h2 2 位小时。

　　XDEF number LINEAR start increment

　　XDEF number LEVELS value-list

设置网格点值与经度的对应关系,其中 number 是 x 方向网格点书,用整型数,必须大于等于 1;LINEAR 或 LEVELS 表明网格映射类型,取 LINEAR 时:网格点格距均匀,start 起始经度,或 $x=1$ 的经度,用浮点数表示,负数表西经,increament 表 x 方向网格点之间的格距,单位度,用正值浮点数表示。对 LEVELS:网格点格距不均匀,用枚举法列出各网格点对应的经度值,value-list 顺序列出各格点的经度值,可在下一行续行。至少有两个以上格点时方可用 LEVELS。

　　YDEF number mapping start<increment>

　　YDEF number mapping start<LEVELS value-list>

定义 y 方向格点与纬度的映象关系,其中:number y 方向的格点数,用整型数表示,mapping 映射方式,有如下几种:

　　LINEAR　　　线性映射

　　GAUSR15　　高斯 R15 纬度

　　GAUSR20　　高斯 R20 纬度

　　GAUSR30　　高斯 R30 纬度

　　GAUSR40　　高斯 R40 纬度

　　对线性映射 LINEAR,start 是起始纬度即 $y=1$ 的纬度,以浮点数表示,负数表示南纬。对 GAUSRxx 映射,start 为第一个高斯网格数,1 表示最南端格点纬度。只当线性映射时(LINEAR),定义 increment 为 y 方向网格点间距,一般格点增量为正浮点数表示,由南向北。对 LEVELS,value-list 表示一串 y 方向纬度值,即顺序枚举一系列网格点对应的纬度值,该枚举记录长度可大于 80 个字符。例如:YDEF 20 GAUSR40

15 表明共有 20 个 y 方向网格点,起始点为高斯 R40 网格下的高斯纬度 15(即 64.10 南纬),实际这 20 个地球坐标网格点纬度值为:－64.10,－62.34,－60.58,－58.83,－57.07,－55.32,－53.56,－51.80,－50.05,－48.29,－46.54,－44.78,－43.02,－41.27,－39.51,－37.76,－36.00,－34.24,－32.49,－30.73。

ZDEF number mapping<start increment>

ZDEF number mapping<value-list>

设置气压面与垂直网格点的映射关系,其中 number 为 z 方向的网格点数,整型数,mapping 为映射类型,有如下几种:

LINEAR　　　线性映射

LEVELS　　　任意气压面 start 当映射为线性时,start 为 z=1 时的值或起始值。Increment 为映射为线性时,表示 z 方向的增量,或是从低到高,该增量可取负值。例如,ZDEF 10 LINEAR 1000－100 表示共 10 层等压面,其值各为 1000,900,800,700等。value-list 为当映射为 LEVELS 时,顺序枚举给出全部对应的等压面。只有一层时须用 LINEAR 选项。

TDEF number LINEAR start-time increment　　　设置网格值与时间的映射关系。其中:number 为数据集中的是次数,整型数表示。start-time 为起始日期/时间,用 GrADS 绝对时间表示法,其格式为:hh=mmZddmmmyyyy 其中 hh 为两位数的小时,mm 为两位数分钟,dd 为一或两位数的日期,mmm 为三个字符的月份缩写,yyyy 为两位或四位数年份。不给出时,hh 缺省为 00 时,mm 缺省为 00 分,dd 缺省为 1 号,月年值不能缺省。整个时间串中不能有空格。类型有如下几种:mn 表示分钟,hr 表示小时,dy 表示天,mo 表示月,yr 表示年。例如:20mn 表示增量为 20 分钟,1mo 表示增量为 1 个月。

例:TDEF 24 LINEAR 00Z01JUN1987 1hr 表示共有 24 个时次,起始时刻 1987 年 6 月 1 号 00Z 时,增量为 1 h。

VARS number　　　表示变量描述开始,同时给出变量个数,其中 number 为数据集中变量数。每个变量描述记录格式如下:abrev levs units description 其中 abrev 为 1～8 个字符组成的该变量的缩写名,用于 GrADS 中访问该变量。该名字要求以字母(a～z)开头,字母和数字构成。levs 为整型数,表明该变量在本数据集中含有的垂直层数。该数不可大于 ZDEF 中给出的垂直网格层数。0 表示该变量只有一层,并且不对应于其他垂直层,如所谓地表变量。Units 暂时是为常数 99。Description 为一段说明该变量的字符串,最多 40 个字符。最后一个变量罗列完后用 ENDVARS 表示数据描述文件结束。

在原始数据的生成文件中,无论用工作站还是 PC 机,无论是用 Fortran 语言还是用 C 语言,所生成的数据的格式都要求是流式"stream"记录格式,不允许在记录中加入

描述符,如记录开始、记录结束、换行符等。总之要用直接访问格式输入输出。在 For-
tran 中,举例如下,用的是 DEC 工作站 Fortran 编译器,各编译器可能有不同。

```
REAL Z(72,46,16)..
OPEN(8,FILE='grads.dat',FORM='BINARY')
  DO I=1,16
    WRITE(8)((Z(J,K,I),J=1,72),K=1,46)
  ENDDO
```

这段程序产生了一个 16 层的一个变量的直接记录格式的原始数据文件。相应的
数据描述文件 grads.ctl 的内容为:

```
DSET grads.dat
TITLE Test Data Set
UNDEF-9.99E33
XDEF 72 LINEAR 1 1
YDEF 46 LINEAR 1 1
ZDEF 16 LINEAR 1 1
TDEF 1 LINEAR JAN2005 1mo
VARS 1
z 16 99 Testing Data
ENDVARS
```

启动 GrADS 后打开文件 grads.ctl,再设显示某层,例如,set z=2,再打显示命令
display z 即可显示该层上 z 值的分布。

Tips 1

用循环写 GrADS 的二进制数据,从内循环到外循环依次是:x(lon)→ y(lat)→z
(lev)→vars(不同变量)→time 任何一维可省略。这是 GrADS 缺省的数据存放次序,
读取和调用的效率最高。

Tips 2

如果已有的数据格式不符合 Tip.1 的存放次序,我们可以在 ctl 文件中告诉
GrADS。

如下的 ctl 文件,是我们通常使用的,它描述的数据 timedata.dat 符合 Tip.1 所推
荐的存储顺序:

```
dset timedata.dat
title time serial data
xdef 144 linear 0 2.5
ydef 73 linear-90 1
```

zdef 12 levels 1000 925 850 700 600 500 400 300 250 200 150 100
tdef 480 linear jan2005 1mo
vars 5
h 12 99 geo. height.
u 12 99 u-wind
v 12 99 v-wind
w 12 99 w-wind
t 12 99 temp.
Endvars

13.5.2　站点数据格式

　　站点数据集同样是二进制形式按每个时次一个报告的顺序直接记录各站报告,每个时次的站点报告组又分成两部分:地面报和高空报。站点报数据的排放顺序为:

　　①提供站点经纬度的头记录;

　　②地面报变量;

　　③高空报变量;

　　④一个时次完成后加上一个特殊头记录(没有数据组)表示本时次数据报结束,然后是下一时次的数据报,如果某时次头记录后无报文随后出现,则表示本数据集全部结束。

　　在头记录之后,顺序记录本时次的各报文,首先是一组数据表示全部地面变量(如果有的话),所有的地面变量必须全部写出,缺测点用缺省值代替,因此每个地面变量组有相同的数据量大小。地面变量写出时以浮点数形式,变量排列顺序每个报告中须相同,记录顺序由数据描述文件给出。

　　在地面变量组后是依赖高度的报告组。组数在头记录中事先声明。同样每一层中依赖高度的变量报告组须将所有变量写出,缺测点用缺省值给出。所以每层高度依赖组在各层中和整个文件中的各时次报告中都有相同的数据量。依赖高度层的组写出顺序如下:

　　①level 浮点数值写出地球坐标系中 z 维数方向的值;

　　②variables 本层所有变量报告当本时次的所有报告写完后,写出一个特别头记录,该记录没有数据组数,以表明一个时间组的结束,即 nlev 取为 0。然后是下一时次组的记录,同样是头记录,地面报、高空报。如果一个时间组没有报告内容,表示本数据集结束。

　　例:有如下格式月降水资料

Year　　　Month　　　Stid　　　Lat　　　Lon　　　Rainfall

1980	1	QQQ	34. 3	-85. 5	123. 3
1980	1	RRR	44. 2	-84. 5	87. 1
1980	1	SSS	22. 4	-83. 5	412. 8
1980	1	TTT	33. 4	-82. 5	23. 3
1980	2	QQQ	34. 3	-85. 5	145. 1
1980	2	RRR	44. 2	-84. 5	871. 4
1980	2	SSS	22. 4	-83. 5	223. 1
1980	2	TTT	33. 4	-82. 5	45. 5

.

.

.

文件名为 rain. ch,Fortran 语言为：

```
    CHARACTER * 8 STID
C
    OPEN(8,NAME='rain. ch')
    OPEN(10,NAME='rain. dat',FORM='BINARY')
    IFLAG=0
C
C Read and Write
C
10  READ(8,9000,END=90)IYEAR,IMONTH,STID,RLAT,RLON,RVAL
9000 FORMAT(I4,3X,I2,2X,A8,3F8. 1)
    IF(IFLAG. EQ. 0)THEN
        IFLAG=1
        IYROLD=IYEAR
        IMNOLD=IMONTH
    ENDIF
C
C If new time group,write time group terminator.
C Assuming no empty time groups.
C
    IF (IYROLD. NE. IYEAR. OR. IMNOLD. NE. IMONTH)THEN
        NLEV=0
        WRITE(10)STID,RLAT,RLON,TIM,NLEV,NFLAG
```

```
      ENDIF
      IYROLD=IYEAR
      IMNOLD=IMONTH
C
C Write this report
C
      TIM=0.0
      NLEV=1
      NFLAG=1
      WRITE(10)STID,RLAT,RLON,TIM,NLEV,NFLAG
      WRITE(10)RVAL
      GO TO 10
C
C On end of file write last time group terminator.
C
   90 CONTINUE
      NLEV=0
      WRITE(10)STID,RLAT,RLON,TIM,NLEV,NFLAG
      STOP
      END
```

其中,STID 为站点标识,由 1~7 个字符组成,站点标识须是站点唯一的,其赋值可以是任意的,可以是任意数字,也可以是字母。RLAT 为在地球坐标系中站点在 y 方向的位置,一般为经度,RLON 为在地球坐标中站点在 x 方向的位置,一般为纬度。TIM 为本报的时次,取相对于网格的单位,即不一定是准确时刻值,只是该时次的相对值。例如,一组航线地面报,以小时为间隔分组,如想准确按小时精确分组,可设 $t=0.0$,当一个报是 12.15 pm 的而你想把它写入 12 pm 组该报 $t=0.25$,显然 t 通常取值 -0.50~0.5。NLEV 为头记录后的数据组数,包括一个地面报组加上各高度层数。NLEV 取为 0 时标志着一个时次报文的结束。NFLAG 取 0 表示头记录后的报文中没有地面观测变量,如取 1 则表示有地面变量。

对应的原始数据描述文件

Dset rain. dat

Dtype station

Stnmap rain. map

Undef−999.0

Title monthly rainfall
Tdef 12 linear jan2005 1mo
Var 1
    p 0 99 Rainfall Data
Endvars

然后在 DOS 系统环境下运行 stnmap 文件来创建站点映射文件（rain. map），再之后就可运行 GrADS 打开文件和显示操作了。

附录 1　地面天气图的填写

天气预报是在仔细分析了大气运动的历史和现状以后做出的,要仔细分析大气运动的历史和现状就必须详细地占有资料。在日常工作中,气象台收到的资料并非是各测站观测到的原始记录,而是一组组气象电码,因此在进行天气分析以前,首先要将收到的气象电码翻译出来,并按照统一的格式填在天气图上以便进行分析和比较,这一项工作就是日常说的填图。

填图工作是一项非常细致的工作,它要求做到准确、迅速、工整、清晰。这项工作目前已大多由填图机进行,但作为一个气象工作者必须知道并熟悉各种天气图上的填图符号(或数据)的含义,这对今后的科研业务及工作有十分重要的意义。

一、地面天气图的填写格式

地面天气报告的种类分两种形式:一种是陆地测站的天气报告,另一种是船舶站的天气报告。相应的填写格式也做了分类,即陆地站填写格式和船舶站填写格式,分别由图 1 和图 2 表示。

1.陆地测站填写格式

如图 1 所示,其各个项目的含义和填写方法是:

N——总云量,按表 1 的符号表示。"⊗"为不明或缺报。

表 1　总云量填图符号表

电码	0	1	2	3	4	5	6	7	8	9
符号	◯	◑	◔	◕	◑	◒	◕	◑	●	⊗
总云量	无云	1 或小于 1	2～3	4	5	6	7～8	9～10	10	不明

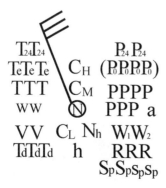

图 1　陆地测站填写格式

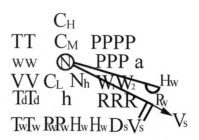

图 2　船舶站填写格式

C_H、C_M、C_L——高云状、中云状、低云状以表 2 的符号表示。

表 2　云状的符号

电码	符号	低云状	符号	中云状	符号	高云状
0	不填	没有低云	不填	没有中云	不填	没有高云
1		淡积云		透光高层云		毛卷云
2		浓积云		蔽光高层云或雨层云		密卷云
3		秃积雨云		透光高积云		伪卷云
4		积云性层积云		荚状高积云		钩卷云
5		普通层积云		系统发展的辐辏状高积云		卷层云　云层高度角 <45°
6		层云或碎层云		积云性高积云		云层高度角 >45°
7		碎雨云		复高积云或蔽光高积云		云层布满全天
8		不同高度的积云和层积云		堡状或絮状高积云		云量不增加也没有布满全天
9		鬃积雨云或砧状积雨云		混乱天空的高积云,高度不同		卷积云

N_h　低云量,图上填的为电码。电码和云量的关系见表 3。"×"为不明或缺、错报。和总云量相同时不填。

表 3　低云量填图电码和云量的关系

电码	0	1	2	3	4	5	6	7	8	9
N_h		1	3	4	5	6	8	9	10	×

h　低云高,以数字表示,以百米为单位。

TTT 和 $T_d T_d T_d$　气温和露点,以数字表示,以摄氏度为单位。填写十位、个位,小数一位。十位数为零时,省略不填。前面加"-"号者,表示温度、露点为负值。

WW　现在天气现象,即观测时或观测前一小时以内的天气现象。填图符号所代表的意义如表 4 所示。"××"为不明或缺、错报。

VV　水平能见度,以数字表示,以 km 为单位。

PPPP　海平面气压,以数字表示,单位为 hPa。填写后三位数字,最后一位为小数。如"035",代表气压为 1003.5 hPa;"995",代表气压为 999.5 hPa。

PPP　过去 3 小时气压变量,即观测时的气压与观测前 3 小时气压的差值。分别表示气压变量的个位和小数一位。"×"为缺、错误码。

表 4　现在天气现象的符号

电码	00		10		20		30		40	
0	不填	云的发展情况不明	=	轻雾		观测前 1 小时内有毛毛雨	S→	轻或中度的沙(尘)暴,过去 1 小时内减弱	(三)	近处有雾,但过去 1 小时内测站没有雾
1	♀	云在消散,变薄	==	片状或带状的浅雾		观测前 1 小时内有雨	S→	轻或中度的沙(尘)暴,过去 1 小时内无变化	==	散片的雾(呈带状)
2	-○-	天空状况大致无变化	==	层状的浅雾	*	观测前 1 小时内有雪	S→	轻或中度的沙(尘)暴,过去 1 小时内增强	⊫	雾,过去 1 小时内变薄,天空可辨
3	♀	云在发展,增厚	⟨	远电	*	观测前 1 小时内有雨夹雪	S→	弱的沙(尘)暴,过去 1 小时内减弱	Ξ|	雾,过去 1 小时内变薄,天空不可辨
4	∧	烟雾、吹烟	⌣	视区内有降水,但未到地面		观测前 1 小时内有毛毛雨或雨,并有雨凇	S→	强的沙(尘)暴,过去 1 小时内无变化	⊟	雾,过去 1 小时内无变化,天空可辨
5	∞	霾	)(	视区内有降水,但距测站较远(5 km 以外)		观测前 1 小时内有阵雨	S→	强的沙(尘)暴,过去 1 小时内增强	Ξ	雾,过去 1 小时内无变化,天空不可辨
6	S	浮尘	(·)	视区内有降水,在测站附近(5 km 以内)		观测前 1 小时内有阵雨或阵性雨夹雪	⊣+	轻或中度的低吹雪	⊫	雾,过去 1 小时内变浓,天空可辨
7	$	测站附近有扬沙	(R)	闻雷,但测站无降水		观测前 1 小时内有冰雹或冰粒,或霰(或伴有雨)	⊣+	强的低吹雪	Ξ|	雾,过去 1 小时内变浓,天空不可辨
8	(S)	观测时或观测前 1 小时内视区有尘卷风	∨	观测时或观测前 1 小时内有飑	≡	观测前 1 小时内有雾	→+	轻或中度的高吹雪	¥	雾,有雾凇,天空可辨
9	(S→)	观测时视区内有沙(尘)暴或观测前 1 小时内视区(或测站)有沙(尘)暴	)(	观测时或观测前 1 小时内有龙卷	⚡	观测前 1 小时内有雷暴(或伴有降水)	→+	强的高吹雪	¥	雾,有雾凇,天空不可辨

续表

电码	50		60		70		80		90
0	，	间歇性轻毛毛雨	·	间歇性小雨	✳	间歇性小雪	▽	小阵雨	▽	中常或大的冰雹，或有雨，或有雨夹雪
1	，，	连续性轻毛毛雨	··	连续性小雨	✳✳	连续性小雪	▽	中常或大的阵雨	⚡	观测前1小时内有雷暴，观测时有小雨
2	，，	间歇性中常毛毛雨	:	间歇性中雨	✳	间歇性中雪	▽	强的阵雨	⚡	观测前1小时内有雷暴，观测时有中或大雨
3	，，，	连续性中常毛毛雨	∴	连续性中雨	✳	连续性中雪	▽	小的阵雨夹雪	⚡	观测前1小时内有雷暴，观测时有小雪、或雨夹雪、或霰、或冰雹
4	；	间歇性浓毛毛雨	::	间歇性大雨	✳✳	间歇性大雪	▽	中常或大的阵雨夹雪	⚡	观测前1小时内有雷暴，观测时有中或大雪、或雨夹雪、或霰、或冰雹
5	，；，	连续性浓毛毛雨	∴:	连续性大雨	✳✳	连续性大雪	▽	小阵雪	⚡	小或中常的雷暴，并有雨、或雪、或雨夹雪
6	∽	轻毛毛雨，并有雨淞	∽	小雨，并有雨淞	↔	冰针（或伴有雾）	▽	中常或大的阵雪	⚡	小或中常的雷暴，并有冰雹、或霰、或小冰雹
7	∽	中常或浓毛毛雨并有雨淞	∽	中或大雨，并有雨淞	△	米雪（或伴有雾）	▽	小的阵性霰或小冰雹，或有雨，或有雨夹雪	⚡	大雷暴，并有雨、或雪或雨夹雪
8	；	轻毛毛雨夹雨	✳	小雨夹雪或轻毛毛雨夹雪	✳	孤立的星状雪晶（或伴有雾）	▽	中常或大的阵性霰或小冰雹，或有雨，或有雨夹雪	⚡	雷暴，伴有沙（尘）暴
9	；；	中常或浓毛毛雨夹雨	✳✳	中常或大雨夹雪，或中常或浓毛毛雨夹雪	△	冰粒	▽	轻的冰雹，或有雨，或有雨夹雪	⚡	大雷暴，伴有冰雹、或霰、或小冰雹

　　a　过去3小时气压倾向。"＋"表示过去3小时气压升高，"－"表示气压下降。"×"表示不明。

W_1W_2 过去天气现象,定时绘图天气观测报告前 6 小时内出现的天气现象,补充定时绘图天气观测报告为观测前 3 小时出现的天气现象。符号所代表的意义见表 5。W_1W_2 分别代表两种天气现象。"×"表示不明。

表 5 过去天气现象填写的符号与意义

电码	0	1	2	3	4	5	6	7	8	9
符号	不填	不填	不填	$\overset{S}{\diagup}$	≡	,	•	✳	▽	↳
意义					沙暴或吹雪	大雾	毛毛雨	雨	雪	阵性降水	雷暴

RRR 降水量,用数字表示,单位为 mm。1 mm 以上为整数,小于 1 mm 的填写一位小数,"T"表示微量。

dd 风向。以矢杆表示,矢杆方向指向站圈,表示风的来向。风向的方位以图上的经纬线为准。静风时不填任何符号,在 C_H 上面填有 d 表示风向不明,后面的数字为风速。如 d"15"则表示风向不明。风速 15 m・s^{-1}。

ff 风速。以矢羽表示,矢羽一长划表示 4 m・s^{-1},一短划表示 2 m・s^{-1},一三角旗表示风速 20 m・s^{-1},风速不明时,在风向杆尖端填"×"。风速大于 40 m・s^{-1} 时,在风向杆另一侧填一个">",如"➢"。

以上为必填项目。以下介绍选填项目的符号及意义。

$P_{24}P_{24}$ 24 小时气压变量。以 hPa 为单位,只填十位数和个位数,十位数是零时不填。

$$T_eT_eT_e=\begin{cases} T_xT_xT_x & \text{日最高气温。在每日 02 时图上填写。} \\ T_nT_nT_n & \text{日最低气温。在每日 14 时图上填写。} \\ T_gT_gT_g & \text{地面最低温度。当 TT≤5℃时,在每日 08 时图上填写。} \end{cases}$$

以上三项填写方法与 TTT 相同。

$S_pS_ps_ps_p$ 重要天气现象。填在图上的是电码数字。只在 02、08、14、20 四个时次的天气图上填写。当有两组或两组以上的重要天气现象报告时,都填在图上。电码所代表的意义如下:

911f_xf_x:911 是指示码。表示其后为≥17 m・s^{-1} 的极大瞬间风速。f_xf_x 是极大瞬间风速值。以 m・s^{-1} 为单位。

92sss:表示过去 6 小时有雨凇出现,92 为指示码。sss 表示电线积冰直径。以 mm 为单位。

9939A_2:表示过去 6 小时内在测站或视区内出现海陆龙卷或尘卷风。9939 是指示码。A_2 为 1 表示海龙卷,2 表示陆龙卷,3 为尘卷风。

996H_gH_g:表示过去 6 小时内出现冰雹现象。996 为指示码。H_gH_g 是冰雹的最大直径,以 mm 为单位。若 $H_g H_g$ 为 99 则表示冰雹直径 $\geqslant 99$ mm。

9977B:表示河流封冻情况。9977 是指示码。B 为河流封冻情况电码所代表的意义见表6。

表6 B 电码及其意义

电码	河流封冻情况
0	不用
1	本地河流无封冻,但有上游来的冰块出现
2	河面部分结冰
3	河面全部结冰
4	本地河面尚未开始解冻,但已有上游解冻冰块向本地堆集
5	河面开始解冻
6	河面全部解冻

2.船舶站填写格式

如图2所示,其各个项目的含义和填写方法是:

D_s 为3小时内船的总航向,编报方法见表7,$D_s = 0$ 代表静止。填图时用箭头表示。

表7 D_s 电码及其说明

电码	0	1	2	3	4	5	6	7	8	9
航向	静止	东北	东	东南	南	西南	西	西北	北	多变

V_s 为3小时内的平均船速。填图时用电码数直接填在箭头的右边。

S_n 为海水表层水温组的指示码即 $T_w T_w T_w$ 指示码,$S_n = 0$ 时,表示水温正值或零;$S_n = 1$ 时,表示水温为负值。

$T_w T_w T_w$ 为海水表面层温度,以十分之一度为单位编报,以整度数填入,小数四舍五入。

$P_w P_w$(或 $P_{w1} P_{w1}$ 等)为海浪周期,以秒为单位编报。国内船舶省略不填;国外报填电码数。

$H_w H_w$(或 $H_{w1} H_{w1}$ 等)为浪高以 0.5 m 为单位编报即 0.5 m 编01,1 m 编02,1.5m 编03……。填图时直接抄写电码数。

$d_{w1} d_{w1}$($d_{w1} d_{w1}$)为浪向。是海浪的来向,编报时以 10 为单位。00 表示无浪或静稳,99 表示方向不明或多变。

其他各项目同陆地测站填写项目含义及填写方法相同。

二、地面天气图上分析项目的表示方法

(1)等压线

以黑色铅笔画的实线表示。

(2)3 小时等变压线

以黑色铅笔画细虚线表示。

(3)锋

表示方法见表 1.3。

(4)天气区

为了清楚地显示出各种主要天气现象的分布,地面天气图上采用各种颜色铅笔画出各种天气图。其标注方法如表 8 所示。

表 8　各种天气现象的标注方法

天气现象	颜色	成片的			零散的	备注
		连续性	间歇性	阵性		
降水现象	除雨之外的降水	绿色	勾画范围区内		可勾画范围区或只在测站左侧标注基本符号(▽、▼、▽或▽)	在测站上画绿斜线	没有表明性质的降水(，、⚹、→、△、·⚹、△、∽、∽、∽ 或 ∽),按周围或过去的降水性质,括入其他性质的降水区内,并标注填图符号
			例:毛毛雨，ʼ	例:雪 ⁜		在测站左侧标注基本符号(，、⚹、▽、▽、▽或▽)	
	视区内降水和观测前 1 小时内有降水		不勾画范围,只在测站左侧标注填图符号。若处在成片的降水区中间或边缘时,视降水区发展情况,可括入降水区内			
雾现象	雾	黄色	可勾画范围区涂黄色			标注基本符号(≡、≡)和填图符号(≡)	包括过去 1 小时内有雾(≡)
	轻雾浅雾		不勾画范围,只标适量填图符号			在测站左侧标注填图符号	只标地面水平能见度 <2 km 的轻雾或浅雾
雷电现象	雷暴	绿色	例:ℛ 和 ℛ 都有			在测站左侧标注填图符号	成片的伴有降水的雷暴区内,可涂绿色,并标注填图符号
	闪电		不勾画范围区,只标注适量填图符号				
	过去天气有雷		不勾画范围区,只在测站右下角标注填图符号			测站右下角标蓝色符号	
风沙现象	扬沙沙暴	棕色	勾画范围区,并标出 ⛌S⛌			在测站左侧标注基本符号(ϟ或 ⛌S⛌)	视区内的沙(尘)暴,同样标注符号"⛌S⛌"
烟尘现象	烟、霾、浮尘	棕色	视需要勾画范围区			在测站左侧标注填图符号	只标地面水平能见度 ≤2 km 的烟幕(𐌌)

续表

天气现象	标注方法颜色分布性质		成片的			零散的	备注
			连续性	间歇性	阵性		
风暴现象	大风	棕色	色画范围区,并标出 ⚑			在测站附近,按实际风向标注符号	风速≥12 m/s 的大风
	尘卷风		不勾画范围区,只单个地标注填图符号			在测站左侧标注填图符号	
	龙卷风飑	红色	不勾画范围区,单个地标注或括入成片的雷暴区内,并标注填图符号				
	吹雪现象	绿色	勾画范围区,并标出 ⊥			在测站左侧标注基本符号(⊥或十)	

(5)锋的过去位置

锋的过去位置,用黄色铅笔绘成实线。对影响预报地区的锋,还必须计算其移动速度(以 km·h^{-1} 为单位),用黑色铅笔标注在计算的锋段相应的位置上。

(6)气压系统中心过去位置和移动路径

高压中心的过去位置,用蓝色铅笔绘制符号"○";低压中心过去位置,用红色铅笔绘制符号"●";台风中心过去位置,用红铅笔绘制符号"🌀"。并在其下边标注中心气压值,上边标注日期和时间。

气压系统中心过去的移动路径以矢线表示。高压中心路径用蓝色铅笔绘制,低压和台风中心路径用红色铅笔绘制。对影响本地区的气压系统,还须计算其移动速度(以 km·h^{-1} 为单位),用黑色铅笔标注在移动路径的矢线的左侧或上方。

附录 2　等压面图的填写

一、等压面图的填写格式

如图 3 所示,其中各项目填写规定如下:

HHH 为等压面的位势高度。在 850 hPa 和 700 hPa 图上,是用 gpm 为单位编报的。填图时须将个位数四舍五入,填位势高度的千位、百位和十位数;850 hPa 的千位数是 1,700 hPa 的千位数是 2 或 3。详细说明请参见第 1 章第 1.3 节等压面图分析有关内容。

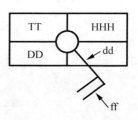

图 3　等压面图填写格式

TT 为等压面上的温度。填写十位、个位数。气温在 0℃ 以下时,数值前加"－"号。

DD 为等压面上气温与露点差。5℃ 以下填个位、小数一位;5℃ 以上填十位、个位。

dd、ff 分别为风向、风速,填写方法与地面图相同。

有的图上还填写下面三项:

①ΔH_{24} 为过去 24 小时变高,以 dagpm 为单位填写,并标明"＋"号或"－"号。

②qqq 为等压面上比湿,以 g/kg 为单位填写整数及小数一位(比湿小于 0.1 g/kg 需填小数两位)。

③$H_0 H_0 H_0$ 为 1000～500 hPa 厚度,只填在 500 hPa 图上,填位势高度的千位、百位、十位数。

二、等压面图上必须分析的项目

(1)在各层等压面图上分析等高线、高、低中心及槽线、切变线。

(2)在各层等压面图上分析等温线及冷、暖中心。

(3)同时间地面天气图上的锋(通常在 850 hPa 或 700 hPa 等压面图上,用黑色铅笔按单色印刷图上的符号描绘)。

三、等压面图上视需要分析的项目

(1)等露点线或等气温与露点差值线、干湿中心。

(2)脊线。

(3)平流零线和冷暖平流。

(4)同时间地面天气图上大范围的雷暴、降水等天气区(只在 850 hPa 或 700 hPa 或 500 hPa 等压面图有关地区上描绘),用彩色铅笔勾画出其范围,并在其中标注该种天气现象(雨除外)的基本符号(或云状符号),(或云量的成数)。降水区、云区用绿色,雷暴区用绿色。为避免与等值线混淆,还可沿天气区内轻涂相应的颜色。

(5)同时间的、前 12 h 的或前 24 h 的地面天气图上主要气压系统中心位置及其移动路径(通常在 700 hPa 或 500 hPa 等压面图上描绘)。标注方法见地面天气图上分析项目的表示方法。

附录 3 风力等级特征及换算表(蒲福风力等级表)

风力等级	海面状况		海岸船只征象	陆地地面物征象	相当于空旷平地上标准高度 10 m 处的风速		
	海浪高/m				m/s	km/h	knot
	一般	最高					
0	—	—	静	静,烟直上	0~0.2	小于1	小于1
1	0.1	0.1	平常渔船略觉摇动	烟能表示风向,但风向标不能动	0.3~1.5	15	1~3
2	0.2	0.3	渔船张帆时,每小时可随风移行 2 km~3 km	人面感觉有风,树叶微响,风向标能转动	1.6~3.3	6~11	4~6
3	0.6	1.0	渔船渐觉颠簸,每小时可随风移行 5 km~6 km	树叶及微枝摇动不息,旌旗展开	3.4~5.4	12~19	7~10
4	1.0	1.5	渔船满帆时,可使船身倾向一侧	能吹起地面灰尘和纸张,树枝摇动	5.5~7.9	20~28	11~16
5	2.0	2.5	渔船缩帆(即收去帆之一部分)	有叶的小树摇摆,内陆的水面有小波	8.0~10.7	29~38	17~21
6	3.0	4.0	渔船加倍缩帆,捕鱼须注意风险	大树枝摇动,电线呼呼有声,举伞困难	10.8~13.8	39~49	22~27
7	4.0	5.5	渔船停泊港中,在海者下锚	全树摇动,迎风步行感觉不便	13.9~17.1	50~61	28~33
8	5.5	7.5	近港的渔船皆停留不出	微枝折毁,人行向前,感觉阻力甚大	17.2~20.7	62~74	34~40
9	7.0	10.0	汽船航行困难	建筑物有小损(烟囱顶部及平屋摇动)	20.8~24.4	75~88	41~47
10	9.0	12.5	汽船航行颇危险	陆上少见,见时可使树木拔起或使建筑物损坏严重	24.5~28.4	89~102	48~55
11	11.5	16.0	汽船遇之极危险	陆上很少见,有则必有广泛损坏	28.5~32.6	103~117	56~63
12	14.0	—	海浪滔天	陆上绝少见,摧毁力极大	32.7~36.9	118~133	64~71
13	—	—	—	—	37.0~41.4	134~149	72~80
14	—	—	—	—	41.5~46.1	150~166	81~89
15	—	—	—	—	46.2~50.9	167~183	90~99
16	—	—	—	—	51.0~56.0	184~201	100~108
17	—	—	—	—	56.1~61.2	202~220	109~118

注:此表引自 GB/T 28591—2012。

附录 4 降水量等级表

等级	时段降雨(雪)量	
	12 h 降雨(雪)量	24 h 降雨(雪)量
微量降雨(零星小雨)	<0.1	<0.1
小雨	0.1~4.9	0.1~9.9
中雨	5.0~14.9	10.0~24.9
大雨	15.0~29.9	25.0~49.9
暴雨	30.0~69.9	50.0~99.9
大暴雨	70.0~139.9	100.0~249.9
特大暴雨	≥140.0	≥250.0
微量降雪(零星小雪)	<0.1	<0.1
小雪	0.1~0.9	0.1~2.4
中雪	1.0~2.9	2.5~4.9
大雪	3.0~5.9	5.0~9.9
暴雪	6.0~9.9	10.0~19.9
大暴雪	10.0~14.9	20.0~29.9
特大暴雪	≥15.0	≥30.0

注:此表引自 GB/T 28592—2012。

附录5　台风委员会西北太平洋和南海
热带气旋命名表
（自 2013 年 1 月 1 日起执行）

第 1 列 英文	第 1 列 中文	第 2 列 英文	第 2 列 中文	第 3 列 英文	第 3 列 中文	第 4 列 英文	第 4 列 中文	第 5 列 英文	第 5 列 中文	名字来源
Damrey	达维	Kong-rey	康妮	Nakri	娜基莉	Krovanh	科罗旺	Sarika	莎莉嘉	柬埔寨
Haikui	海葵	Yutu	玉兔	Fengshen	风神	Dujuan	杜鹃	Haima	海马	中国
Kirogi	鸿雁	Toraji	桃芝	Kalmaegi	海鸥	Mujigae	彩虹	Meari	米雷	朝鲜
Kai-tak	启德	Man-yi	万宜	Fung-wong	凤凰	Choi-wan	彩云	Ma-on	马鞍	中国香港
Tembin	天秤	Usagi	天兔	Kanmuri	北冕	Koppu	巨爵	Tokage	蝎虎	日本
Bolaven	布拉万	Pabuk	帕布	Phanfone	巴蓬	Champi	蔷琵	Nock-ten	洛坦	老挝
Sanba	三巴	Wutip	蝴蝶	Vongfong	黄蜂	In-Fa	烟花	Muifa	梅花	中国澳门
Jelawat	杰拉华	Sepat	圣帕	Nuri	鹦鹉	Melor	茉莉	Merbok	苗柏	马来西亚
Ewiniar	艾云尼	Fitow	菲特	Sinlaku	森拉克	Nepartak	尼伯特	Nanmadol	南玛都	密克罗尼西亚
Maliksi	马力斯	Danas	丹娜丝	Hagupit	黑格比	Lupit	卢碧	Talas	塔拉斯	菲律宾
Gaemi	格美	Nari	百合	Jangmi	蔷薇	Mirinae	银河	Noru	奥鹿	韩国
Prapiroon	派比安	Wipha	韦帕	Mekkhala	米克拉	Nida	妮妲	Kulap	玫瑰	泰国
Maria	玛利亚	Francisco	范斯高	Higos	海高斯	Omais	奥麦斯	Roke	洛克	美国
Son-Tinh	山神	Lekima	利奇马	Bavi	巴威	Conson	康森	Sonca	桑卡	越南
Bopha	宝霞*	Krosa	罗莎	Maysak	美莎克	Chanthu	灿都	Nesat	纳沙	柬埔寨
Wukong	悟空	Haiyan	海燕	Haishen	海神	Dianmu	电母	Haitang	海棠	中国
Sonamu	清松	Podul	杨柳	Noul	红霞	Mindulle	蒲公英	Nalgae	尼格	朝鲜
Shanshan	珊珊	Lingling	玲玲	Dolphin	白海豚	Lionrock	狮子山	Banyan	榕树	中国香港
Yagi	摩羯	Kajiki	剑鱼	Kujira	鲸鱼	Kompasu	圆规	Hato	天鸽**	日本
Leepi	丽琵	Faxai	法茜	Chan-hom	灿鸿	Namtheun	南川	Pakhar	帕卡	老挝
Bebinca	贝碧嘉	Peipah	琵琶	Linfa	莲花	Malou	玛瑙	Sanvu	珊瑚	中国澳门
Rumbia	温比亚	Tapah	塔巴	Nangka	浪卡	Meranti	莫兰蒂	Mawar	玛娃	马来西亚
Soulik	苏力	Mitag	米娜	Soudelor	苏迪罗	Rai	雷伊	Guchol	古超	密克罗尼西亚
Cimaron	西马仑	Hagibis	海贝思	Molave	莫拉菲	Malakas	马勒卡	Talim	泰利	菲律宾
Jebi	飞燕	Neoguri	浣熊	Goni	天鹅	Megi	鲇鱼	Doksuri	杜苏芮	韩国
Mangkhut	山竹	Rammasun	威马逊	Atsani	艾莎尼	Chaba	暹芭	Khanun	卡努	泰国
Utor	尤特	Matmo	麦德姆	Etau	艾涛	Aere	艾利	Vicente	韦森特	美国
Trami	潭美	Halong	夏浪	Vamco	环高	Songda	桑达	Saola	苏拉	越南

　　* 根据 2013 年 1 月 29 日—2 月 1 日在中国香港举行的亚太经社理事会/世界气象组织（ESCAP/WMO）台风委员会第 45 届会议的决定，Bopha（宝霞）被从命名表中除名，新的名字将在 2014 年初举行的第 46 届台风委员会届会大会进行审议后，再行给出新的命名。

　　** 根据 2013 年 1 月 29 日—2 月 1 日在中国香港举行的亚太经社理事会/世界气象组织（ESCAP/WMO）台风委员会第 45 届会议的决定，由 Hato（天鸽）取代 Washi（天鹰）。

　　注：本表引自《热带气旋年鉴 2013》。

附表1 常用单位换算表

一、长度

各种长度单位换算表(1)

米(m)	公里(km)	英尺	英里	海里	纬距
1	0.001	3.28089	0.000621	0.000539	0.000009
1000	1	3280.89	0.621382	0.539611	0.008997
0.304794	0.000304	1	0.000189	0.000164	0.0000027
1609.31	1.60931	5280	1	0.868961	0.014489
1853	1.853	6076.21	1.1508	1	0.016694
111137	111.137	364628.27	69.0161	59.9028	1

各种长度单位换算表(2)

千米(km)	米(m)	厘米(cm)	毫米(mm)	微米(μm)	埃(Å)	英寸
1	10^3	10^5	10^6	10^9	10^{12}	39.4×10^4
10^{-2}	1	10^2	10^3	10^8	10^{10}	39.4
10^{-5}	10^{-2}	1	10	10^4	10^8	0.394
10^{-6}	10^{-3}	10^{-1}	1	10^3	10^7	3.94×10^{-2}
10^{-9}	10^{-6}	10^{-4}	10^{-2}	1	10^4	3.94×10^{-5}
10^{-12}	10^{-10}	10^{-2}	10^{-7}	10^{-4}	1	3.94×10^{-9}
2.54×10^{-5}	2.54×10^{-2}	2.54	25.4	2.54×10^4	2.54×10^8	1

二、速度

各种速度单位换算表

m/s	km/时	英尺/s	英里/时	海里/时	纬距/天
1	3.600	3.281	2.237	1.944	0.777
0.278	1	0.911	0.621	0.540	0.216
0.305	1.097	1	0.682	0.592	0.237
0.447	1.609	1.467	1	0.869	0.348
0.514	1.852	1.688	1.151	1	0.400
1.286	4.631	4.220	2.877	2.499	1

三、温度

$$℃(摄氏温度) = \frac{5}{9}(℉ - 32)$$

$$℉(华氏温度) = \frac{9}{5}℃ + 32$$

$$K(绝对温度) = ℃ + 273.15$$

四、气压

各种气压单位换算表

百帕	毫米水银柱高	英寸水银柱高	达因/厘米^2
1	0.75006	0.02953	1000
1.33322	1	0.03937	1333.22
33.864	25.400	1	33863.95
0.001	0.00075	0.00003	1

五、能量

各种能量单位换算表

尔格(erg)	焦耳(J)	千克重米	瓦特小时	卡(cal)
1	10^{-7}	1.02×10^{-8}	2.78×10^{-11}	2.39×10^{-8}
10^7	1	0.102	2.78×10^{-4}	0.239
9.81×10^7	9.81	1	2.73×10^{-3}	2.34
3.6×10^{10}	3.6×10^3	367	1	860
4.18×10^7	4.18	0.427	1.16×10^{-3}	1

六、常用物理量的单位

常用物理量的单位

单位制 / 单位 / 物理量	cm · g · s 制		m · kg · s 制	
加速度		$cm \cdot s^{-2}$		$m \cdot s^{-2}$
密度		$g \cdot cm^{-3}$		$kg \cdot m^{-3}$
力	dyne(达因)	$g \cdot cm \cdot s^{-2}$	N	$kg \cdot m \cdot s^{-2}$
气压	hPa ($1\ hPa = 10^3 g \cdot cm^{-1} \cdot s^{-2}$)	$dyne \cdot cm^{-2}$ $g \cdot cm^{-1} \cdot s^{-2}$	N/m^2	$10^2 kg \cdot m^{-1} \cdot s^{-2}$
能量	erg	$dyne \cdot cm$ $g \cdot cm^2 \cdot s^{-2}$	J	$N \cdot m$ $kg \cdot m^2 \cdot s^{-2}$
比能	erg/g	$cm^2 \cdot s^{-2}$	J/kg	$m^2 \cdot s^{-2}$

附表 2   等压面地转风速查算表

(等高线间隔:40 gpm;风速:m/s)

等高线距离 纬距 \ 纬度	10	15	20	25	30	35	40	45	50	55	60	65	70	75	80	85
0.6	232.1	155.7	117.9	95.4	80.8	70.3	62.7	57.0	52.6	49.2	46.5	44.5	42.9	41.7	40.9	40.5
0.7	199.0	133.5	101.0	81.8	69.1	60.2	53.7	48.9	45.1	42.2	39.9	38.1	36.8	35.8	35.1	34.7
0.8	174.1	116.8	88.4	71.5	60.5	52.7	47.0	42.8	39.5	36.9	34.9	33.4	32.2	31.3	30.7	30.3
0.9	154.8	103.8	78.8	63.6	53.7	46.9	41.8	38.0	35.1	32.8	31.0	29.7	28.6	27.8	27.3	27.0
1.0	139.3	93.4	70.7	57.2	48.4	42.2	37.6	34.2	31.6	29.5	27.9	26.7	25.7	25.0	24.6	24.3
1.1	126.6	84.9	64.3	52.0	44.0	38.3	34.2	31.1	28.7	26.8	25.4	24.3	23.4	22.8	22.3	22.1
1.2	116.1	77.9	58.9	47.7	40.3	35.1	31.4	28.5	26.3	24.6	23.3	22.2	21.4	20.9	20.5	20.2
1.3	107.1	71.9	54.4	44.0	37.2	32.4	28.9	26.3	24.3	22.7	21.5	20.5	19.8	19.3	18.9	18.7
1.4	99.5	56.7	50.5	40.9	34.5	30.1	26.9	24.4	22.6	21.1	19.9	19.1	18.4	17.9	17.5	17.3
1.5	92.9	62.3	47.1	38.2	32.2	28.1	25.1	22.8	21.0	19.7	18.6	17.8	17.2	16.7	16.4	16.2
1.6	87.0	58.4	44.2	35.8	30.2	26.4	23.5	21.4	19.7	18.5	17.5	16.7	16.1	15.6	15.3	15.2
1.7	81.9	55.0	41.6	33.7	28.5	24.8	22.1	20.1	18.6	17.4	16.4	15.7	15.1	14.7	14.4	14.3
1.8	77.4	51.9	39.3	31.8	26.9	23.4	20.9	19.0	17.5	16.4	15.5	14.8	14.3	13.9	13.6	13.5
1.9	73.3	49.2	37.2	30.1	25.5	22.2	19.8	18.0	16.6	15.5	14.7	14.0	13.5	13.2	12.9	12.8
2.0	69.9	46.7	35.4	28.6	24.2	21.1	18.8	17.1	15.8	14.8	14.0	13.3	12.9	12.5	12.3	12.1
2.1	66.3	44.5	33.7	27.3	23.0	20.1	17.9	16.3	15.0	14.1	13.3	12.7	12.3	11.9	11.7	11.6
2.2	63.3	42.5	32.1	26.0	22.0	19.2	17.1	15.5	14.4	13.4	12.7	12.1	11.7	11.4	11.2	11.0
2.3	60.6	40.6	30.7	24.9	21.0	18.3	16.4	14.9	13.7	12.8	12.1	11.6	11.2	10.9	10.7	10.6
2.4	58.0	38.9	29.5	23.8	20.2	17.6	15.7	14.3	13.2	12.3	11.6	11.1	10.7	10.4	10.2	10.1
2.5	55.7	37.4	28.3	22.9	19.3	16.9	15.0	13.7	12.6	11.8	11.2	10.7	10.3	10.0	9.8	9.7
2.6	53.6	35.9	27.2	22.0	18.6	16.2	14.5	13.2	12.1	11.4	10.7	10.3	9.9	9.6	9.4	9.3
2.7	51.6	34.6	26.2	21.2	17.9	15.8	13.9	12.7	11.7	10.9	10.3	9.9	9.5	9.3	9.1	9.0
2.8	49.7	33.4	25.3	20.4	17.3	15.1	13.4	12.2	11.3	10.5	10.0	9.5	9.2	8.9	8.8	8.7
2.9	48.0	32.2	24.4	19.7	16.7	14.5	13.0	11.8	10.9	10.2	9.6	9.2	8.9	8.6	8.5	8.4
3.0	46.4	31.1	23.6	19.1	16.1	14.1	12.5	11.4	10.5	9.8	9.3	8.9	8.6	8.3	8.2	8.1
3.5	39.8	26.7	20.2	16.4	13.8	12.0	10.7	9.8	9.0	8.4	8.0	7.6	7.4	7.2	7.0	6.9
4.0	34.8	23.4	17.7	14.3	12.1	10.5	9.4	8.6	7.9	7.4	7.0	6.7	6.4	6.3	6.1	6.0
4.5	31.0	20.8	15.7	12.7	10.7	9.4	8.4	7.6	7.0	6.6	6.2	5.9	5.7	5.6	5.5	5.4
5.0	27.9	18.7	14.1	11.4	9.7	8.4	7.5	6.8	6.3	5.9	5.6	5.3	5.1	5.0	4.9	4.9
6.0	23.2	15.6	11.8	9.5	8.1	7.0	6.3	5.7	5.3	4.9	4.7	4.4	4.3	4.2	4.1	4.0
7.0	19.9	13.3	10.1	8.2	6.9	6.0	5.4	4.9	4.5	4.2	4.0	3.8	3.7	3.6	3.5	3.5
8.0	17.4	11.7	8.8	7.2	6.0	5.3	4.7	4.3	3.9	3.7	3.5	3.3	3.2	3.1	3.1	3.0
9.0	15.5	10.4	7.9	6.4	5.4	4.7	4.2	3.8	3.5	3.3	3.1	3.0	2.9	2.8	2.7	2.7
10.0	13.9	9.3	7.1	5.7	4.8	4.2	3.8	3.4	3.2	3.0	2.8	2.7	2.6	2.5	2.5	2.4

注:

①本表是根据公式 $V_s = 8.81795 \times 10^{-5} \dfrac{1}{f} \dfrac{\Delta H}{\Delta n}$ 制成,ΔH 取 40 gpm,Δn 以纬距为单位,V_s 以 m/s 为单位。只要已知相邻两等高线之间的距离和计算点的地理纬度,即可在表中查出 V_s 值。

②由于本表仅给出每隔 5 个纬度的 V_s 值,对于其他纬度的 V_s 值须用内插法求得。

③本表也适用于其他的间隔,因为 V_s 正比于 ΔH 而反比于 Δn。例如,假定两等高线间的位势高度差 $\Delta H = 80$ gpm,则其 V_s 值须用 $\dfrac{80}{40} = 2$ 乘以表中查得值才可得到。如果要求 Δn 更大一些,如 15 纬距,则其 V_s 值须用 $\dfrac{10}{15}$ 乘以表中按 10 纬距所得的 V_s 值,才可得到。

附表 3　等高面地转风速查算表

（等压线间隔：5 hPa；风速：m/s）

等压线距离（纬距） / 纬度	10	15	20	25	30	35	40	45	50	55	60	65	70	75	80	85
0.6	296.1	198.6	150.3	121.7	102.8	89.6	80.0	72.7	67.1	62.8	59.4	56.7	54.7	53.2	52.2	51.6
0.7	253.8	170.3	128.8	104.3	88.1	76.8	68.6	62.3	57.5	53.8	50.9	48.6	46.9	45.6	44.7	44.2
0.8	222.1	149.0	112.7	91.2	77.1	67.2	60.6	54.5	50.3	47.1	44.5	42.5	41.0	39.9	39.2	38.7
0.9	197.4	132.4	100.2	81.1	68.6	59.8	53.3	48.5	44.7	41.8	39.6	37.8	36.5	35.5	34.8	34.4
1.0	177.6	119.2	90.2	73.0	61.7	53.3	48.0	43.6	40.3	37.7	35.6	34.0	32.8	31.9	31.3	31.0
1.1	161.5	108.4	82.0	66.4	56.1	48.9	43.6	39.7	36.6	34.2	32.4	30.9	29.8	29.0	28.5	28.2
1.2	148.0	99.3	75.2	60.8	51.4	44.8	40.0	36.4	33.6	31.4	29.7	28.4	27.4	26.6	26.1	25.8
1.3	136.7	91.7	69.4	56.1	47.5	41.4	36.9	33.6	31.0	29.0	27.4	26.2	25.3	24.6	24.1	23.8
1.4	126.9	85.1	64.4	52.1	44.1	38.4	34.3	31.2	28.8	26.9	25.4	24.3	23.4	22.8	22.4	22.1
1.5	118.4	79.5	60.1	48.7	41.1	35.9	32.0	29.1	26.8	25.1	23.7	22.7	21.9	21.3	20.9	20.6
1.6	111.0	74.5	56.4	45.6	38.6	33.6	30.0	27.3	25.2	23.5	22.3	21.3	20.5	20.0	19.6	19.4
1.7	104.5	70.1	53.1	42.9	36.3	31.6	28.2	25.7	23.7	22.2	21.0	20.0	19.3	18.8	18.4	18.2
1.8	98.7	66.2	50.1	40.6	34.3	29.9	26.7	24.2	22.4	20.9	19.8	18.9	18.2	17.7	17.4	17.2
1.9	93.5	62.7	47.5	38.4	32.5	28.3	25.3	23.0	21.2	19.3	18.7	17.9	17.3	16.8	16.5	16.3
2.0	88.8	59.6	45.1	36.5	30.8	26.9	24.0	21.8	20.1	18.8	17.6	17.0	16.4	16.0	15.7	15.5
2.1	84.6	56.8	42.9	34.8	29.4	25.6	22.9	20.8	19.2	17.9	17.0	16.2	15.6	15.2	14.9	14.7
2.2	80.7	54.2	41.0	33.2	28.0	24.4	21.8	19.8	18.3	17.1	16.2	15.5	14.9	14.5	14.2	14.1
2.3	77.2	51.8	39.2	31.7	26.8	23.4	20.9	19.0	17.5	16.4	15.5	14.8	14.2	13.8	13.6	13.5
2.4	74.0	49.7	37.6	30.4	25.7	22.4	20.0	18.2	16.8	15.7	14.8	14.2	13.7	13.3	13.1	12.9
2.5	71.1	47.7	36.1	29.1	24.7	21.5	19.2	17.5	16.1	15.1	14.2	13.6	13.1	12.8	12.5	12.4
2.6	68.3	45.8	34.7	28.1	23.7	20.7	18.5	16.8	15.5	14.5	13.7	13.1	12.6	12.3	12.0	11.9
2.7	65.8	44.1	33.4	27.0	22.9	19.9	17.8	16.2	14.9	13.9	13.2	12.6	12.2	11.8	11.6	11.5
2.8	63.4	42.6	32.2	26.1	22.0	19.2	17.1	15.6	14.4	13.4	12.7	12.2	11.7	11.4	11.2	11.1
2.9	61.3	41.1	31.1	25.2	21.3	18.5	16.5	15.0	13.9	13.0	12.3	11.7	11.3	11.0	10.8	10.7
3.0	59.2	39.7	30.1	24.3	20.6	17.9	16.0	14.5	13.4	12.6	11.9	11.3	10.9	10.6	10.4	10.3
3.5	50.8	34.1	25.8	20.9	17.8	15.4	13.7	12.5	11.5	10.8	10.2	9.7	9.4	9.1	8.9	8.8
4.0	44.4	29.8	22.5	18.2	15.4	13.4	12.0	10.9	10.1	9.4	8.9	8.5	8.2	8.0	7.8	7.7
4.5	39.5	26.5	20.2	16.2	13.7	12.0	10.7	9.7	8.9	8.4	7.9	7.6	7.3	7.1	7.0	6.9
5.0	35.5	23.8	18.0	14.6	12.3	10.8	9.6	8.7	8.1	7.5	7.1	6.8	6.6	6.4	6.3	6.2
6.0	29.6	19.9	15.0	12.2	10.3	9.0	8.0	7.3	6.7	6.3	5.9	5.7	5.5	5.3	5.2	5.1
7.0	25.4	17.0	12.9	10.4	8.8	7.7	6.9	6.2	5.8	5.4	5.1	4.9	4.7	4.6	4.5	4.4
8.0	22.2	14.9	11.3	9.1	7.7	6.7	6.0	5.5	5.0	4.7	4.5	4.3	4.1	4.0	3.9	3.9
9.0	19.7	13.2	10.0	8.1	6.9	6.0	5.3	4.8	4.5	4.2	4.0	3.8	3.6	3.5	3.5	3.4
10.0	17.8	11.9	9.0	7.3	6.2	5.4	4.8	4.4	4.0	3.7	3.5	3.4	3.3	3.2	3.1	3.1

注：

①本表是根据公式 $V_s=8.9979\times10^{-4}\frac{1}{f\rho}\frac{\Delta P}{\Delta n}$ 制成，ΔP 取 5 hPa，Δn 以纬距为单位，ρ 采用 1 kg/m³，V_s 以 m/s 为单位。已知相邻两等压线之间的距离和计算点的地理纬度，即可在表中查出 V_s 值。

②本表仅给出每隔 5 个纬度的 V_s 值，对于其他纬度的 V_s 值须用内插法求得。

③本表的空气密度采用 1 kg/m³（相当于 2 km 上空气的平均密度），对于任意密度的 V_s 值须用以 kg/m³ 为单位的密度除以表中查得值才能得到。

④本表也适用于其他间隔，原理与附表 2 说明相同。

⑤任意等压面上空气的平均密度可由克拉珀龙方程求取。为应用方便，将气体状态方程（克拉珀龙方程）改写成如下形式：

$$\frac{1/R}{T}=\frac{\rho}{P}$$

式中：R 为干空气气体常数；T 为绝对温度；ρ 为大气密度，单位为 kg/m³；P 为大气压力，单位为 hPa。已知 P、T 则可用上式求取 ρ。例：设 500 hPa 高度上气温为 0℃；则根据上式求得大气密度为 0.64 kg/m³。

附表 4　u,v 分量查算表

风速值V (m/s)	分速符号 −u−v		风向角度值(°) 0(90)		10(80)		20(70)		30(60)		40(50)	
	符号 +u+v		180(270)		190(260)		200(250)		210(240)		220(230)	
	风速分量值 (m/s)		u(v)	v(u)	u(v)	v(u)	u(v)	v(u)	u(v)	v(u)	u(v)	v(u)
1			0	1.0	0.2	1.0	0.2	0.9	0.5	0.9	0.6	0.8
2			0	2.0	0.3	2.0	0.7	1.9	1.0	1.7	1.3	1.5
3			0	3.0	0.5	3.0	1.0	2.0	1.5	2.6	1.9	2.3
4			0	4.0	0.7	3.9	1.4	3.6	2.0	3.4	2.6	3.1
5			0	5.0	0.9	4.9	1.7	4.7	2.5	4.3	3.2	3.8
6			0	6.0	1.0	5.9	2.1	5.6	3.0	5.2	3.9	4.6
7			0	7.0	1.2	6.9	2.4	6.6	3.5	6.1	4.5	5.4
8			0	8.0	1.4	7.9	2.7	7.8	4.0	6.9	5.1	6.1
9			0	9.0	1.6	8.9	3.0	8.5	4.5	7.8	5.8	6.9
10			0	10.0	1.7	9.8	3.4	9.4	5.0	8.7	6.4	7.7
11			0	11.0	1.0	10.8	8.2	10.3	5.5	9.5	7.1	3.4
12			0	12.0	2.1	11.8	4.1	11.3	6.0	10.4	7.7	9.2
13			0	13.0	2.3	12.3	4.4	12.2	6.5	11.3	8.4	10.0
14			0	14.0	2.4	13.8	4.8	13.3	7.0	12.1	9.0	10.7
15			0	15.0	2.6	14.8	5.1	14.1	7.5	13.0	9.6	11.5
16			0	16.0	2.8	15.8	5.4	15.0	8.0	13.9	10.2	12.3
17			0	17.0	3.0	16.7	5.8	16.6	8.5	14.7	10.9	13.0
18			0	18.0	3.1	17.7	6.2	16.9	9.0	15.6	11.6	13.8
19			0	19.0	3.2	18.7	6.5	17.9	9.5	16.5	12.2	14.6
20			0	20.0	3.5	19.7	6.8	18.8	10.0	17.8	12.9	15.3
21			0	21.0	3.6	20.7	7.2	19.3	10.5	18.2	13.5	16.1
22			0	22.0	3.8	21.7	7.5	20.7	11.0	19.1	14.1	16.9
23			0	23.0	4.0	22.7	7.9	21.0	11.5	19.8	14.8	17.6
24			0	24.0	4.2	23.6	8.2	22.8	12.0	20.8	15.4	18.4
25			0	25.0	4.3	24.6	8.6	23.5	12.5	21.7	16.1	19.2
26			0	26.0	4.5	25.6	8.9	24.4	13.0	22.5	16.7	19.9
27			0	27.0	4.7	26.6	9.2	25.4	13.5	23.4	17.4	20.7
28			0	28.0	4.9	27.6	9.6	26.9	14.0	24.2	18.0	21.4
29			0	29.0	5.0	28.6	10.0	27.8	14.5	25.1	18.6	22.2
30			0	30.0	5.2	29.6	10.3	28.2	15.0	26.0	19.2	23.0
31			0	31.0	5.4	30.5	10.6	29.1	15.5	26.8	19.9	23.7
32			0	32.0	5.6	31.5	10.9	30.1	16.0	27.7	20.6	24.5
33			0	33.0	5.7	32.5	11.3	31.0	16.5	28.6	21.2	25.3
34			0	34.0	5.9	33.5	11.6	31.9	17.0	29.4	21.9	26.0
35			0	35.0	6.1	34.5	12.6	32.9	17.5	30.2	22.5	26.8
	风速分量值 (m/s)		u(v)	v(u)	u(v)	v(u)	u(v)	v(u)	u(v)	v(u)	u(v)	v(u)
风速值V (m/s)	分速符号 −u+v		180(90)		170(100)		160(110)		150(120)		140(130)	
	符号 +u−v		360(270)		350(280)		340(290)		330(300)		320(310)	
	风向角度值(°)											

续表

风速值V (m/s)	分速符号 / 风速分量值 (m/s)		风向角度值(°) 0(90) 180(270)		10(80) 190(260)		20(70) 200(250)		30(60) 210(240)		40(50) 220(230)	
			u(v)	v(u)	u(v)	v(u)	u(v)	v(u)	u(v)	v(u)	u(v)	v(u)
36			0	36.0	6.2	35.5	12.3	33.8	18.0	31.2	23.1	27.6
37			0	37.0	6.4	36.4	12.7	34.8	18.5	32.0	23.8	28.3
38			0	38.0	6.6	37.4	13.0	35.7	19.0	32.9	24.4	29.1
39			0	39.0	6.8	38.4	13.3	36.6	19.5	33.8	25.1	29.9
40			0	40.0	6.9	39.4	13.7	37.6	20.0	34.6	25.7	30.6
41			0	41.0	7.1	40.4	14.0	38.5	20.5	35.5	26.4	31.4
42			0	42.0	7.3	41.4	14.4	39.5	21.0	36.4	27.0	32.2
43			0	43.0	7.5	42.4	14.7	40.4	21.5	37.2	27.6	32.9
44			0	44.0	7.6	43.3	15.1	41.3	22.0	38.1	28.3	33.7
45			0	45.0	7.8	44.3	15.4	42.3	22.5	39.0	28.9	34.5
46			0	46.0	8.0	45.2	15.7	43.2	23.0	39.3	29.6	35.2
47			0	47.0	8.2	46.3	16.1	44.2	23.5	40.7	30.2	36.0
48			0	48.0	8.3	47.3	16.4	45.1	24.0	41.5	30.9	36.8
49			0	49.0	8.5	48.3	16.8	46.0	24.5	42.4	31.5	37.5
50			0	50.0	8.7	49.3	17.1	47.0	25.0	43.3	32.1	38.3
51			0	51.0	8.9	50.2	17.5	47.9	25.5	44.2	32.8	39.1
52			0	52.0	9.0	51.2	17.8	48.9	26.0	45.0	33.4	39.8
53			0	53.0	9.2	52.2	18.1	49.8	26.5	45.9	34.1	40.5
54			0	54.0	9.4	53.2	18.5	50.7	27.0	46.8	34.7	41.3
55			0	55.0	9.6	54.2	18.8	51.7	27.5	47.6	35.4	42.1
56			0	56.0	9.7	55.2	19.2	52.6	28.0	48.5	36.0	42.9
57			0	57.0	9.9	56.2	19.5	53.6	28.5	49.4	36.6	43.7
58			0	58.0	10.1	57.1	19.9	54.5	29.0	50.2	37.3	44.4
59			0	59.0	10.3	58.1	20.2	55.4	29.5	51.1	37.9	45.2
60			0	60.0	10.4	59.1	20.5	56.4	30.0	52.0	38.6	46.0
61			0	61.0	10.6	60.1	20.9	57.3	30.5	52.8	39.2	46.7
62			0	62.0	10.8	61.1	21.2	58.3	31.0	53.7	39.9	47.5
63			0	63.0	10.9	62.1	21.6	59.2	31.5	54.6	40.5	48.3
64			0	64.0	11.1	63.1	21.9	60.1	32.0	55.4	41.1	49.0
65			0	65.0	11.3	64.0	22.2	61.1	32.5	56.3	41.8	49.8
66			0	66.0	11.5	65.0	22.6	62.0	33.0	57.2	42.4	50.6
67			0	67.0	11.6	66.0	22.9	63.0	33.5	58.0	43.1	51.3
68			0	68.0	11.8	67.0	23.3	63.9	34.0	58.9	43.7	52.1
69			0	69.0	12.0	68.0	23.6	64.8	34.5	59.8	44.4	52.9
70			0	70.0	12.2	69.0	23.9	65.8	35.0	60.6	45.0	53.6
风速值V (m/s)	风速分量值 (m/s) / 分速符号		u(v) -u+v 180(90)	v(u) +u-v 360(270)	u(v) 170(100)	v(u) 350(280)	u(v) 160(110)	v(u) 340(290)	u(v) 150(120)	v(u) 330(300)	u(v) 140(130)	v(u) 320(310)

风向角度值(°)

续表

风速值 V (m/s)	分速符号	-u-v +u+v	0(90) 180(270)		10(80) 190(260)		20(70) 200(250)		30(60) 210(240)		40(50) 220(230)	
		风速分量值 (m/s)	u(v)	v(u)	u(v)	v(u)	u(v)	v(u)	u(v)	v(u)	u(v)	v(u)
71			0	71.0	12.3	69.9	24.3	66.7	35.5	61.5	45.6	54.4
72			0	72.0	12.5	70.9	24.6	67.7	36.0	62.4	46.3	55.2
73			0	73.0	12.7	71.9	25.0	88.6	36.5	63.2	46.9	55.9
74			0	74.0	12.8	72.9	25.3	69.5	37.0	64.1	47.6	56.7
75			0	75.0	13.0	73.9	25.7	70.5	37.5	65.0	48.2	57.5
76			0	76.0	13.2	74.8	26.0	71.4	38.0	65.8	48.9	58.2
77			0	77.0	13.4	75.8	26.3	72.4	38.5	66.7	49.5	59.0
78			0	78.0	13.5	76.8	26.7	73.3	39.0	67.5	50.1	59.7
79			0	79.0	13.7	77.8	27.0	74.2	39.5	68.5	50.8	60.5
80			0	80.0	13.9	78.8	27.4	75.2	40.0	69.3	51.4	61.3
81			0	81.0	14.1	79.8	27.7	76.1	40.5	70.1	52.1	62.0
82			0	82.0	14.2	80.6	28.0	77.1	41.0	71.0	52.7	62.8
83			0	83.0	14.4	81.7	28.4	78.0	41.5	71.9	53.4	63.4
84			0	84.0	14.6	82.7	28.7	78.9	42.0	72.7	54.0	64.3
85			0	85.0	14.8	83.7	29.1	79.9	42.5	73.6	54.6	65.1
86			0	86.0	14.9	84.7	29.4	80.8	43.0	74.5	55.3	65.9
87			0	87.0	15.1	85.7	29.8	81.8	43.5	75.3	55.9	66.6
88			0	88.0	15.3	86.7	30.1	82.7	44.0	76.2	56.6	67.4
89			0	89.0	15.5	87.6	30.4	83.6	44.5	77.1	57.2	68.2
90			0	90.0	15.7	88.6	30.8	84.6	45.0	77.9	57.9	68.9
风速值 V (m/s)	分速符号	风速分量值 (m/s)	u(v)	v(u)	u(v)	v(u)	u(v)	v(u)	u(v)	v(u)	u(v)	v(u)
		-u+v +u-v	180(90) 360(270)		170(100) 350(280)		160(110) 340(290)		150(120) 330(300)		140(130) 320(310)	
			风向角度值(°)									

注:

①"风速值 V"栏内的风速系指实测风之全风速。

②u、v 分量值在"风向角度值"栏内按所给定的风向角度,顺列查找。加括号的风向角度,应按加括号的 u、v 查找,u、v 分量的符号由该风向角度所在那一个行左端之分速符号确定。

③举例:如风的电码为 03010,则 u=-5 m/s,v=-8.7 m/s。

附表 5　兰勃特投影和极射赤面投影的放大率 m 及 m²/f 随纬度变化查算表

φ	兰勃特投影 (标准纬度 30°、60°)		极射赤面投影 (标准纬度 60°)		φ	兰勃特投影 (标准纬度 30°、60°)		极射赤面投影 (标准纬度 60°)	
	m	$\dfrac{m^2}{f}$ $(10^5\,s)$	m	$\dfrac{m^2}{f}$ $(10^5\,s)$		m	$\dfrac{m^2}{f}$ $(10^5\,s)$	m	$\dfrac{m^2}{f}$ $(10^5\,s)$
0	1.293		1.865		45	0.966	0.0905	1.093	1.1587
1	1.267	6.2904	1.833	131.6183	46	0.966	0.0890	1.085	1.1233
2	1.252	3.0808	1.803	63.8915	47	0.966	0.0875	1.078	1.0902
3	1.237	2.0068	1.772	41.1790	48	0.966	0.0861	1.070	1.0572
4	1.228	1.4698	1.744	29.8859	49	0.967	0.0850	1.063	1.0273
5	1.210	1.1516	1.715	23.1336	50	0.968	0.0839	1.056	0.9983
6	1.197	0.9404	1.689	18.7234	51	0.970	0.0830	1.049	0.9712
7	1.184	0.7888	1.662	15.5436	52	0.972	0.0822	1.043	0.9467
8	1.172	0.6774	1.638	13.2200	53	0.974	0.0815	1.037	0.9239
9	1.161	0.5911	1.613	11.5866	54	0.977	0.0809	1.031	0.9008
10	1.150	0.5225	1.589	9.9754	55	0.980	0.0804	1.026	0.8809
11	1.139	0.4663	1.566	8.8156	56	0.983	0.0799	1.020	0.9805
12	1.128	0.4574	1.545	7.8748	57	0.987	0.0797	1.014	0.8414
13	1.118	0.3807	1.523	7.0706	58	0.991	0.0794	1.009	0.8237
14	1.108	0.3481	1.502	6.3966	59	0.995	0.0792	1.004	0.8064
15	1.099	0.3201	1.482	6.0857	60	1.000	0.0790	1.000	0.7918
16	1.090	0.2954	1.462	5.3193	61	1.005	0.0792	0.995	0.7771
17	1.081	0.2741	1.443	4.8820	62	1.012	0.0795	0.990	0.7621
18	1.073	0.2555	1.425	4.5072	63	1.019	0.0799	0.986	0.7484
19	1.065	0.2399	1.407	4.1700	64	1.026	0.0803	0.982	0.7367
20	1.058	0.2245	1.390	3.8747	65	1.034	0.0809	0.978	0.7235
21	1.051	0.2114	1.373	3.6075	66	1.042	0.0815	0.974	0.7122
22	1.044	0.1996	1.357	3.3696	67	1.051	0.0823	0.971	0.7025
23	1.037	0.1886	1.342	3.1616	68	1.061	0.0833	0.968	0.6930
24	1.031	0.1793	1.326	2.9652	69	1.072	0.0844	0.965	0.6842
25	1.025	0.1721	1.311	2.8056	70	1.084	0.0858	0.962	0.6750
26	1.019	0.1640	1.297	2.6302	71	1.097	0.0873	0.959	0.6669
27	1.014	0.1553	1.283	2.4868	72	1.111	0.0890	0.956	0.6589
28	1.009	0.1487	1.269	2.3526	73	1.126	0.0909	0.954	0.6529
29	1.004	0.1426	1.256	2.2318	74	1.143	0.0932	0.951	0.6450
30	1.000	0.1372	1.244	2.1226	75	1.161	0.0964	0.949	0.6392
31	0.996	0.1321	1.231	2.0178	76	1.182	0.0988	0.947	0.6338
32	0.992	0.1274	1.219	1.9274	77	1.205	0.1022	0.945	0.6284
33	0.988	0.1254	1.208	1.8402	78	1.231	0.1070	0.943	0.6236
34	0.985	0.1202	1.196	1.7551	79	1.260	0.1116	0.941	0.6188
35	0.982	0.1153	1.185	1.6797	80	1.293	0.1164	0.939	0.6140
36	0.979	0.1118	1.175	1.6129	81	1.330	0.1235	0.938	0.6110
37	0.976	0.1086	1.164	1.5467	82	1.374	0.1308	0.937	0.6080
38	0.974	0.1057	1.155	1.4872	83	1.426	0.1405	0.936	0.6055
39	0.972	0.1030	1.145	1.4097	84	1.488	0.1527	0.935	0.6029
40	0.970	0.1004	1.136	1.3802	85	1.566	0.1688	0.934	0.6004
41	0.969	0.0992	1.126	1.3263	86	1.668	0.1920	0.934	0.5996
42	0.968	0.0960	1.118	1.2819	87	1.810	0.2256	0.934	0.5992
43	0.967	0.0940	1.109	1.2386	88	2.030	0.2828	0.933	0.5972
44	0.966	0.0921	1.101	1.1968	89	2.471	0.4189	0.933	0.5971
					90			0.933	0.5971

附表 6　地转参数和罗斯贝数随纬度变化查算表

φ	f	β	φ	f	β	φ	f	β	φ	f	β
	$\times 10^{-4}$	$\times 10^{-11}$		$\times 10^{-4}$	$\times 10^{-11}$		$\times 10^{-4}$	$\times 10^{-11}$		$\times 10^{-4}$	$\times 10^{-11}$
0	0.0000	2.289	23	0.5699	2.107	46	1.0491	1.590	69	1.3616	0.820
1	0.0255	2.289	24	0.5932	2.091	47	1.0606	1.561	70	1.3705	0.783
2	0.0500	2.288	25	0.6164	2.075	48	1.0838	1.532	71	1.3790	0.745
3	0.0763	2.286	26	0.6393	2.057	49	1.1007	1.502	72	1.3870	0.707
4	0.1017	2.284	27	0.6621	2.040	50	1.1172	1.471	73	1.3947	0.669
5	0.1271	2.280	28	0.6847	2.021	51	1.1334	1.441	74	1.4019	0.631
6	0.1524	2.277	29	0.7071	2.002	52	1.1493	1.409	75	1.4087	0.592
7	0.1777	2.272	30	0.7292	1.982	53	1.1647	1.378	76	1.4151	0.554
8	0.2030	2.267	31	0.7511	1.962	54	1.1799	1.345	77	1.4210	0.515
9	0.2281	2.261	32	0.7728	1.941	55	1.1947	1.313	78	1.4266	0.476
10	0.2533	2.254	33	0.7943	1.920	56	1.2091	1.280	79	1.4316	0.437
11	0.2783	2.247	34	0.8155	1.898	57	1.2231	1.247	80	1.4363	0.397
12	0.3022	2.239	35	0.8365	1.875	58	1.2368	1.213	81	1.4405	0.358
13	0.3281	2.230	36	0.8572	1.852	59	1.2501	1.179	82	1.4442	0.319
14	0.3528	2.221	37	0.8777	1.828	60	1.2630	1.145	83	1.4476	0.279
15	0.3775	2.211	38	0.8979	1.804	61	1.2756	1.110	84	1.4504	0.239
16	0.4020	2.200	39	0.9178	1.779	62	1.2877	1.075	85	1.4529	0.200
17	0.4264	2.189	40	0.9375	1.754	63	1.2995	1.089	86	1.4549	0.160
18	0.4507	2.177	41	0.9568	1.728	64	1.3108	1.003	87	1.4564	0.120
19	0.4748	2.164	42	0.9759	1.701	65	1.3218	1.967	88	1.4575	0.080
20	0.4988	2.151	43	0.9946	1.674	66	1.3323	0.931	89	1.4582	0.040
21	0.5227	2.137	44	1.0131	1.647	67	1.3425	0.894	90	1.4584	0.000
22	0.5463	2.122	45	1.0313	1.619	68	1.3522	0.858			

注：φ：纬度，单位为度；f：地转参数，$f=2\omega\sin\varphi$，单位为 s^{-1}；β：罗斯贝数，$\beta=\dfrac{2\omega\cos\varphi}{R}$，单位为 $m^{-1}\cdot s^{-1}$。

附表 7　沙瓦特指数($SI=$

($T-T_d$ 850) T_s T_{850}	0	1	2	3	4	5	6	7	8	9	10	11	12	13	14	15	16	17
30	13.8	12.9	12.0	11.0	9.7	8.6	7.7	6.8	5.8	4.8	3.8	2.7	2.0	1.3	0.3	−0.5	−1.0	−1.5
29	12.5	11.6	10.6	9.5	8.3	7.3	6.5	5.5	4.5	3.5	2.5	1.8	1.0	0.0	−0.8	−1.3	−1.8	−2.5
28	11.5	10.4	9.0	8.0	7.0	6.2	5.2	4.3	3.3	2.3	1.5	0.5	−0.3	−1.0	−1.5	−2.2	−3.0	−3.8
27	10.0	8.6	7.6	6.6	5.8	4.8	4.0	3.0	2.0	1.1	0.2	−0.5	−1.3	−1.9	−2.6	−3.4	−4.3	−5.0
26	8.5	7.2	6.4	5.4	4.4	3.6	2.6	1.8	0.8	0.0	−0.8	−1.8	−2.3	−3.0	−3.9	−4.8	−5.5	−6.3
25	7.0	6.0	5.0	4.0	3.3	2.3	1.4	0.4	−0.5	−1.4	−2.0	−2.8	−3.5	−4.4	−5.4	−6.0	−6.9	−7.3
24	5.7	4.8	3.8	3.0	2.0	1.0	0.0	−0.8	−1.6	−2.2	−3.0	−3.8	−4.7	−5.5	−6.3	−7.1	−7.9	−8.5
23	4.3	3.5	2.5	1.5	0.5	−0.2	−1.0	−1.8	−2.5	−3.5	−4.2	−5.0	−6.0	−6.5	−7.5	−8.3	−8.8	−9.5
22	3.0	2.2	1.1	0.0	−0.8	−1.5	−2.2	−3.0	−4.0	−4.8	−5.5	−6.5	−7.1	−8.0	−8.8	−9.5	−10.0	−10.8
21	2.0	0.8	−0.4	−1.0	−1.8	−2.8	−3.5	−4.5	−5.2	−6.0	−7.0	−7.8	−8.5	−9.3	−10.0	−10.7	−11.5	−12.0
20	−0.2	−0.7	−1.5	−2.3	−3.2	−4.0	−5.0	−5.7	−6.6	−7.5	−8.2	−9.0	−9.9	−10.5	−11.2	−11.9	−12.6	−13.2
19	−1.0	−1.7	−2.5	−3.5	−4.5	−5.5	−6.0	−7.0	−8.0	−8.7	−9.5	−10.4	−11.0	−11.8	−12.5	−13.2	−14.0	−14.5
18	−2.0	−3.0	−3.9	−4.9	−5.9	−6.6	−7.5	−8.6	−9.3	−10.0	−10.8	−11.5	−12.3	−13.0	−13.8	−14.5	−15.2	−15.8
17	−3.5	−4.5	−5.3	−6.3	−7.1	−8.3	−9.2	−9.9	−10.5	−11.5	−12.0	−12.9	−13.7	−14.5	−15.0	−15.8	−16.5	−17.0
16	−5.0	−6.0	−6.9	−7.8	−8.8	−9.7	−10.3	−11.0	−12.0	−12.8	−13.6	−14.5	−15.0	−15.7	−16.5	−17.0	−17.8	−18.1
15	−6.4	−7.3	−8.1	−9.3	−10.0	−10.7	−11.5	−12.5	−13.2	−14.0	−15.0	−15.5	−16.5	−17.0	−17.8	−18.5	−18.8	−19.4
14	−8.0	−8.9	−9.7	−10.5	−11.3	−12.2	−13.0	−14.0	−14.8	−15.5	−16.5	−17.0	−17.8	−18.5	−19.0	−19.4	−20.0	−20.8
13	−9.4	−10.2	−11.0	−12.0	−12.7	−13.6	−14.5	−15.3	−16.5	−17.0	−17.8	−18.5	−19.0	−19.8	−20.0	−20.8	−21.3	−22.0
12	−10.8	−11.8	−12.5	−13.3	−14.2	−15.3	−16.0	−17.0	−17.8	−18.5	−19.0	−19.8	−20.5	−20.7	−21.5	−22.0	−22.7	−23.2
11	−12.5	−13.2	−14.1	−15.0	−16.0	−16.7	−17.8	−18.5	−19.1	−19.7	−20.4	−20.8	−21.5	−22.0	−22.7	−23.5	−24.0	−24.5
10	−13.8	−15.0	−15.8	−16.5	−17.5	−18.0	−18.8	−19.5	−20.5	−20.8	−21.5	−22.2	−22.8	−23.1	−24.2	−24.7	−25.3	
9	−15.6	−16.3	−17.2	−18.0	−18.8	−19.8	−20.3	−20.8	−21.5	−22.2	−22.9	−23.5	−24.2	−25.0	−25.4	−26.0		
8	−16.8	−17.9	−18.7	−19.6	−20.3	−20.8	−21.5	−22.2	−23.0	−23.5	−24.2	−25.0	−25.6	−26.1	−26.8			
7	−18.6	−19.2	−20.0	−20.8	−21.5	−22.2	−23.0	−23.5	−24.1	−25.0	−25.6	−26.1	−26.8	−27.5				
6	−19.8	−20.7	−21.5	−22.2	−23.0	−23.7	−24.5	−24.8	−25.6	−26.1	−26.8	−27.5	−28.3					
5	−21.5	−22.2	−23.0	−23.5	−24.5	−25.3	−25.5	−26.1	−26.8	−27.7	−28.3	−28.9						
4	−23.0	−23.5	−24.5	−25.3	−26.0	−26.2	−26.8	−27.7	−28.4	−28.9	−29.8							
3	−24.5	−25.3	−26.0	−26.5	−26.9	−27.5	−28.4	−29.1	−30.0	−30.7								
2	−26.0	−26.5	−27.3	−27.6	−28.3	−29.1	−30.0	−30.8	−31.5									
1	−27.3	−28.0	−28.4	−29.1	−30.0	−30.8	−31.6	−32.3										
0	−29.0	−29.3	−30.3	−30.9	−31.8	−32.5	−33.2											
−1	−30.2	−30.9	−31.8	−32.8	−33.3	−34.0												
−2	−31.6	−32.8	−33.5	−34.0	−34.7													
−3	−33.7	−34.1	−34.8	−35.5														
−4	−34.8	−35.5	−36.1															
−5	−36.1	−36.8																
−6	−37.5																	

$T_{500} - T_s$)中的 T_s 参数查算表

18	19	20	21	22	23	24	25	26	27	28	29	30	31	32	33	34	35	36
-2.3	-3.2	-3.8	-4.3	-5.0	-5.8	-6.5	-7.0	-7.5	-8.0	-8.5	-9.0	-9.8	-10.1	-10.6	-11.2	-12.0	-12.4	-12.8
-3.5	-4.0	-4.8	-5.5	-6.0	-6.8	-7.5	-8.0	-8.5	-9.0	-9.5	-10.0	-10.8	-11.2	-12.0	-12.4	-12.8	-13.2	
-4.5	-5.3	-6.0	-6.5	-7.2	-7.8	-8.2	-9.0	-9.5	-10.0	-10.5	-11.3	-12.0	-12.6	-13.1	-13.2	-13.8		
-5.8	-6.5	-7.0	-7.5	-8.3	-9.0	-9.6	-10.0	-10.5	-11.0	-11.8	-12.5	-13.1	13.5	-13.8	-14.3			
-7.0	-7.5	-8.0	-8.8	-9.5	-10.0	10.5	-11.0	-11.8	-12.4	-13.0	-13.7	-14.0	-14.3	-14.8				
-8.0	-8.6	-9.5	-10.0	-10.5	-10.8	-11.8	-12.0	-12.9	-13.4	-14.2	-14.5	-14.8	-15.3					
-9.0	-9.8	-10.3	-10.9	-11.5	-12.0	-12.6	-13.4	-14.0	-14.7	-15.1	-15.5	-16.0						
-10.0	-10.8	-11.5	-12.0	-12.6	-13.2	-13.8	-14.5	-15.1	-15.5	-16.0	-16.5							
-11.5	-12.0	-12.6	-13.2	-14.0	-14.4	-15.0	-15.5	-16.0	-16.5	-17.2								
-12.6	-13.2	-14.0	-14.5	-14.9	-15.5	-16.0	-16.6	-17.2	-18.0									
-14.0	-14.5	-15.0	-15.5	-16.2	-16.8	-17.4	-18.0	-18.8										
-15.1	-15.5	-16.1	-17.0	-17.5	-18.2	-18.8	-19.5											
-16.5	-16.8	-17.5	18.2	-18.8	-19.5	-20.0												
-17.5	-18.2	-18.8	-19.5	-20.0	-20.8													
-18.7	-19.5	-20.0	-20.8	-21.3														
-20.0	-20.8	-21.3	-22.0															
-21.3	-22.0	-22.5																
-22.5	-23.2																	
-24.0																		

附表 8 标准等压面上的位温(θ)查算表

位温(K) / 气压(hPa) 温度(℃)	850	700	500	300	200	100	50	30	20	10
−100						334.3	407.5	471.6	529.5	645.5
−99					275.8	336.3	409.5	474.3	532.6	649.2
−98					277.4	338.2	412.2	477.0	535.6	652.9
−97					279.0	340.1	414.6	479.8	538.7	656.7
−96					280.6	342.0	416.9	482.5	541.7	660.5
−95					282.2	344.0	419.3	485.2	544.8	664.1
−94					283.8	345.9	421.7	487.9	547.9	667.8
−93					285.3	347.8	424.0	490.6	550.9	671.6
−92					286.9	349.8	426.4	493.4	554.0	675.3
−91					288.5	351.7	428.7	496.1	557.0	679.0
−90					290.1	353.6	431.1	498.8	560.1	682.7
−89				259.8	291.7	355.6	433.4	501.5	563.1	686.5
−88				261.2	293.3	357.5	435.8	504.3	566.2	690.2
−87				262.6	294.8	359.4	438.1	507.0	569.3	693.9
−86				264.0	296.4	361.4	440.5	509.7	572.3	697.7
−85				265.4	298.0	363.3	442.8	512.4	575.4	701.4
−84				266.8	299.6	365.2	445.2	515.2	578.4	705.1
−83				268.2	301.2	367.1	447.5	517.9	581.5	708.8
−82				269.7	302.8	369.1	449.9	520.6	584.5	712.6
−81				271.1	304.3	371.0	452.2	523.3	587.6	716.3
−80				272.5	305.9	372.9	454.6	526.1	590.7	720.0
−79	203.4	215.0	236.7	273.9	307.5	374.9	457.0	528.8	593.7	723.8
−78	204.4	216.1	237.9	275.3	309.1	376.8	459.3	531.5	596.8	727.5
−77	205.5	217.2	239.1	276.7	310.7	378.7	461.7	534.2	599.8	731.2
−76	206.5	218.3	240.3	278.1	312.3	380.7	464.0	536.9	602.9	734.9
−75	207.6	219.4	241.6	279.5	313.8	382.6	466.4	539.7	606.0	738.7
−74	208.6	220.5	242.8	280.9	315.4	384.5	468.7	542.4	609.0	742.4
−73	209.7	221.6	244.0	282.3	317.0	386.4	471.1	545.1	612.1	746.1
−72	210.7	222.7	245.2	283.8	318.6	388.4	473.4	547.8	615.1	749.8
−71	211.8	223.9	246.4	285.2	320.2	390.3	475.8	550.6	618.2	753.6
−70	212.8	225.0	247.7	286.6	321.8	392.2	478.1	553.3	621.2	757.3
−69	213.9	226.1	248.9	288.0	323.3	394.2	480.5	556.0	624.3	761.0
−68	214.9	227.2	250.1	289.4	324.9	396.1	482.8	558.7	627.4	764.8
−67	216.0	228.3	251.3	290.8	326.5	398.0	485.2	561.5	630.4	768.5
−66	217.0	229.4	252.5	292.2	328.1	400.0	487.6	564.1	633.5	772.2
−65	218.0	230.5	253.7	293.6	329.7	401.9	489.9	566.9	636.5	775.9
−64	219.1	231.6	255.0	295.0	331.3	403.8	492.3	569.6	639.6	779.7
−63	220.1	232.7	256.2	296.5	332.9	405.8	494.6	572.3	642.6	783.4
−62	221.2	233.8	257.4	297.9	334.4	407.7	497.0	575.1	645.7	787.1
−61	222.2	234.9	258.6	299.3	336.0	409.6	499.3	577.8	648.8	790.8
−60	223.3	236.0	259.8	300.7	337.6	411.5	501.7	580.5	651.8	794.6
−59	224.3	237.1	261.1	302.1	339.2	413.4	504.0	583.2	654.9	798.3
−58	225.4	238.2	262.3	303.5	340.8	415.4	506.4	586.0	657.9	802.0
−57	226.4	239.4	263.5	304.9	342.4	417.3	508.7	588.7	661.0	805.8
−56	227.5	240.5	264.7	306.3	343.9	419.2	511.1	591.4	664.1	809.5

位温(K) 气压(hPa)温度(℃)	850	700	500	300	200	100	50	30	20	10
−55	228.5	241.6	265.9	307.7	345.5	421.2	513.4	594.1	667.1	813.2
−54	229.6	242.7	267.2	309.1	347.1	423.1	515.8	596.9	670.2	816.9
−53	230.6	243.8	268.4	310.6	348.7	425.1	518.1	599.6	673.2	820.7
−52	231.7	244.9	269.6	312.0	350.3	427.0	520.5	602.3	676.3	824.4
−51	232.7	246.0	270.8	313.4	351.9	428.9	522.9	605.0	679.3	828.1
−50	233.8	247.1	272.0	314.8	353.4	430.9	525.2	607.8	682.4	831.9
−49	234.8	248.2	273.3	316.2	355.0	432.8	527.6	610.5	685.5	835.6
−48	235.9	249.3	274.5	317.6	356.6	434.7	529.9	613.2	688.5	839.3
−47	236.9	250.4	275.7	319.0	358.2	436.6	532.3	615.9	691.6	843.0
−46	238.0	251.5	276.9	320.4	359.8	438.6	534.6	618.6	694.6	846.8
−45	239.0	252.6	278.1	321.8	361.4	440.5	537.0	621.4	697.7	850.5
−44	240.0	253.7	279.3	323.3	362.9	442.4	539.3	624.1	700.7	854.2
−43	241.1	254.9	280.6	324.7	364.5	444.4	541.7	626.8	703.8	857.9
−42	242.1	256.0	281.6	326.1	366.1	446.3	544.0	629.5	706.9	861.7
−41	243.2	257.1	283.0	327.5	367.7	448.2	546.4	632.3	709.9	865.4
−40	244.2	258.2	284.2	328.9	369.3	450.2	548.7	635.0	713.0	869.1
−39	245.3	259.3	285.4	330.3	370.9	452.1	551.1	637.7	716.0	872.9
−38	246.3	260.4	286.7	331.7	372.4	454.0	553.4	640.4	719.1	876.6
−37	247.4	261.5	287.9	333.1	374.0	456.0	555.8	643.2	722.2	880.3
−36	248.4	262.6	289.1	334.5	375.6	457.9	558.2	645.9	725.2	884.0
−35	249.5	263.7	290.3	335.9	377.2	459.8	560.5	648.6	728.3	887.8
−34	250.5	264.8	291.5	337.4	378.8	461.7	562.9	651.3	731.3	891.5
−33	251.6	265.9	292.8	338.8	380.4	463.7	565.2	654.1	734.4	895.2
−32	252.6	267.0	294.0	340.2	381.9	465.6	567.6	656.8	737.4	898.9
−31	253.7	268.1	295.2	341.6	383.5	467.5	569.9	659.5	740.5	902.7
−30	254.7	269.3	296.4	343.0	385.1	469.5	572.3	662.2	743.6	906.4
−29	255.8	270.4	297.6	344.4	386.7	471.4	574.6	664.9	746.6	910.1
−28	256.8	271.5	298.9	345.8	388.3	473.3	577.0	667.7	749.7	913.9
−27	257.9	272.6	300.1	347.2	389.9	475.3	579.3	670.4	752.7	917.6
−26	258.9	273.7	301.3	348.6	391.5	477.2	581.7	673.1	755.8	921.3
−25	259.9	274.8	302.5	350.1	393.0	478.1	584.0	675.8	758.8	925.0
−24	261.0	275.9	303.7	351.5	394.6	481.1	586.4	678.6	761.9	928.8
−23	262.0	277.0	304.9	352.9	396.2	483.0	588.8	681.3	765.0	932.5
−22	263.1	278.1	306.2	354.3	397.8	484.9	591.1	684.0	768.0	936.2
−21	264.1	279.2	307.4	355.7	399.4	486.8	593.5	686.7	771.1	940.0
−20	265.2	280.3	308.6	357.1	401.0	488.8	595.3	689.5	774.1	943.7
−19	266.2	281.4	309.8	358.5	402.5	490.7	598.2	692.2	777.2	947.4
−18	267.3	282.5	311.0	359.9	404.1	492.6	600.5	694.9	780.3	951.1
−17	268.3	283.6	312.3	361.3	405.7	494.6	602.9	697.6	783.3	954.9
−16	269.4	284.8	313.5	362.7	407.3	496.5	605.2	700.3	786.4	958.6
−15	270.4	285.9	314.7	364.2	408.9	498.4	607.6	703.1	789.4	962.3
−14	271.5	287.0	315.9	365.6	410.5	500.4	609.9	705.8	792.5	966.0
−13	272.5	288.1	317.1	367.0	412.0	502.3	612.3	708.5	795.5	969.8
−12	273.6	289.2	318.4	368.4	413.6	504.2	614.6	711.2	798.6	973.5
−11	274.6	290.3	319.6	369.8	415.2	506.2	617.0	714.0	801.7	977.2

续表

位温（K）　气压（hPa） 温度（℃）	850	700	500	300	200	100	50	30	20	10
−10	275.7	291.4	320.8	371.2	416.8	508.1	619.3	716.7	804.7	981.0
−9	276.7	292.5	322.0	372.6	418.4	510.0	621.7	719.4	807.8	984.7
−8	277.8	293.6	323.2	374.0	420.0	511.9	624.1	722.1	810.8	988.4
−7	278.8	294.7	324.4	375.4	421.5	513.9	626.4	724.9	813.9	992.1
−6	279.9	295.8	325.7	376.9	423.1	515.8	628.8	727.6	816.9	995.9
−5	280.9	296.9	326.9	378.3	424.7	517.7	631.1	730.3	820.0	999.6
−4	281.9	298.0	328.1	379.7	426.3	519.7	633.5	733.0	823.1	1003.3
−3	283.0	299.1	329.3	381.1	427.9	521.6	635.8	735.8	826.1	1007.0
−2	284.0	300.3	330.5	382.5	429.5	523.5	638.2	738.5	829.2	1010.8
−1	285.1	301.4	331.8	383.9	431.0	525.5	640.5	741.2	832.2	1014.5
0	286.1	302.5	333.0	385.3	432.6	527.4	642.9	743.9	835.3	1018.2
1	287.2	303.6	334.2	386.7	434.2					
2	288.2	304.7	335.4	388.1	435.8					
3	289.3	305.8	336.6	389.6	437.4					
4	290.3	306.9	337.0	391.0	439.0					
5	291.4	308.0	339.1	392.4	440.6					
6	292.4	309.1	340.3	393.8	442.1					
7	293.5	310.2	341.5	395.2	443.7					
8	294.5	311.3	342.7	396.6	445.3					
9	295.6	312.4	344.0	398.0	446.9					
10	296.6	313.5	345.2	399.4	448.5					
11	297.7	314.7	346.4	400.8	450.1					
12	298.7	315.8	347.6	402.2	451.6					
13	299.8	316.9	348.8	403.7	453.2					
14	300.8	318.0	350.0	405.1	454.8					
15	301.8	319.1	351.3	406.5	456.4					
16	302.9	320.2	352.5	407.9	458.0					
17	303.9	321.3	353.7	409.3	459.6					
18	305.0	322.4	354.9	410.7	461.1					
19	306.0	323.5	356.1	412.1	462.7					
20	307.1	324.6	357.4							
21	308.1	325.7	358.6							
22	309.2	326.8	359.8							
23	310.2	372.9	361.0							
24	311.3	329.0	362.2							
25	312.3	330.2	363.5							
26	313.4	331.3	364.7							
27	314.4	332.4	365.9							
28	315.5	333.5	367.1							
29	316.5	334.6	368.3							
30	317.6	335.7	369.6							

附表 9　　P= 850 hPa θ_{se}查算表

（单位：℃）

θ_{se} / t	\multicolumn{6}{c}{$t-t_d$}						\multicolumn{6}{c}{$t-t_d$}						\multicolumn{6}{c}{$t-t_d$}					
	0	1	2	3	4	5	6	7	8	9	10	11	12	13	14	15	16	17
25	1110			985	948	913	881	850	822	795	769	745	723	702	682	663	646	629
24	1053		972	936	901	869	838	810	783	757	734	711	690	671	652	634	618	603
23	999	960	923	889	857	826	798	771	746	722	700	679	659	641	623	607	591	577
22	948	911	877	845	814	786	759	734	710	688	667	648	629	612	596	580	566	552
21	899	865	833	802	774	747	722	699	677	656	636	618	601	584	569	555	541	529
20	853	821	791	762	736	711	687	665	644	625	607	589	573	558	544	530	517	506
19	809	779	750	724	699	676	654	633	614	595	578	562	547	532	519	506	495	483
18	767	739	712	687	664	642	622	602	584	567	551	536	521	508	495	484	473	462
17	727	700	676	652	631	610	591	573	555	539	524	510	497	484	473	462	451	441
16	689	664	641	619	599	579	561	544	528	513	499	486	473	462	451	440	431	421
15	652	629	608	587	568	550	533	517	502	488	475	462	451	440	429	420	411	402
14	618	596	576	557	539	522	506	491	477	464	451	440	429	418	409	400	391	383
13	584	564	545	527	510	495	480	466	452	440	429	418	407	398	389	380	372	347
12	553	534	516	499	483	468	454	441	429	418	407	396	387	378	370	362	354	347
11	522	504	488	472	457	443	430	418	406	396	386	376	367	359	351	343	337	330
10	493	476	461	446	432	419	407	395	385	375	365	356	348	340	333	326	319	313
9	465	450	435	421	408	396	384	374	364	354	345	337	329	322	315	300	303	297
8	438	424	410	397	385	373	363	353	343	334	326	318	311	304	298	292	286	265
7	412	399	386	374	362	352	342	332	324	315	307	300	293	287	281	275	270	265
6	388	375	363	351	341	331	321	313	304	297	289	283	276	270	265	260	255	250
5	364	352	340	330	320	311	302	294	286	279	272	266	260	254	249	244	239	235
4	341	329	319	309	300	291	283	275	268	261	255	249	243	238	233	229	225	221
3	318	308	298	289	280	272	264	257	250	244	238	233	227	223	218	214	210	192
2	297	287	278	269	361	253	246	239	233	227	222	217	212	207	203	199	196	192
1	276	267	258	250	243	235	229	222	217	211	206	201	197	193	189	185	182	178
0	256	247	239	232	225	218	212	206	200	195	191	186	182	178	174	171	168	165
−1	236	228	211	214	207	201	195	190	185	180	175	171	167	164	160	157	154	151
−2	218	210	203	196	190	184	179	174	169	165	161	157	153	150	146	143	140	138
−3	199	192	186	179	174	168	163	158	154	150	146	143	139	136	133	130	127	125
−4	181	175	169	163	158	153	148	143	139	135	132	129	125	122	119	117	114	112
−5	164	158	152	147	142	137	133	129	125	121	118	115	112	109	106	104	101	99
−6	147	141	136	131	126	122	118	114	111	107	104	101	98	95	93	91	89	87
−7	131	125	120	116	111	107	104	100	97	93	90	88	85	82	80	78	76	74
−8	115	110	105	101	97	93	89	86	83	80	77	74	72	70	67	66	64	62
−9	99	94	90	86	82	79	75	72	69	66	64	61	59	57	55	53	52	50
−10	84	79	75	72	68	65	62	59	56	53	51	48	46	44	43	41	40	38
−11	69	65	61	58	54	51	48	45	43	40	38	36	34	32	31	29	28	26
−12	54	50	47	44	40	37	35	32	30	27	25	23	22	20	18	17	15	15
−13	40	36	33	30	27	24	21	19	17	15	13	11	9	8	7	5	4	3
−14	26	22	19	16	13	11	8	6	4	2	1	−1	−3	−4	−5	−6	−7	−8
−15	12	9	6	3	0	−2	−4	−6	−8	−10	−12	−13	−14	−16	−17	−18	−19	−20

θ_{se} / t	$t-t_d$ 18	19	20	21	22	23	$t-t_d$ 24	25	26	27	28	29	$t-t_d$ 30	32	34	36	38	40
25	614	599	586	573	561	549	539	529	519	511	502	495	487	474	463	453	444	436
24	588	574	562	550	538	528	518	508	500	492	484	477	470	458	447	438	430	422
23	563	551	539	527	517	507	498	489	481	473	466	459	453	441	431	423	415	408
22	540	528	516	506	496	487	478	470	462	455	448	442	436	426	416	408	401	394
21	517	505	495	485	476	467	459	451	444	438	431	426	420	410	402	394	387	381
20	494	484	474	465	456	448	441	434	427	421	415	409	404	395	387	380	373	368
19	473	463	454	445	437	430	423	416	410	404	399	394	389	380	373	366	360	355
18	452	443	435	427	419	412	405	399	393	388	383	378	374	366	359	352	347	342
17	432	424	416	408	401	395	388	383	377	372	367	363	359	352	345	339	334	329
16	413	405	397	390	384	378	372	367	362	357	352	348	344	337	331	325	321	317
15	394	387	380	373	367	361	356	351	346	342	336	334	330	323	318	312	308	304
14	376	369	362	356	350	345	340	335	331	327	323	320	316	310	304	300	296	292
13	358	352	345	340	334	329	325	320	316	313	309	306	302	296	291	287	283	280
12	341	335	329	324	319	314	310	306	302	298	295	292	289	283	279	275	271	268
11	324	318	313	308	303	299	295	291	288	284	281	278	275	270	266	262	259	256
10	308	302	297	293	288	284	281	277	274	271	267	265	262	257	253	250	247	246
9	292	287	282	278	274	270	267	263	260	257	254	251	249	245	241	238	235	233
8	276	271	267	263	259	256	253	249	246	244	241	239	236	232	229	226	224	222
7	261	257	253	249	245	242	239	236	233	230	228	226	224	220	217	214	212	210
6	246	242	238	235	231	228	225	222	220	217	215	213	211	208	205	203	201	199
5	231	228	224	221	218	215	212	209	207	205	203	201	199	196	193	191	189	188
4	217	214	210	207	204	201	199	196	194	192	190	188	187	184	182	180	178	177
3	203	200	196	193	191	188	186	184	182	180	178	176	175	172	170	168	167	166
2	189	186	183	180	178	175	173	171	169	167	166	164	163	161	159	157	156	155
1	175	172	169	167	165	162	160	159	157	155	154	153	151	149	147	146	145	144
0	162	159	156	154	152	150	148	146	145	143	142	141	140	133	136	135	134	133
−1	148	146	144	141	139	138	136	134	133	132	130	129	128	126	125	124	123	122
−2	135	133	131	129	127	125	124	122	121	120	119	118	117	115	114	113	112	111
−3	122	120	118	116	115	113	112	110	109	108	107	106	105	104	103	102	101	101
−4	110	108	106	104	103	101	100	99	98	97	96	95	94	93	92	91	90	90
−5	97	95	94	92	91	89	88	87	86	85	84	84	83	82	81	80	80	79
−6	85	83	82	80	79	78	77	76	75	74	73	73	72	71	70	69	69	69
−7	73	71	70	68	67	66	65	64	63	63	62	61	61	60	59	59	58	58
−8	61	59	58	57	56	55	54	53	52	52	51	50	50	49	49	48	48	47
−9	49	47	46	45	44	43	42	42	41	40	40	39	39	38	38	37	37	37
−10	37	36	35	34	33	32	31	31	30	29	29	29	28	28	27	27	26	26
−11	25	24	23	22	21	21	20	19	19	19	18	18	17	17	16	16	16	15
−12	14	13	12	11	10	10	9	8	8	8	7	7	7	6	6	5	5	5
−13	2	1	0	0	−1	−1	−2	−3	−3	−3	−4	−4	−4	−5	−5	−5	−5	−6
−14	−9	−10	−11	−11	−12	−13	−13	−13	−14	−14	−14	−15	−15	−15	−16	−16	−16	−16
−15	−21	−21	−22	−22	−23	−23	−24	−24	−25	−25	−25	−25	−26	−26	−26	−26	−27	−27

注:本表中数值最后一位为小数。

附表 10　P= 700 hPa θ_{se} 查算表

（单位：℃）

θ_{se} \ t	$t-t_d$						$t-t_d$						$t-t_d$					
	0	1	2	3	4	5	6	7	8	9	10	11	12	13	14	15	16	17
20	1189						968	939	912	886	862	839	818	798	779	762	745	730
19	1133				987	956	927	899	874	850	827	806	786	767	750	733	718	678
18	1080			974	943	914	887	862	838	815	794	774	755	738	722	706	692	678
17	1030	995	962	931	902	875	849	825	803	782	762	744	726	710	694	680	667	654
16	982	949	918	889	862	837	813	791	770	750	32	714	698	683	668	655	642	630
15	936	906	877	850	825	801	779	758	738	720	702	686	671	657	643	631	619	608
14	893	865	838	812	789	767	746	726	708	690	674	659	645	632	619	607	596	586
13	852	825	800	777	754	734	714	696	679	662	647	633	620	607	596	585	574	565
12	813	788	764	742	722	702	684	667	651	636	621	608	596	584	573	563	553	544
11	776	752	730	709	690	672	655	639	624	610	596	584	572	562	551	542	533	525
10	740	718	697	678	660	643	627	612	598	585	572	561	550	540	530	521	513	505
9	706	685	666	648	631	615	600	586	573	561	549	538	528	519	510	502	494	487
8	673	654	636	619	603	588	575	561	549	538	527	517	507	499	490	482	475	468
7	642	624	607	592	577	563	550	538	526	515	505	496	487	479	471	464	457	451
6	612	595	580	565	551	538	526	514	504	494	484	476	467	460	452	446	439	434
5	584	568	553	539	526	514	503	492	482	473	464	456	448	441	434	428	422	417
4	556	541	528	515	503	491	481	471	461	453	444	437	430	423	417	411	405	400
3	530	516	503	491	480	469	459	450	441	433	425	418	412	405	400	394	389	384
2	504	491	479	468	458	448	438	430	422	414	407	400	394	388	383	378	373	369
1	480	468	456	446	436	427	418	410	403	396	389	383	377	372	367	362	357	353
0	456	445	434	425	415	407	399	391	384	378	371	366	360	355	351	346	342	338
−1	433	423	413	404	395	387	380	373	366	360	354	349	344	339	335	331	327	323
−2	411	402	392	384	376	368	361	355	349	343	338	333	328	324	319	315	312	308
−3	390	381	372	364	357	350	343	337	332	326	321	317	312	308	304	300	297	294
−4	369	361	353	346	339	332	326	320	315	310	305	301	297	293	289	286	283	280
−5	349	341	334	327	321	315	309	304	299	294	290	286	282	278	275	271	268	266
−6	330	323	316	309	303	298	292	288	283	279	274	270	267	263	260	257	255	252
−7	311	304	298	292	286	281	276	272	267	263	259	256	252	249	246	243	241	239
−8	293	287	281	275	270	265	260	256	252	248	244	241	238	235	232	230	227	225
−9	275	269	264	258	254	249	245	241	237	233	230	227	224	221	219	216	214	212
−10	258	252	247	242	238	234	229	226	222	219	215	213	210	207	205	203	201	199
−11	241	236	231	227	222	218	214	211	207	204	201	199	196	194	192	190	188	186
−12	225	220	215	211	207	203	199	196	193	190	187	185	183	181	179	177	175	174
−13	208	204	200	196	192	188	185	182	179	176	174	172	170	168	166	164	163	161
−14	193	189	184	181	177	174	171	168	165	163	160	158	156	155	153	152	150	149
−15	177	173	169	166	163	159	157	154	152	149	147	145	144	142	140	139	138	137
−16	162	158	155	151	148	145	143	140	138	136	134	132	131	129	128	127	126	125
−17	147	143	140	137	134	132	129	127	125	123	121	120	118	117	116	115	114	113
−18	132	129	126	123	120	118	116	114	112	110	109	107	106	105	103	102	102	101
−19	118	115	112	109	107	105	103	101	99	97	96	95	93	92	91	90	90	89
−20	103	101	98	96	94	91	90	88	86	85	84	82	81	80	79	79	78	77

θ_{se} / t	$t-t_d$						$t-t_d$						$t-t_d$					
	18	19	20	21	22	23	24	25	26	27	28	29	30	32	34	36	38	40
20	715	702	689	677	666	655	645	636	627	619	612	605	598	586	576	567	558	551
19	690	677	665	654	644	634	625	616	608	600	593	587	581	570	560	551	543	537
18	666	654	643	632	622	613	605	597	589	582	576	569	564	553	544	536	529	523
17	642	631	621	611	602	593	585	578	571	564	558	552	547	538	529	521	514	509
16	619	609	599	590	582	574	566	559	553	547	541	536	531	522	513	506	500	495
15	597	588	579	570	562	555	548	542	535	530	525	520	515	506	499	492	486	482
14	576	567	569	551	544	537	530	524	519	513	508	504	499	491	484	478	473	468
13	556	547	540	532	525	519	513	507	502	497	493	488	484	476	470	464	459	455
12	536	528	521	514	507	501	496	491	486	481	477	473	469	462	456	450	446	442
11	517	509	503	496	490	485	479	475	470	466	461	457	454	447	442	437	433	430
10	498	491	485	479	473	468	463	459	454	450	446	443	439	433	428	424	420	417
9	480	473	468	462	457	452	448	443	439	435	431	428	425	419	415	411	407	405
8	462	456	451	446	441	436	432	428	424	420	417	414	411	406	402	398	395	395
7	440	439	434	429	425	421	416	413	409	406	403	400	397	392	388	385	382	380
6	428	423	418	414	409	405	401	398	394	391	389	386	384	379	376	373	370	368
5	412	407	402	398	394	390	387	383	380	377	375	372	370	366	363	360	358	356
4	396	391	387	383	379	375	372	369	366	364	361	359	357	353	350	348	346	344
3	380	376	372	368	364	361	358	355	352	350	348	346	344	341	338	336	334	332
2	364	360	357	353	350	347	344	341	339	337	335	333	331	328	326	324	322	321
1	349	345	342	339	336	333	330	328	326	324	322	320	318	316	313	312	310	309
0	334	331	327	324	322	319	317	314	312	311	309	307	306	303	301	300	298	297
−1	319	316	313	310	308	305	303	301	299	298	296	295	294	291	289	288	287	286
−2	305	302	299	297	294	292	290	288	287	285	284	282	281	279	278	276	275	274
−3	291	288	285	283	281	279	277	275	274	273	271	270	269	267	266	264	264	263
−4	277	274	272	270	268	266	264	263	261	260	259	258	257	255	254	253	252	252
−5	263	261	259	257	255	253	252	250	249	248	247	246	245	244	242	241	241	240
−6	250	248	246	244	242	241	239	238	237	236	235	234	233	232	231	230	229	229
−7	236	234	233	231	229	228	227	226	225	224	223	222	221	220	219	219	218	218
−8	223	221	220	218	217	216	215	214	213	212	211	210	210	209	208	207	207	206
−9	210	209	207	206	205	203	202	201	201	200	199	199	198	197	196	196	195	195
−10	198	196	195	193	192	191	190	190	189	188	187	187	186	186	185	185	184	184
−11	185	184	182	181	180	179	178	178	177	176	176	175	175	174	174	173	173	173
−12	173	171	170	169	168	167	167	166	165	165	164	164	163	163	162	162	162	161
−13	160	159	158	157	156	155	155	154	154	153	153	152	152	152	151	151	150	150
−14	148	147	146	145	144	144	143	143	142	142	141	141	141	140	140	139	139	139
−15	136	135	134	133	133	132	131	131	131	130	130	130	129	129	129	128	128	128
−16	124	123	122	122	121	120	120	119	119	119	119	118	118	118	117	117	117	117
−17	112	111	110	110	109	109	108	108	108	107	107	107	107	106	106	106	106	106
−18	100	99	99	98	98	97	97	97	96	96	96	96	95	95	95	95	95	94
−19	88	88	87	87	86	86	86	85	85	85	85	84	84	84	84	84	83	83
−20	77	76	75	75	75	74	74	74	74	74	73	73	73	73	73	72	72	72

注：本表中数值最后一位为小数。

附表 11　P= 500 hPa θ_{se}查算表

（单位：℃）

θ_{se} / t	$t-t_d$						$t-t_d$						$t-t_d$					
	0	1	2	3	4	5	6	7	8	9	10	11	12	13	14	15	16	17
6	1070	1043	1017	994	972	951	932	914	897	881	866	852	839	827	816	805	796	786
5	1029	1004	981	959	938	919	901	884	868	853	839	827	815	803	793	783	774	765
4	991	967	945	925	906	888	871	855	840	827	814	802	791	780	770	761	753	745
3	954	932	912	893	875	858	842	801	788	801	789	778	768	758	748	740	732	725
2	919	899	879	862	845	829	815	801	788	776	765	755	745	736	728	720	713	706
1	885	866	849	832	816	802	788	776	764	753	742	733	724	715	707	700	693	686
0	853	836	819	803	789	775	763	751	740	730	720	711	703	695	688	681	674	668
−1	823	806	791	776	763	750	738	727	717	707	698	690	682	675	668	662	655	649
−2	793	778	763	750	737	726	715	704	695	686	678	670	663	656	649	643	637	632
−3	765	750	737	724	713	702	692	682	673	665	657	650	643	637	630	625	619	614
−4	738	724	712	700	689	679	670	661	652	645	638	631	624	618	612	607	602	597
−5	711	699	687	676	666	657	648	640	632	625	618	612	606	600	595	590	585	581
−6	686	675	664	654	644	636	627	620	613	606	599	593	587	582	577	573	568	565
−7	662	651	641	632	623	615	607	600	593	587	581	575	570	565	560	556	552	549
−8	638	628	619	610	602	595	588	581	574	568	563	557	552	548	544	540	536	533
−9	616	606	598	590	582	575	568	562	556	550	545	540	536	531	528	524	521	518
−10	594	585	577	570	563	556	549	543	538	533	528	523	519	515	512	508	505	503
−11	573	565	557	550	544	537	531	525	520	515	511	507	503	499	496	493	490	488
−12	552	544	538	531	525	519	513	508	503	498	494	491	487	484	481	478	476	473
−13	532	525	519	512	506	501	495	491	486	482	478	475	471	469	466	463	461	459
−14	513	506	500	494	488	483	478	474	470	466	462	459	456	454	451	449	447	445
−15	494	487	481	476	471	466	461	457	454	450	447	444	441	439	436	434	433	431
−16	475	469	463	458	453	449	445	441	438	434	432	429	426	424	422	420	419	417
−17	456	451	446	441	437	433	429	425	422	419	417	414	412	410	408	406	405	403
−18	438	433	429	424	420	417	413	410	407	404	402	400	398	396	394	392	391	390
−19	421	416	412	408	404	401	398	395	392	390	387	385	383	382	380	379	378	376
−20	404	400	396	392	388	385	382	380	377	375	373	371	370	368	367	365	364	363
−21	387	383	380	376	373	370	368	365	363	361	359	357	356	354	353	352	351	350
−22	371	367	364	361	358	355	353	351	349	347	345	344	342	341	340	339	338	337
−23	355	352	348	346	343	341	338	336	334	333	331	330	329	328	326	326	325	324
−24	339	336	333	331	328	326	324	322	321	319	318	316	315	314	313	313	312	311
−25	324	321	318	316	314	312	310	308	307	305	304	303	302	301	300	300	299	298
−26	309	306	304	302	300	298	296	295	293	292	291	290	289	288	287	287	286	286
−27	294	291	289	287	285	284	282	281	280	279	278	277	276	275	275	274	274	273
−28	279	277	275	273	272	270	269	267	266	265	264	264	263	262	262	261	261	261
−29	265	263	261	259	258	256	255	254	253	252	251	251	250	250	249	249	248	248
−30	250	249	247	246	244	243	242	241	240	239	239	238	237	237	237	236	236	236

续表

θ_{se} / t	$t-t_d$						$t-t_d$						$t-t_d$					
	18	19	20	21	22	23	24	25	26	27	28	29	30	32	34	36	38	40
6	778	770	763	756	749	742	736	731	726	721	717	712	709	702	697	692	688	685
5	757	750	746	736	730	724	718	713	709	704	700	696	693	687	682	678	674	671
4	738	731	724	717	712	706	701	696	692	688	684	681	678	672	667	663	660	658
3	718	711	705	699	694	689	684	680	675	672	668	665	662	657	653	650	647	644
2	699	693	687	681	676	672	667	663	659	656	653	650	647	643	639	636	633	631
1	680	674	669	664	659	655	651	647	644	641	638	635	633	629	625	622	620	618
0	662	656	651	647	642	638	635	631	628	625	623	620	618	614	611	609	607	605
−1	644	639	634	630	626	623	619	616	613	611	608	606	604	601	598	595	593	592
−2	627	622	618	614	610	607	604	601	598	596	594	592	590	587	584	582	580	579
−3	610	605	602	598	595	591	589	586	584	582	580	578	576	573	571	569	568	567
−4	593	589	586	582	579	576	574	571	569	567	565	564	562	560	558	556	555	554
−5	577	573	570	567	564	561	559	557	555	553	552	550	549	546	545	543	542	541
−6	561	558	555	552	549	547	545	543	541	539	538	537	535	533	532	530	530	529
−7	545	542	539	537	535	532	531	529	527	526	524	523	522	520	519	518	517	516
−8	530	527	525	522	520	518	517	515	513	512	511	510	509	507	506	505	504	504
−9	515	512	510	508	506	504	503	501	500	499	498	497	496	494	493	492	492	491
−10	500	498	496	494	492	490	489	488	486	485	484	484	483	482	481	480	479	479
−11	486	483	482	480	478	477	475	474	473	472	471	471	470	469	468	467	467	466
−12	471	469	468	466	464	463	462	461	460	459	458	458	457	456	456	455	454	454
−13	457	455	454	452	451	450	449	448	447	446	446	445	445	444	443	442	442	442
−14	443	441	440	439	438	436	436	435	434	433	433	432	432	431	431	430	430	429
−15	429	428	426	425	424	423	422	422	421	421	420	420	419	419	418	418	417	417
−16	416	414	413	412	411	410	409	409	408	408	407	407	407	406	406	405	405	405
−17	402	401	400	399	398	397	397	396	396	395	395	395	394	394	393	393	393	392
−18	389	388	387	386	385	384	384	383	383	383	382	382	382	381	381	381	380	380
−19	375	374	374	373	372	372	371	371	370	370	370	370	369	369	368	368	368	368
−20	362	361	361	360	360	359	359	358	358	358	357	357	357	356	356	356	356	356
−21	349	348	348	347	347	346	346	346	345	345	345	345	344	344	344	344	343	343
−22	336	336	335	335	334	334	333	333	333	333	332	332	332	332	332	331	331	331
−23	323	323	322	322	322	321	321	321	320	320	320	320	320	319	319	319	319	319
−24	311	310	310	309	309	309	309	308	308	308	308	308	307	307	307	307	307	307
−25	298	298	297	297	297	296	296	296	296	295	295	295	295	295	295	295	294	294
−26	285	285	285	284	284	284	284	283	283	283	283	283	283	283	282	282	282	282
−27	273	272	272	272	272	271	271	271	271	271	271	271	270	270	270	270	270	270
−28	260	260	260	259	259	259	259	259	259	258	258	258	258	258	258	258	258	258
−29	248	248	247	247	247	247	247	246	246	246	246	246	246	246	246	246	246	246
−30	235	235	235	235	234	234	234	234	234	234	234	234	234	234	233	233	233	233

注:本表中数值最后一位为小数。

附表 12 $\dfrac{L}{C_p}q$ 查算表

（单位：℃）

$a\dfrac{L}{C_p}q$ / t_d	ap 1000 hPa	950 hPa	900 hPa	850 hPa	800 hPa	750 hPa	700 hPa	650 hPa	600 hPa	550 hPa	500 hPa	400 hPa	300 hPa
30	660	696	737	782									
29	622	656	694	737									
28	586	618	654	694									
27	552	582	616	654									
26	520	548	580	616									
25	490	516	546	579	617	660	709						
24	461	486	514	545	580	621	667						
23	433	457	483	513	546	584	627						
22	408	430	454	482	513	548	589						
21	383	404	427	453	482	515	553						
20	360	379	401	425	453	484	520	561					
19	338	356	377	399	425	454	488	527					
18	318	335	354	375	399	426	458	494					
17	298	314	332	352	374	400	429	463					
16	280	295	311	330	351	375	403	434					
15	262	276	292	309	329	352	377	407					
14	246	259	274	290	308	329	354	381					
13	230	243	256	272	289	309	331	357					
12	216	227	240	254	270	289	310	334					
11	202	213	225	238	253	270	290	313					
10	189	199	210	223	237	253	271	292					
9	177	186	196	208	221	236	253	273					
8	165	174	184	194	207	221	237	255					
7	154	162	171	182	193	206	221	238					
6	144	152	160	170	180	192	206	223	241				
5	134	141	149	158	168	180	193	208	225	246			
4	125	132	139	148	157	167	180	194	210	229			
3	117	123	130	138	146	156	167	180	196	214			
2	109	115	121	128	136	145	156	168	182	199			
1	101	107	113	119	127	135	145	156	170	185			
0	94	99	105	111	118	126	135	145	158	172			
−1	88	92	97	103	110	117	125	135	147	160	177		
−2	81	86	91	96	102	109	117	126	136	149	164		
−3	76	80	84	89	95	101	108	117	127	138	152		
−4	70	74	78	83	88	94	101	108	117	128	141	177	
−5	65	69	72	77	82	87	93	100	109	119	131	164	
−6	60	64	67	71	76	81	86	93	101	110	121	152	
−7	56	59	62	66	70	75	80	86	94	102	112	141	
−8	52	55	58	61	65	69	74	80	87	95	104	130	
−9	48	50	53	56	60	64	69	74	80	87	96	120	
−10	44	47	49	52	55	59	63	68	74	81	89	111	149

$a\dfrac{L}{C_p}q$ 　　 ap t_d	1000 hPa	950 hPa	900 hPa	850 hPa	800 hPa	750 hPa	700 hPa	650 hPa	600 hPa	550 hPa	500 hPa	400 hPa	300 hPa
−11	41	43	46	48	51	55	59	63	68	75	82	103	137
−12	38	40	42	45	47	51	54	58	63	69	76	95	127
−13	35	37	39	41	44	47	50	54	58	64	70	88	117
−14	32	34	36	38	40	43	46	50	54	59	65	81	108
−15	30	31	33	35	37	40	42	46	50	54	59	74	99
−16	27	29	30	32	34	36	39	42	45	49	54	68	96
−17	25	26	28	29	31	33	36	38	41	45	50	62	83
−18	23	24	25	27	28	30	32	35	38	41	45	57	76
−19	21	22	23	24	26	28	30	32	34	38	41	52	69
−20	19	20	21	22	24	25	27	29	31	34	38	47	63
−21	17	18	19	20	21	23	24	26	29	31	34	43	57
−22	16	16	17	18	19	21	22	24	26	28	31	39	52
−23	14	15	16	17	18	19	20	22	23	26	28	35	47
−24	13	13	14	15	16	17	18	20	21	24	25	32	42
−25	11	12	13	14	14	15	16	18	19	21	23	29	38
−26	10	11	12	12	13	14	15	16	17	19	21	26	35
−27	09	10	10	11	12	12	13	14	16	17	19	23	31
−28	08	09	09	10	10	11	12	13	14	15	17	21	28
−29	08	08	08	09	09	10	11	12	13	14	15	19	25
−30	07	07	07	08	08	09	10	10	11	12	13	17	22
−31	05	06	07	07	08	08	09	09	10	11	12	15	20
−32	05	06	06	06	07	07	08	08	09	10	11	13	18
−33	05	05	05	05	06	06	07	07	08	09	10	12	16
−34	04	04	05	05	05	06	06	07	07	08	09	11	14
−35									06	07	08	09	13
−36									05	06	07	08	11
−37									05	05	06	07	10
−38									04	05	05	07	09
−39									04	04	05	06	08
−40									03	04	04	05	07

注:本表中数值最后一位为小数。

附表 13 $\frac{L}{C_p}q = 1555\frac{e}{p}$ 查算表

(单位:℃)

e \\ p	1040	1020	1000	980	960	940	920	900	880	860	840	820	800	780	760	740	720	700	680	660	640	620	600
1	1.5	1.5	1.6	1.6	1.6	1.6	1.7	1.7	1.8	1.8	1.9	1.9	1.9	2.0	2.0	2.1	2.2	2.2	2.3	2.4	2.4	2.5	2.6
2	3.0	3.0	3.1	3.2	3.3	3.3	3.4	3.5	3.5	3.6	3.7	3.8	3.9	4.0	4.1	4.2	4.3	4.4	4.6	4.7	4.9	5.0	5.2
3	4.5	4.6	4.7	4.8	4.9	4.9	5.1	5.2	5.3	5.4	5.6	5.7	5.8	6.0	6.1	6.3	6.5	6.7	6.9	7.1	7.3	7.5	7.8
4	6.0	6.1	6.2	6.3	6.5	6.6	6.8	6.9	7.1	7.2	7.4	7.6	7.8	8.0	8.2	8.4	8.6	8.9	9.1	9.4	9.7	10.0	10.4
5	7.5	7.6	7.8	7.9	8.1	8.2	8.4	8.6	8.8	9.0	9.3	9.5	9.7	10.0	10.2	10.5	10.8	11.1	11.4	11.8	12.2	12.5	13.6
6	9.0	9.1	9.3	9.5	9.7	9.9	10.1	10.4	10.6	10.9	11.1	11.4	11.7	12.0	12.3	12.6	13.0	13.3	13.7	14.1	14.6	15.0	15.6
7	10.5	10.7	10.9	11.1	11.3	11.5	11.8	12.1	12.4	12.6	13.0	13.3	13.6	13.9	14.3	14.7	15.1	15.5	16.0	16.5	17.0	17.6	18.1
8	12.0	12.2	12.4	12.7	12.9	13.2	13.5	13.8	14.1	14.5	14.8	15.2	15.6	15.9	16.4	16.8	17.3	17.8	18.3	18.8	19.4	20.1	20.7
9	13.5	13.7	14.0	14.3	14.6	14.9	15.2	15.5	15.9	16.2	16.7	17.1	17.5	17.9	18.4	18.9	19.4	20.0	20.6	21.2	21.9	22.5	23.3
10	15.0	15.2	15.6	15.9	16.2	16.5	16.9	17.3	17.7	18.1	18.5	19.0	19.4	19.9	20.4	21.0	21.6	22.2	22.9	23.6	24.3	25.0	25.9
11	16.4	16.8	17.1	17.5	17.8	18.1	18.6	19.0	19.4	19.9	20.4	20.9	21.4	21.9	22.5	23.1	23.8	24.4	25.2	25.9	26.7	27.6	28.5
12	17.9	18.3	18.7	19.0	19.3	19.8	20.2	20.6	21.1	21.6	22.1	22.7	23.3	23.8	24.5	25.1	25.8	26.6	27.3	28.2	29.1	30.1	31.0
13	19.0	19.4	20.2	20.6	21.0	21.5	22.0	22.5	23.0	23.5	24.1	24.7	25.3	25.9	26.6	27.3	28.1	28.9	29.7	30.6	31.6	32.6	33.7
14	20.9	21.3	21.8	22.2	22.6	23.1	23.7	24.2	24.7	25.3	25.9	26.6	27.2	27.9	28.6	29.4	30.2	31.1	32.0	33.0	34.0	35.1	36.8
15	22.4	22.9	23.3	23.8	24.3	24.8	25.4	25.9	26.5	27.1	27.8	28.5	29.2	29.9	30.7	31.5	32.4	33.3	34.3	35.3	36.5	37.6	38.9
16	23.9	24.4	24.9	25.4	25.9	26.5	27.0	27.6	28.3	28.9	29.6	30.4	31.1	31.9	32.7	33.6	34.6	35.6	36.6	37.7	38.9	40.1	41.5
17	25.4	25.9	26.4	27.0	27.5	28.1	28.7	29.4	30.0	30.7	31.5	32.3	33.1	33.9	34.8	35.7	36.7	37.8	38.9	40.1	41.3	42.6	44.1
18	26.9	27.4	28.0	28.6	29.2	29.8	30.4	31.1	31.8	32.6	33.3	34.1	35.0	35.9	36.8	37.8	38.9	40.0	41.1	42.4	43.7	45.1	46.7
19	28.4	29.5	29.5	30.1	30.8	31.4	32.1	32.9	33.6	34.4	35.2	36.1	37.0	37.9	38.9	39.9	41.0	42.2	43.4	44.8	46.2	47.7	49.3
20	29.9	30.5	31.1	31.7	32.4	33.1	33.8	34.6	35.3	36.2	37.0	37.9	38.9	39.9	40.9	42.0	43.2	44.4	45.7	47.1	48.6	50.2	51.8
21	31.4	32.0	32.7	33.3	34.0	34.7	35.5	36.3	37.1	38.0	38.9	39.8	40.8	41.9	43.0	44.1	45.4	46.7	48.0	49.5	51.0	52.7	
22	32.9	33.5	34.2	34.9	35.6	36.4	37.2	38.0	38.9	39.8	40.7	41.7	42.8	43.9	45.0	46.2	47.5	48.9	50.3	51.8	53.5		
23	34.4	35.1	35.8	36.5	37.3	38.1	38.9	39.7	40.6	41.6	42.6	43.6	44.7	45.8	47.1	48.3	49.7	51.1	52.6	54.2			
24	35.9	36.6	37.3	38.1	38.9	39.7	40.9	41.5	42.4	43.4	44.4	45.5	46.7	47.8	49.1	50.4	51.8	53.3	54.9				
25	37.4	38.1	38.9	39.7	40.5	41.4	42.3	43.2	44.2	45.2	46.3	47.4	48.6	49.8	51.2	52.5	54.0	55.6					
26	38.9	39.6	40.4	41.3	42.1	43.0	43.9	44.9	45.9	47.0	48.1	49.3	50.5	51.8	53.2	54.6	56.2						
27	40.4	41.2	42.0	42.8	43.8	44.7	45.6	46.7	47.7	48.8	50.0	51.2	52.5	53.8	55.3	56.7							
28	41.9	42.7	43.5	44.4	45.4	46.3	47.3	48.4	49.5	50.6	51.8	53.1	54.4	55.8	57.3								
29	43.4	44.2	45.1	46.0	47.0	48.0	49.0	50.1	51.2	52.5	53.7	55.0	56.4	57.8	59.4								
30	44.9	45.7	46.7	47.8	48.4	49.4	50.5	51.6	52.8	54.0	55.3	56.7	58.1	59.5									
31	46.4	47.2	48.2	49.2	50.1	51.3	52.4	53.6	54.8	56.1	57.4	58.8	60.3										
32	47.8	48.8	49.8	50.8	51.8	52.9	54.1	55.3	56.5	57.9	59.2	60.7											
33	49.3	50.3	51.3	52.4	53.5	54.6	55.8	57.0	58.3	59.7	61.1												
34	50.8	51.8	52.9	54.1	55.1	56.3	57.5	58.7	60.1	61.5													
35	52.3	53.4	54.4	55.5	56.7	57.9	59.2	60.5	61.8														
36	53.8	54.9	56.0	57.1	58.3	59.6	60.9	62.2															
37	55.3	56.4	57.5	58.7	60.0	61.2	62.5																
38	56.8	57.9	59.0	60.3	61.6	62.9																	
39	58.3	59.5	60.6	61.9	63.1																		
40	59.8	61.0	62.2	63.5																			

注:若 e 有小数位时,可按每 0.1 hPa 相差 0.16℃ 内插读数。

附表 14　标准等压面上露点换算比湿表

（单位：℃）

等压面 (hPa)	露点 (十位)	0	1	2	3	4	5	6	7	8	9
1000	−40	0.118	0.107	0.096	0.086	0.078	0.070	0.062	0.056	0.050	0.045
	−30	0.318	0.289	0.263	0.239	0.217	0.196	0.178	0.161	0.145	0.131
	−20	0.785	0.719	0.659	0.604	0.552	0.505	0.461	0.421	0.384	0.350
	−10	1.793	1.656	1.529	1.410	1.299	1.197	1.101	1.013	0.931	0.855
	−0	3.838	3.567	3.312	3.074	2.852	2.644	2.450	2.268	2.099	1.941
	0	3.838	4.128	4.438	4.768	5.119	5.494	5.893	6.318	6.769	7.250
	10	7.761	8.304	8.880	9.492	10.142	10.831	11.562	12.337	13.159	14.029
	20	14.951	15.928	16.961	18.055	19.212	20.437	21.732	23.100	24.548	26.077
	30	27.693	29.402	31.206	33.112	35.126	37.252	39.498	41.870	44.375	47.020
	40	49.813	52.763	55.880	59.171	62.649	66.324	70.207	74.312	78.652	83.242
850	−40	0.139	0.125	0.113	0.101	0.091	0.082	0.073	0.066	0.059	0.052
	−30	0.374	0.340	0.309	0.281	0.255	0.231	0.209	0.189	0.171	0.154
	−20	0.923	0.846	0.775	0.710	0.649	0.593	0.542	0.495	0.451	0.411
	−10	2.110	1.948	1.798	1.658	1.528	1.407	1.295	1.191	1.095	1.005
	−0	4.518	4.198	3.899	3.618	3.356	3.111	2.882	2.668	2.469	2.283
	0	4.518	4.860	5.225	5.164	6.028	6.470	6.941	7.442	7.975	8.543
	10	9.146	9.787	10.468	11.192	11.960	12.776	13.641	14.558	15.531	16.562
	20	17.655	18.814	20.041	21.340	22.715	24.171	25.712	27.342	29.067	30.891
	30	32.821	34.863	37.021	39.304	41.718	44.271	46.970	49.824	52.842	56.035
700	−40	0.169	0.152	0.137	0.123	0.110	0.099	0.089	0.080	0.071	0.064
	−30	0.454	0.413	0.375	0.341	0.309	0.280	0.254	0.229	0.207	0.187
	−20	1.120	1.027	0.941	0.861	0.782	0.720	0.658	0.600	0.547	0.499
	−10	2.562	2.336	2.183	2.013	1.855	1.709	1.572	1.446	1.329	1.220
	−0	5.492	5.102	4.737	4.396	4.077	3.779	3.501	3.241	2.999	2.773
	0	5.492	5.908	6.352	6.826	7.331	7.870	8.443	9.055	9.705	10.397
	10	11.134	11.917	12.750	13.635	14.575	15.573	16.133	17.757	18.951	20.216
	20	21.559	22.982	24.491	26.091	27.786	29.852	31.484	33.499	35.634	37.895
	30	40.289	42.825	45.511	48.356	51.369	54.560	57.941	61.524	65.320	69.343
500	−40	0.236	0.213	0.191	0.172	0.155	0.130	0.124	0.111	0.099	0.089
	−30	0.635	0.578	0.525	0.477	0.432	0.392	0.355	0.321	0.290	0.262
	−20	1.567	1.437	1.317	1.205	1.103	1.008	0.920	0.840	0.766	0.698
	−10	3.590	3.314	3.058	2.820	2.598	2.393	2.202	2.025	1.860	1.708
	−0	7.709	7.161	6.647	6.167	5.719	5.300	4.908	4.543	4.203	3.885
	0	7.70	8.296	8.922	9.591	10.304	11.065	11.876	12.711	13.662	14.644
	10	15.689	16.801	17.985	19.244	20.583	22.007	23.520	25.129	26.839	28.655
	20	30.584	32.634	34.811	37.123	39.578	42.186	44.955	47.896	51.019	54.336
300	−40	0.393	0.354	0.319	0.287	0.257	0.231	0.207	0.185	0.166	0.148
	−30	1.058	0.962	0.874	0.794	0.720	0.652	0.591	0.534	0.483	0.436
	−20	2.614	2.397	2.195	2.010	1.838	1.680	1.534	1.400	1.276	1.163
	−10	6.000	5.538	5.109	4.710	4.339	3.994	3.675	3.378	3.104	2.850
	−0	12.946	12.017	11.149	10.339	9.582	8.876	8.217	7.630	7.030	6.497
	0	12.946	13.939	15.002	16.138	17.352	18.649	20.034	21.513	23.092	24.777
	10	26.576	28.434	30.541	32.724	35.058	37.536	40.034	43.000	46.021	49.234
	20	52.661	56.319	60.221	64.386	68.833	73.582	78.656	84.079	89.878	96.084
200	−40	0.589	0.531	0.478	0.430	0.386	0.346	0.310	0.278	0.248	0.222
	−30	1.588	1.444	1.312	1.191	1.080	0.979	0.886	0.801	0.724	0.653
	−20	3.928	3.600	3.297	3.018	2.760	2.522	2.303	2.101	1.915	1.745
	−10	9.041	8.342	7.692	7.088	6.528	6.008	5.526	5.079	4.666	4.282
	−0	19.614	18.194	16.868	15.631	14.478	13.404	12.402	11.469	10.601	9.792
	0	19.614	21.137	22.768	24.514	26.385	28.387	30.530	32.833	35.278	37.905
	10	40.716	43.725	46.945	50.391	54.080	58.031	62.262	66.794	71.652	76.860
	20	82.447									

附表 15 各标准等压面之间的厚度表

气压(hPa)	个位 十位	0	1	2	3	4	5	6	7	8	9
100 200	−80	3922	3902	3882	3861	3861	3821	3801	3780	3760	3740
	−70	4125	4105	4085	4064	4044	4042	4004	3983	3963	3943
	−60	4328	4308	4288	4268	4247	4227	4207	4186	4166	4146
	−50	4531	4511	4491	4470	4450	4430	4410	4389	4369	4349
	−40	4734	4714	4694	4674	4653	4633	4613	4592	4572	4552
	−30	4937	4917	4897	4877	4856	4836	4816	4795	4775	4755
	−20	5140	5120	5100	5080	5059	5039	5019	4998	4978	4958
200 300	−80	2294	2283	2271	2259	2247	2235	2223	2211	2199	2488
	−70	2413	2401	2389	2378	2365	2354	2342	2330	2318	2306
	−60	2532	2520	2508	2496	2484	2473	2461	2449	2437	2425
	−50	2651	2639	2627	2315	2603	2591	2579	2568	2556	2544
	−40	2769	2758	2746	2734	2722	2710	2698	2686	2674	2662
	−30	2888	2876	2864	2853	2841	2829	2817	2805	2793	2781
	−20	3007	2995	2983	2971	2959	2948	2636	2924	2913	2900
	−10	3126	3114	3102	3090	3078	3066	3054	3043	3031	3019
300 500	−50	3340	3325	3310	3295	3280	3265	3250	3235	3220	3205
	−40	3489	3474	3459	3444	3429	3414	3399	3384	3369	3355
	−30	3639	3624	3609	3594	3579	3564	3549	3534	3519	3504
	−20	3788	3773	3758	3744	3729	3714	3699	3684	3669	3654
	−10	3938	3923	3908	3839	3878	3863	3848	3833	3818	3803
	−0	4088	4073	4058	4043	4028	4013	3998	3983	3968	3953
	0	4088	4103	4118	4133	4147	4162	4177	4193	4207	4222
	10	4237	4252	4267	4282	4297	4312	4327	4342	4357	4372
	20	4387	4402	4417	4432	4448	4462	4477	4492	4507	4522
	30	4537	4551	4566	4581	4596	4611	4626	4641	4656	4671
	40	4685	4701	4716	4731	4746	4760	4776	4790	4806	4821
500 700	−50	2200	2190	2180	2170	2160	2150	2141	2131	2121	2111
	−40	2298	2288	2279	2269	2259	2249	2239	2229	2219	2210
	−30	2397	2387	2377	2367	2357	2348	2338	2328	2318	2308
	−20	2495	2486	2476	2466	2456	2446	2436	2426	2417	2407
	−10	2594	2584	2574	2564	2555	2545	2535	2525	2515	2505
	−0	2692	2683	2673	2663	2653	2643	2633	2623	2615	2604
	0	2692	2702	2712	2722	2732	2742	2752	2761	2771	2781
	10	2791	2801	2811	2821	2830	2840	2850	2860	2870	2880
	20	2890	2899	2909	2919	2929	2939	2949	2959	2968	2978
	30	2988	2998	3008	3018	3028	3037	3047	3057	3067	3077
	40	3087	3097	3106	3116	3126	3136	3146	3156	3165	3175
700 850	−50	1269	1264	1258	1252	1247	1241	1235	1229	1224	1218
	−40	1326	1320	1315	1309	1303	1298	1292	1286	1281	1275
	−30	1383	1377	1373	1366	1360	1355	1349	1343	1338	1332
	−20	1440	1434	1429	1423	1417	1411	1406	1400	1394	1389
	−10	1497	1491	1485	1479	1474	1468	1463	1457	1451	1446
	−0	1554	1548	1542	1537	1531	1525	1519	1514	1508	1502
	0	1554	1559	1565	1571	1576	1582	1588	1593	1599	1605
	10	1610	1616	1622	1628	1633	1639	1645	1650	1656	1662
	20	1667	1673	1679	1684	1690	1696	1701	1707	1713	1719
	30	1724	1730	1736	1741	1747	1753	1758	1764	1770	1775
	40	1781	1787	1793	1798	1804	1810	1815	1821	1827	1832
850 1000	−50	1061	1058	1053	1048	1043	1039	1034	1029	1024	1020
	−40	1110	1105	1101	1096	1091	1086	1081	1077	1072	1067
	−30	1158	1153	1148	1143	1139	1134	1129	1124	1120	1115
	−20	1205	1200	1196	1191	1186	1181	1177	1172	1167	1162
	−10	1253	1248	1243	1239	1234	1229	1124	1220	1215	1210
	−0	1300	1296	1291	1286	1281	1277	1272	1267	1262	1258
	0	1300	1305	1310	1315	1319	1324	1329	1333	1339	1343
	10	1348	1353	1358	1362	1367	1372	1377	1381	1386	1391
	20	1396	1400	1405	1410	1415	1419	1424	1429	1434	1438
	30	1443	1448	1453	1458	1462	1467	1472	1477	1481	1486

注:表中的横坐标和纵坐标分别为气层平均温度的个位和十位,表中数据的单位为 gpm。

附表 16　凝结函数 F 值查算表

q_s(g/kg) \ P(hPa)	1000	900	800	700	600	500
1	0.5	0.6	0.6	0.7	0.9	1.0
2	0.9	1.1	1.2	1.4	1.7	2.0
3	1.3	1.6	1.8	2.1	2.5	3.0
4	1.8	2.1	2.3	2.7	3.2	4.0
5	2.3	2.6	2.8	3.4	4.0	5.0
6	2.8	3.0	3.3	4.2	4.8	6.0
7	3.1	3.6	3.8	4.8	5.4	6.9
8	3.6	4.0	4.3	5.3	6.4	7.8
9	4.0	4.4	4.7	5.9	6.9	8.6
10	4.5	4.9	5.2	6.5	7.6	9.5
11	4.9	5.4	5.7	7.0	8.4	10.4
12	5.3	5.9	6.2	7.8	9.0	11.3
13	5.8	6.2	6.6	8.4	9.8	12.2
14	6.2	6.7	7.0	9.0	10.6	13.1
15	6.7	7.3	7.5	9.5	11.2	13.9
16	7.0	7.6	8.0	10.0	11.9	14.8
17	7.6	8.0	8.5	10.5	12.4	
18	8.0	8.5	9.0	11.0	13.1	
19	8.4	9.0	9.5	11.5		
20	8.8	9.4	9.9	12.0		
21	9.2	10.3				
22	9.5	10.6				
23	9.7					
24	10.0					
25	10.4					

注:表中数据的单位为 $10^{-2} \cdot g \cdot kg^{-1} \cdot hPa^{-1}$。

参考文献

北京大学地球物理系,1961.天气学[M].北京:北京大学出版社.

北京大学地球物理系气象教研室,1976.天气分析与预报[M].北京:科学出版社.

白肇烨,等,1988.中国西北天气[M].北京:气象出版社.

陈联寿,丁一汇,1979.西太平洋台风概论[M].北京:科学出版社.

陈秋士,1986.天气学的新进展[M].北京:气象出版社.

陈中一,等,2010.天气学分析[M].北京:气象出版社.

曹钢锋,等,1988.山东天气分析与预报[M].北京:气象出版社.

丁一汇,1991.高等天气学[M].北京:气象出版社.

丁一汇,1990.天气动力学中的诊断分析方法[M].北京:科学出版社.

丁一汇,等,1980.暴雨及强对流天气的研究[M].北京:科学出版社.

丁一汇,1993.1991年江淮流域持续性特大暴雨研究[M].北京:气象出版社.

广东省热带海洋气象研究所,1984.广东前汛期暴雨[M].北京:科学普及出版社.

河北省气象局,1987.河北省天气预报手册[M].北京:气象出版社.

江苏省气象局,1988.江苏重要天气分析和预报(上册)[M].北京:气象出版社.

乔全明,阮旭春,1990.天气分析[M].北京:气象出版社.

林元弼,等,1988.天气学[M].南京:南京大学出版社.

李崇银,等,1985.动力气象学概论[M].北京:气象出版社.

李建辉,1991.短时预报[M].北京:气象出版社.

梁必骐,等,1990.热带气象学[M].广州:中山大学出版社.

梁必骐,1995.天气学教程[M].北京:气象出版社.

励申申,卢小川,1987.台风倒槽暴雨的动力结构/台风会议文集[M].北京:气象出版社.

励申申,寿绍文,王信,1992.登陆台风与其外围暴雨的相互作用[J].气象学报,**50**(1):33-40,49.

Palmer E,Newton C,1978.大气环流系统[M].程纯枢,雷雨顺等译.北京:科学出版社.

仇永炎,等,1985.中期天气预报[M].北京:科学出版社.

钱维宏,2004.天气学[M].北京:北京大学出版社.

寿绍文,1986.锋面中尺度降水区和中尺度对流辐合体的研究/天气学的新进展[M].北京:气象出版社.

寿绍文,2013.中国天气概论[M].北京:气象出版社.

寿绍文,2015.天气学(第2版)[M].北京:气象出版社.

寿绍文,2016.中尺度气象学(第3版)[M].北京:气象出版社.

寿绍文,2016.天气学基本原理[M].北京:气象出版社.

寿绍文,陈学溶,林锦瑞,1978.1974年6月17日强飑线过程的成因[J].南京气象学院学报(创刊号).

寿绍文,杜秉玉,肖稳安,等,1993.中尺度对流系统及其预报[M].北京:气象出版社.

寿绍文,励申申,徐建军,等,1997.中国主要天气过程的分析[M].北京:气象出版社.

寿绍文,励申申,寿亦萱,等,2009.中尺度大气动力学[M].北京:高等教育出版社.

寿绍文,刘兴中,王善华,等,1993.天气学分析基本方法[M].北京:气象出版社.

寿绍文,岳彩军,寿亦萱,等,2012.现代天气学方法[M].北京:气象出版社.

孙淑清,高守亭,2005.现代天气学概论[M].北京:气象出版社.

陶诗言,等,1980.中国之暴雨[M].北京:科学出版社.

陶祖钰,谢安,1989.天气过程诊断分析原理和实践[M].北京:北京大学出版社.

王志烈,费亮,1987.台风预报手册[M].北京:气象出版社.

吴洪,2010.气象信息综合分析处理系统(MICAPS)第3版培训教材[M].北京:气象出版社.

伍荣生,等,1983.动力气象学[M].上海:上海科学技术出版社.

伍荣生,等,1999.现代天气学原理[M].北京:高等教育出版社.

新疆短期天气预报手册编写组,1986.新疆短期天气预报手册[M].乌鲁木齐:新疆人民出版社.

《西北暴雨》编写组,1992.西北暴雨[M].北京:气象出版社.

许梓秀,王鹏云,1989.冷锋前部中尺度雨带特征及其机制分析[J].气象学报,**47**(2):199-206.

杨国祥,何齐强,陆汉城,1991.中尺度气象学[M].北京:气象出版社.

叶笃正,高由禧,1979.青藏高原气象学[M].北京:科学出版社.

张元箴,1992.天气学教程[M].北京:气象出版社.

朱乾根,林锦瑞,寿绍文,等,2007.天气学原理和方法(第4版)[M].北京:气象出版社.

朱福康,等,1980.南亚高压[M].北京:科学出版社.

章淹,等,1990.暴雨预报[M].北京:气象出版社.

赵瑞清,1986.专家系统初步[M].北京:气象出版社.

钟元,金一鸣,李汉惠,等,1986.台风路径预报专家系统[J].气象科技,(5):19-27.

中国人民解放军气象专科学校天气教研室,1960.天气学[M].北京:人民教育出版社.

Anthes R A,*et al*.,1975. The Atmosphere[M]. Bell & Howell Company,U.S.A.

Bluestein H B,1992. Synoptic-dynamic meteorology in midlatitudes[M]. Oxford Press.

Bader M J,*et al*.,1995. Images in weather forecasting:A practical guide for interpreting satellite and radar imagery[M]. The Press Syndicate of the University of Cambridge.

Carlson T N,1998. Mid-latitude weather systems[M]. American Meteorological Society,Boston.

Chisholm A J,1973. Alberta Hailstorms[J]. *Met Monographs*,*Am Meteor Soc*,14(36)

Doswell C A Ⅲ,Brooks H E,*et al*.,1996. Flash flood forecasting:An ingredients based methodology[J]. *Weather and Forecasting*,**11**:560-581.

Doswell C A,1986. Short range forecasting,mesoscale meteorology and forecasting[J]. *Am. Meteor. Soc*.,689-719.

Houze R A Jr.,Hobbs P V,1982. Organization and structure of precipitating cloud systems[M]. Advances in Geophysics,Acadamic press.

Houze R A Jr.,2004. Mesoscale convective systems[J]. *Rev. Geophys*.,42,10.1029/2004RG000150,43 pp.

Hoskins B J,Pearce R,1983. large-scale Dynamical Processes in the Atmosphere[M]. Academic Press,London.

Holton J R,1979. An Introduction to Dynamic Meteorology(Second edition)[M]. Academic Press,Inc.

Santurette P,Georgiev C G,2005. Weather Analysis and Forcasting[M]. Elsevier Academic Presss.